国家出版基金项目
NATIONAL PUBLICATION FOUNDATION

生态文明建设文库

陈宗兴　总主编

创新绿色技术
推进永续发展

——社会创业与绿色技术的
可持续价值探索

李华晶　陈建成　著

U0199415

中国林业出版社

图书在版编目（CIP）数据

创新绿色技术　推进永续发展／李华晶，陈建成著 . - 北京：中国林业出版社，2020.7
（生态文明建设文库／陈宗兴总主编）
ISBN 978-7-5219-0705-6

Ⅰ . ①创… Ⅱ . ①李…②陈… Ⅲ . ①生态环境建设－研究－中国Ⅳ . ① X321.2

中国版本图书馆 CIP 数据核字（2020）第 129660 号

出 版 人	刘东黎
总 策 划	徐小英
策划编辑	沈登峰　于界芬　何　鹏　李　伟
责任编辑	何　鹏
美术编辑	赵　芳
责任校对	梁翔云

◆ ....

出版发行	中国林业出版社（100009　北京西城区刘海胡同 7 号）
	http://www.forestry.gov.cn/lycb.html
	E-mail:forestbook@163.com　电话：(010)83143523、83143543
设计制作	北京涅斯托尔信息技术有限公司
印刷装订	北京中科印刷有限公司
版　　次	2020 年 7 月第 1 版
印　　次	2020 年 7 月第 1 次
开　　本	787mm×1092mm　　1/16
字　　数	341 千字
印　　张	17
定　　价	58.00 元

总 序

　　生态文明建设是关系中华民族永续发展的根本大计。党的十八大以来，以习近平同志为核心的党中央大力推进生态文明建设，谋划开展了一系列根本性、开创性、长远性工作，推动我国生态文明建设和生态环境保护发生了历史性、转折性、全局性变化。在"五位一体"总体布局中生态文明建设是其中一位，在新时代坚持和发展中国特色社会主义基本方略中坚持人与自然和谐共生是其中一条基本方略，在新发展理念中绿色是其中一大理念，在三大攻坚战中污染防治是其中一大攻坚战。这"四个一"充分体现了生态文明建设在新时代党和国家事业发展中的重要地位。2018 年召开的全国生态环境保护大会正式确立了习近平生态文明思想。习近平生态文明思想传承中华民族优秀传统文化、顺应时代潮流和人民意愿，站在坚持和发展中国特色社会主义、实现中华民族伟大复兴中国梦的战略高度，深刻回答了为什么建设生态文明、建设什么样的生态文明、怎样建设生态文明等重大理论和实践问题，是推进新时代生态文明建设的根本遵循。

　　近年来，生态文明建设实践不断取得新的成效，各有关部门、科研院所、高等院校、社会组织和社会各界深入学习、广泛传播习近平生态文明思想，积极开展生态文明理论与实践研究，在生态文明理论与政策创新、生态文明建设实践经验总结、生态文明国际交流等方面取得了一大批有重要影响力的研究成果，为新时代生态文明建设提供了重要智力支持。"生态文明建设文库"融思想性、科学性、知识性、实践性、可读性于一体，汇集了近年来学术理论界生态文明研究的系列成果以及科学阐释推进绿色发展、实现全面小康的研究著作，既有宣传普及党和国家大力推进生态文明建设的战略举措的知识读本以及关于绿色生活、美丽中国的科普读物，也有关于生态经济、生态哲学、生态文化和生态保护修复等方面的专业图书，从一个侧面反映了生态文明建设的时代背景、思想脉络和发展路径，形成了一个较为系统的生态文明理论和实践专题图书体系。

中国林业出版社秉承"传播绿色文化、弘扬生态文明"的出版理念，把出版生态文明专业图书作为自己的战略发展方向。在国家林业和草原局的支持和中国生态文明研究与促进会的指导下，"生态文明建设文库"聚集不同学科背景、具有良好理论素养的专家学者，共同围绕推进生态文明建设与绿色发展贡献力量。文库的编写出版，是我们认真学习贯彻习近平生态文明思想，把生态文明建设不断推向前进，以优异成绩庆祝新中国成立 70 周年的实际行动。文库付梓之际，谨此为序。

十一届全国政协副主席
中国生态文明研究与促进会会长　陈宗兴

2019 年 9 月

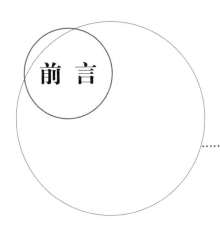

前　言

党的十八大特别是党的十九大以来，以习近平同志为核心的党中央高度重视生态文明建设，始终把生态文明建设置于中国发展的国家全局战略来考量。今年3～5月，在全国新冠肺炎疫情防控进入常态化但全球疫情形势依然严峻的时刻，习近平总书记分别到浙江、陕西和山西考察：在浙江，习总书记指出要"把绿水青山建得更美，把金山银山做得更大"；在陕西，习总书记强调秦岭是中华民族的祖脉和中华文化的重要象征；在山西，习总书记指出，统筹推进山水林田湖草系统治理，扎实实施生态保护和高质量发展国家战略。这些专门论述和新要求，无疑对绿色创新创业研究向高质量发展迈进提出了新方向。

为此，本书从社会创业、绿色技术与可持续价值的关系切入，以"创新绿色技术，推进永续发展"为主题，探查以社会创业为导向的管理创新、以绿色技术为核心的技术创新、以可持续发展为目标的价值创新，力求体现以下特点：一是基础性，对社会创业、绿色技术和可持续发展价值三个主题的基本概念和理论演进进行基础梳理；二是交叉性，对三个主题之间的联结点和关系脉络进行多学科和跨领域的交叉解读；三是探索性，对实践领域早期尝试和学术领域初步发现进行情境化的探索分析。

本书相关研究工作得到了国家自然科学基金项目（71572016；71972014）、北京市社会科学基金重大项目（17ZDA17）、国家社会科学基金项目（18BGL052）、中央高校基本科研业务费专项资金资助项目（2018RW06）的资助和支持。本书的编撰出版希望能为绿色创新创业领域的学习者和实践者带来思考和启发，为中国生态文明建设背景下的创新创业高质量发展提供参考和借鉴。

本书在成稿过程中，很多学界前辈和师友同仁给予了大力指导和帮助，不少素未谋面的经典和前沿成果作者提供了厚重理论观点和丰富实践素材，还有王秀峰、贾莉、李永慧、倪嘉成、段茹、仇思宁、肖玮玮、王睿、杨璇、沈逸晨、刘青青、黄至臻、彭瑜欣、陈睿绮和左佳等多位师生也为本书完成付出了辛勤工作，尤其是中国林业出版社副总编辑徐小英编审和责任编辑何鹏副编审等为本书提供了大力支持。在此一并向大家表示衷心感谢和敬意。

让新时代生态文明思想深入人心、落地生根的探索不会停止，欢迎各位读者提出宝贵意见和建议，我们将不断修订完善，期待与您一道走好高质量绿色发展的创新创业之路。

著 者
2020 年 6 月

目录

社会创业篇

绿色技术篇

可持续价值篇

第一章

导　论

第一节　研究意义

目前,旨在推动全球可持续发展的社会创业问题已经成为创业研究领域的重要主题。社会创业意味着采用创新方法解决社会焦点问题,既包括营利组织通过资源整合解决社会问题而开展的创业活动,也包括非营利组织支持个体创立自己的小企业,其关键在于坚持创造社会价值的根本目的,并运用营利性企业的商业化运作方式来获得更大收益。如今,中国经济社会步入高质量发展之路,作为经济主体的企业如何适应经济发展方式转变,如何通过创新同时实现经济价值和社会价值,是当下必须正视并加以认真研究的问题。鉴于此,本研究围绕企业社会创业这一主题,在梳理国内外研究成果的基础上,重点研究基于绿色技术转移的企业社会创业路径选择与可持续发展问题,分析企业社会创业在中国情境下如何创新绿色技术、推进永续发展的规律,进而提出具有现实指导价值的研究结论。

一、理论意义

本研究有助于充实绿色技术创新研究与创业理论的融合。可持续发展背景下,绿色技术成为企业创业的重要驱动力量,技术创业、绿色创业等相关主题研究日益兴起,将绿色技术转移动态过程与企业创业的结合研究还十分鲜见。本研究致力于解决绿色技术如何在为企业增加绩效的同时为更广泛的社会群体创造福祉,遵循绿色技术转移的阶段过程,延揽社会创业的典型活动,有助于提炼基于二者互动的企业社会创业过程体系。

本研究有助于拓展社会创业理论。社会创业作为一个新兴的研究领域,目前的成果大多关注于非营利组织的创建和个体社会创业者的讨论,欠缺从营利组织视角探寻企业社会创业的规律。本研究围绕机会开发这一创业研究核心议题,以企业层面的创业行为作为研究对象,针对企业社会创业过程展开系统分析和检验,将社会创业研究从对非营利组织个体的分析,延展至对非营利组织和营利组织两类行为的揭示,重点构建并验证企业社会创业的分析框架,有助于深化和完善社会创业基础理论的研究脉络。

本研究有助于丰富可持续发展与创业成长研究。经济社会可持续发展导向和环境资源的约束,都需要新企业实行"绿色成长",因此,社会创业者需要在机会开发过程中兼顾环境、社会和经济多重目标,实现成长数量、质量和社会福祉的动态平衡。本研究在现有的创业与企业成长理论基础上,立足中国可持续发展的独特情境,开展基于绿色技术转移的企业社会创业路径研究,总结和提炼环境优化对策,有助于从可持续发展导向丰富新企业成长理论,完善相关理论依据。

二、实践意义

促进企业基于绿色技术创新的社会创业实践。企业在社会创业过程中需要兼顾可持续发展的多重目标,除了社会责任属性的公益行为,绿色技术可以为企业提供新的可持续价值创造路径。但是,义利兼顾的冲突、绿色技术的创新门槛,都对创业者的认知和能力提出了挑战。本研究立足中国作为发展中国家的实际情境,总结绿色技术转移、企业社会创业与可持续发展之间的作用规律,指导创业者更好地发挥社会创业精神与技能,有助于激励更多企业投身社会创业实践,提高社会创业质量。

服务创新创业环境的完善。实现经济绿色增长已经成为政策制定者的共识。但是,当前一些创新创业政策还局限在创业活动数量和经济产出层面,在引导和鼓励社会创业活动更好地符合可持续发展诉求方面,还有待完善和增效。尤其在制度变革和经济转型的动态环境中,政策制定者如何实现包括自身在内的不同利益主体协同演化,是亟待解决的现实问题。本研究从社会互动视角,挖掘包括制度环境要素在内的社会创业发生和发展机制,提炼出社会创业宏观系统与适应性主体之间的作用规律,有助于促进创新创业政策的完善。

推动创新创业教育的发展。社会创业对创业者素质、技能和理念等都提出了新要求,以追求商业价值最大化的传统创新创业教育,难以适应当前对创业实现生态和社会价值的新需要。近年来,一些国内外大学开始尝试开展社会创业教育,但是在教育内容、教学方法和社会创业理论知识体系上,仍存在较大的发展空间。本研究积累的社会创业典型案例和绿色技术创新分析结果,可以促进社会创业和绿色技术创新理念在创新创业教育中的推广,还有助于提升社会创业技能培养的理论基础。

第二节　研究内容

一、研究目的

本研究的总体目的在于,瞄准社会创业研究前沿,以中国可持续发展情境下的社会创业企业作为研究对象,将绿色技术作为研究线索,从社会创业与绿色技术的融合出发,按照案例研究与调研相结合的研究设计,考察企业社会创业、绿色技术转移与可持续发展之间的本质联系,揭示基于绿色技术转移的企业社会创业对可持续发展的影响机理,据此提炼社会创业环境优化对策,挖掘提升企业社会创业对可持续价值创造贡献水平的解决方案,解答基于绿色技术转移的企业社会创业发生和作用机制的本源和方向问题,以紧扣中国情境的研究来丰富绿色创新创业研究和实践。

本研究的具体研究目标包括:第一,廓清企业社会创业的独特属性和内部结构,揭示企业社会创业机会识别和开发过程的内在机制,为从创业机会视角深化社会创业研究提供理论依据。第二,理清绿色技术转移与创业的联系,基于知识溢出理论,搭建绿色技术转移与企业创业的关系模型,为企业社会创业过程中绿色技术创新来源提供支撑。第三,解析绿色技术转移对企业社会创业的影响,探讨基于绿色技术转移的企业社会创业路径选择机制,为发挥中国可持续发展背景下绿色技术对企业创业的驱动作用提供分析思路。第四,探查绿色技术和社会创业与可持续发展的交互作用,构建三者之间的关系机理框架,为企业社会创业的技术驱动和环境引导的动态机理提供解释。第五,提炼可持续发展导向下创业环境优化方案,探寻中国情境嵌入下企业社会创业创新绿色技术推动永续发展的内在机制,为提升创新创业环境水平提供决策参考。

二、主体内容

(一) 企业社会创业内涵体系研究

本部分研究内容的理论出发点在于,企业社会创业在社会创业领域中具有重要地位。社会创业并不局限于非营利组织或非政府组织的创生,而企业作为重要经济主体依然可以参与社会创业活动。尤其是在效果逻辑理论看来,高不确定性情境下,社会创业者也会充分发挥主观能动性甚至创造新手段来形成动态的"手段—目的"链条,这也为企业社创业机会开发提供了理论依据。为此,本部分研究内容包括以下四个要点:一是可持续发展视角下的社会创业:从可持续发展背景下,介绍社会创业问题的源起和发展脉络,比较社会创业与商业创业、企业社会创业与非营利组织社会创业等差异,指出企业社会创业对经济社会可持续发展的意义。二是社会创业机会开发与资源整合:围绕机会和资源这两个创业的核心要素开展企业社会创业导向分析,通过典型案例和数据提炼企业社会创业的行动方向。三是企业社会创业价值实现的服务路径:从社会责任与社会创业理论融合的角度出发,针对企业社会创业的人力资源志愿服务,开展社会创业价值创造的路径分析,结合国内外典型案例的对比,总结经验和规律。

(二)绿色技术与创业路径选择研究

本部分研究内容关注绿色技术与创业的理论融合及其实践方式。创业者在可持续发展的背景下进行创业活动,常会面临决策困境,尤其对于社会创业者而言,当价值诉求呈现多重性,如何在经济收益与可持续发展甚至如何在善恶之间进行取舍或平衡,就成为创业者绕不开的冲突和挑战。为此,本部分研究内容围绕以下两点进行展开:一是知识嵌入下创业成长对区域发展的贡献:从微观层面,通过对资源基础理论和知识管理理论的评述,为技术与创业的融合提供理论支撑,尤其是将区域发展作为分析情境,有助于提高围绕知识技术开展的创业活动对区域的贡献水平。二是绿色技术的理论发展与实践现状:从产业和区域宏观层面,分析绿色技术对创新价值实现和产业发展的影响,并结合企业转型的需要,提出绿色技术价值最大化的对策建议。以上两点研究内容,将创业路径选择聚焦在绿色技术领域,并结合中国企业和产业发展实际,开展组织和区域层面的统计分析和案例比较,提炼基于绿色技术的创业行动框架。

(三)绿色技术转移与学术导向社会创业研究

本部分研究内容将绿色技术转移与企业社会创业进行联系,依据知识溢出理论和学术创业观点,对基于绿色技术的新企业生成和科技型企业绿色技术过程进行了分析,以期提炼这两种情境下企业学术导向社会创业的实践方式,进一步明确绿色技术转移各环节和企业社会创业活动之间的内在联系。鉴于此,本部分在理论演绎工作基础上,针对新企业和科技型企业两类研究对象开展分析:一是知识溢出、学术创业与技术企业创生:通过分析知识溢出与创业机会的本质关系,对学术创业的前沿问题展开探索,提出通过学术创业实践来实现企业社会创业和引领的作用,并以大学衍生企业作为案例,分析了绿色技术转移过程中学术型新企业的创生与社会价值实现。二是科技型企业绿色技术转移过程的社会创业管理:通过对技术转移、管理团队和社会创业等理论的梳理整合,结合科技型企业调研分析,围绕绿色技术转移过程的不同阶段,开展对组织内部社会创业管理的探讨,总结学术导向社会创业的实践规律。

(四)绿色技术、社会创业与可持续价值创造关系研究

本部分研究内容的出发点在于,基于绿色技术转移的企业社会创业并不是一个封闭的过程,它最终要实现创业的目标即新价值的创造,这也是一个创业机会发展过程的指向所在。根据组织情境理论,个体、环境、机会与过程之间的动态匹配水平在很大程度上决定着创业产出水平,因此,有必要对这一过程开展情境化的研究。为此,本部分研究运用基于个案的质性研究和基于样本数据的量化研究,着眼于企业创业的结果产出,分析情境嵌入下绿色技术和社会创业互动下的可持续价值创造水平,并探索创业效果提升机制。具体包括:一是绿色技术企业的社会创业路径。根据新企业成长演进的动态过程,梳理可持续导向下社会创业的具体形式,并选取在中国具有代表性的两个行业——新能源汽车和节能灯的企业,进行价值创造水平的比较分析。二是产学研嵌入下绿色技术转移与企业社会创新价值创造。围绕技术的产学研联盟,选取样本企业开展数据建模和检验,提炼多要素组合情境下社会创新价值的实现机理,并找出管理问题和提出解决思路。

(五)可持续发展导向下社会创业环境优化研究

本部分研究内容着眼于区域可持续发展,围绕制度环境对区域社会创业水平或解决区域社会环境问题的影响,考查经济转型背景下管理变革和制度变迁,揭示创业环境对社会创业价值创造的作用脉络。据此,本部分研究内容在从企业管理和环境建设两个角度,分析有助于实现可持续发展的管理和环境对策。研究要点包括:一是社会可持续发展视域下企业绿色管理体系。结合可持续发展背景,通过相关理论的交叉和融合,提出绿色管理理念及其内涵体系,并选取不同属性的代表性企业开展案例比较,从中提炼绿色管理的特点和应用方式,为企业社会创业提供有效的管理支撑。二是社会创业环境优化。在梳理创业环境与企业创业关系的基础上,结合企业社会创业的独特属性,分析组织内外部环境对企业社会创业实施过程和效果产生的不同影响;同时,将环境类型进行细化,从而提出企业社会创业与不同环境之间可能的匹配方式;最后,从内部微观环境优化和外部宏观环境优化两个角度,提出了具体的建设措施和对策方案,为企业社会创业和区域可持续发展营造提供有效的环境保证。

三、框架结构

本研究五个主要研究内容的逻辑框架以及与各章之间的对应关系如图1-1。

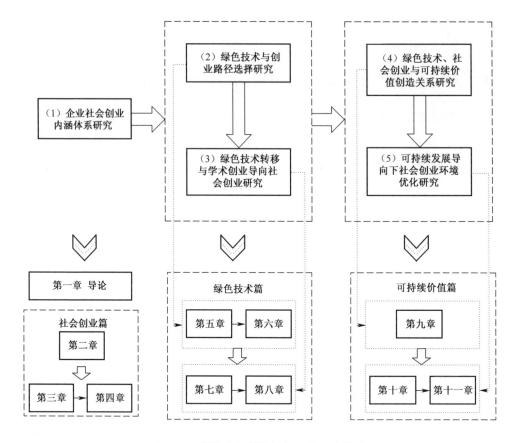

图 1-1   研究内容框架与各章联系示意图

第三节   主要观点

一、主要思路

　　企业社会创业是一个多维度内涵体系。企业社会创业是在对公司创业理论的批判和继承基础上发展起来的多维概念,包括资源拓展导向、社会引领导向和互惠协同导向等基本维度。本研究通过文献梳理和调研分析解析各维度在企业成长过程中的具体形式和实现方式。资源拓展是指将不受人们关注甚至废弃的资源通过深入挖掘整合到自身商业模式之中,即企业应当积极开发边缘资源,识别边缘资源蕴藏的潜在价值,实现"变废为宝",在创新对资源的利用方式的同时,保持对现有产品和服务的持续研发改进,做到"不落后"。社会引领是指敏锐地识别现存的社会问题及其商业价值,并敢于付诸行动解决社会问题,意味着企业必须具有高度的社会问题敏感性,认识到解决所识别的社会问题具有的社会意义,并具有积极的风险态度从而激发社会创业行为的最终出现。互惠协同是指构建共赢机制以发挥协同效应,从而建立起持久、互惠的合作伙伴关系,表现在合作意识和合作能力两方面。

绿色技术转移是创业价值实现的重要路径。绿色技术转移指绿色技术在国家、地区、行业间的输入、输出过程。与传统意义上的技术转移不同的是,绿色技术转移较多考虑环境质量提高和资源永续利用。绿色技术创新需要在创新的各个层面和阶段中遵循生态学规律,以可持续的方式使用资源,将环境保护知识和绿色技术融入生产经营活动中,引导创新向降低资源和能源消耗,尽量减少污染和对生态的破坏的方向发展,创造和实现新的生态经济效益与环境价值。因此,绿色技术转移能够降低企业生产对环境造成的外部性,减少资源消耗与环境污染,循环利用废弃物,符合生态规律和经济规律,促使经济发展与生态环境协调发展。由于企业在绿色技术转移、革新和联盟等领域发挥着不可替代的关键性作用,因此,绿色技术成为企业实施绿色管理活动的重要抓手和提高资源利用率的有效机会。

基于绿色技术转移的企业社会创业对企业可持续价值创造具有积极影响。社会创业有利于整合"技术"的"创业性"和"绿色"的"社会性",在商业化运作绿色技术的同时实现社会价值的创造。由于一些绿色技术投资和运行成本较高或者与现有企业技术工艺水平不匹配等原因,我国企业在绿色技术的引进和运用方面仍存在巨大的努力空间,其中尤为突出的问题是绿色技术的转移。因为绿色技术不只是指技术的孤立个体,而是一个包含了应用型知识、流程、产品和服务、设备以及组织和管理程序等在内的整套系统,因此,基于绿色技术转移的企业社会创业路径,可以纳入企业管理、产学联合(技术输入与输出方合作)甚至区域经济等各种关键要素,能够突破企业绿色技术转移过程中存在的诸多障碍,从而把环境技术投资和商业目标结合起来,实现从科研成果到社会生产力的转化。

基于绿色技术转移的社会创业活动对区域可持续发展具有积极影响。绿色技术导向的社会创业活动有助于发挥创业过程的能力性资源价值,从而对区域经济社会的可持续发展带来积极的外部效应。生产性资源主导的创业活动容易借助复制途径产生,也容易因此而失败,这类创业活动容易给外部环境带来较大的压力甚至损失。相比较而言,能力性资源是一种包括团队工作、组织文化、员工之间的信任等在内的看不见的资产,具有复杂性和专有性,不容易被竞争对手复制,被视为可持续竞争优势的来源。而且,这类资源重视企业资源之间的相互作用,关注创业者对资源的管理配置,是企业异质性的根源。因此,能力性资源主导的企业社会创业活动,着眼于从组织内部挖掘创业机会、突破成长障碍,对外部环境中自然资源的需求迫切性较弱,从而更具绿色属性。当今社会迫切需要企业通过社会创业以更为积极主动的"超前行动"方式来服务于可持续发展,涵盖环境和社会等非经济性要素的社会创业成为企业在可持续发展方面承担相应的责任并做出力所能及贡献的必然选择。

创业环境优化有助于提升企业社会创业对经济社会可持续发展的贡献水平。社会创业并不是一个单纯利润最大化的商业活动,需要兼顾社会和商业多重目标,因此,仅仅依靠个体的社会创业热情,很难形成大范围和高水平的社会创业活动,对此,需要重视创新创业环境与社会创业和可持续发展的紧密联系,发挥环境的引导作用。具体而言,可以通过优惠的鼓励政策激发绿色技术领域新企业的创生和传统企业的转型或升级,发挥认知在规制激发社会创业过程中的护航作用,聚焦规范对社会创业可持续性向发展性转化的推进作用,发挥规范在环境要素中的积极效应。

二、创新与特色

从理论角度看,挖掘企业社会创业的动态架构,社会创业作为兼顾创业价值和社会福祉双重诉求的重要研究主题,已经受到了国内外学者的关注。但是,以往研究多是从外部较为宏观的视角,考察社会创业的基本概念和类型等表征问题,而且较多从非营利组织创生角度开展分析。本研究突破已有研究在分析层次和对象上的局限,以企业社会创业作为研究主题,引入技术转移线索发展社会创业理论,构建企业社会创业的动态架构。

从内容角度看,理清绿色技术转移对企业社会创业的影响机理。技术为创业者与社会的有效互动提供了有效途径,但是,现有社会创业研究对上述重要视角关注不够,不少研究还将社会创业停留在文化道德层面的考查。本研究突破已有文献在技术视角的研究不足,借鉴建构主义研究范式,以绿色技术转移为线索,凝炼社会创业与绿色技术的动态作用过程,并提炼出可持续价值实现方案和环境优化对策。

从实践角度看,提炼社会创业的永续价值实现机制。社会创业的积极作用,尚有待在中国创业实践中进行实证检验,尤其是中国可持续发展的客观现实,使得中国企业社会创业具有自身的独特属性。本研究立足中国绿色发展实际,遵循案例访谈和调查相结合的研究设计,细化社会创业对可持续发展诉求的价值贡献体系,有助于为中国企业绿色成长以及创新创业政策制定提供参考。

三、发展动态

当前全球经济社会可持续发展理念特别是中国生态文明建设,为社会创业、绿色技术创新和可持续发展价值创造之间的协同提供了研究和实践契机,形成了诸多新近前沿方向,作为具有多时空维度和多行动层面的内涵体系,绿色创业内嵌生态系统属性,与兼备整体性和动态性的创业生态系统呈现交叉融合的研究态势,绿色创业生态系统研究呼之欲出,对未来开展社会创业、绿色技术创新和可持续价值融合研究提供了探索思路。

绿色创业是创业者着眼未来产品和服务的机会开发过程,遵循可持续发展的经济、环境和社会三重底线,创造经济、心理、社会和环境多重价值。绿色创业生态系统是以创业者、创业团队和创业型企业为核心行动主体,以相关组织和机构为参与主体,由上述主体之间及其与所处自然、文化和市场等外部环境之间交互作用所形成,以提高区域创业活动水平及其可持续发展贡献度为演进目标的有机整体。从概念内涵、要素结构和演化过程来看,绿色创业生态系统较绿色创业更强调系统性,较创业生态系统更强调绿色性,对本研究带来的启示主要有:

第一,社会创业与绿色技术创新融合体现了社会技术系统研究范式。社会技术系统理论主张组织既是一个社会系统,又是一个技术系统,是由二者相互作用而形成的社会技术系统,管理者要关注技术和社会两方面的变革并实现二者协同发展。但是,现有研究和实践对此关注不够,仍有一些人将社会创业视作可持续发展诉求下自然和必然的结果,欠缺对创业者如何开展创新过程的系统探查。基于社会技术系统研究范式,绿色创业生态系统研究从偏重空间体系的分析,拓展到关注形成和演化的过程,挖掘绿色创业生态系统技术助推与社会创新机理,揭示绿色创业的动态进程。其中,技术因素就发挥着核心驱动作用,微观层次的研究从知识溢出、过滤和转移等角度切入,揭示技术要素如何渗透创业生态系统内部;中观层次的研究则立足大学、科研机构和技术创业企业等组织形式,分析技术主体在创业生态系统生产或演化过程的作用;宏观层次的研究围绕技术政策和技术创新等,从创业生态系统评价角度探讨技术对创业生态系统发展水平的指征和影响。

第二,社会创业与绿色技术的可持续发展价值创造出社会创新的实践效应。绿色创业生态系统研究定位在于,价值创造的结果并非落脚在经济领域,还需要从社会创新视角考察。社会创新概念可以追溯到彼得·德鲁克在20世纪70年代出版的《管理:任务、责任、实践》,他主张把社会需要和社会问题转化为商业机会,赋予企业社会责任新的意义。社会学和伦理学等领域学者也在同时期开始探讨企业组织形态、社会技术、政治创新、新的生活方式等社会创新问题,尤其在近年来强调社会创新是企业持续发展的一种极具前瞻性方式,有助于企业通过与其他社会领域合作创造社会价值并将社会效益融入其商业模式。因此,本研究未来探索可以立足可持续发展的经济、环境和社会三重底线继续进行深度考察,基于经济底线评价对社会经济发展的贡献,基于环境底线考察创业生态系统对自然生态水平的影响,基于社会底线挖掘创业生态系统在伦理道德和社会公益等方面的价值,例如,从社会文化、中低收入群体就业、幸福生活、减少贫困和社会企业等多角度剖析社会创业与绿色技术创新融合带来的更具社会创新效应的永续价值。

社会创业篇

第二章

可持续发展视角下的社会创业

第一节　企业可持续发展

当前,谋求经济社会可持续发展已经成为一国发展战略的基点,这是一种在满足当代人需要的同时,不损害后代人满足其需要能力的发展。在此背景下,作为经济社会发展重要微观主体的企业,应当在可持续发展方面承担相应的责任并做出力所能及的贡献。

一、企业可持续发展的提出背景

在传统的企业管理理论中,企业只是追求经济利益最大化,在生产经营中往往只关心企业活动的经济效益和经济成本,而忽略企业活动的社会成本和环境成本,大量采用粗放型管理模式(特征表现为高消耗、高增长、高污染),从而引发了对环境造成的破坏、对资源的掠夺性开采、对消费者生活质量的隐形损害等一系列的环境和社会问题。随着环境保护和可持续发展观念深入人心,以环境保护为特征的绿色消费正影响着人们消费观念和消费行为。

在这种情况下,20世纪60年代,发达国家的可持续管理思想开始萌芽,生态农业、绿色消费意识逐渐增强。60年代以来,绿色经济席卷全球并影响和改变着传统的企业管理思想,世界绿色产品市场每年以10%的速度增长,明显高于同期世界经济的增长速度。1987年挪威首相布伦特兰领导的联合国环境和发展委员会发表了《我们共同的未来》研究报告,提出了可持续发展的问题,掀起了可持续发展的浪潮。1992年联合国在巴西召开了环境与发展大会,可持续发展成为许多国家政策制定的指导思想和战略选择。当前,各国政府积极响应联合国保护环境的号召,纷纷出台了一系列环境保护法律法规。在此背景下,企业新的可持续发展观开始以寻求企业、社会、消费者和生态的持续协调发展为核心,把经济-社会-企业平衡看作一个动态的、开放的复合系统。

与此同时,绿色管理理念也应运而生。"绿色管理"译自英文的"green management",最早是 20 世纪 90 年代初随着西方绿色运动的浪潮,将"绿色"这一修饰语用到企业经营管理领域而产生的。1990 年德国学者 Hopfenbeck 出版了《绿色管理革命》一书,是较早正式使用"绿色管理"一词的著作。1991 年美国学者 Carson 和 Moulden 合著的《绿就是金:企业家对企业家谈环境革命》,讲述了北美洲的世界知名大公司通过降低污染、推出绿色产品,创造绿色经营管理奇迹的典型事例和传奇故事,书中提出了"绿色管理是更好的管理"和"绿色管理哲学"的概念。

绿色管理理念强调的是企业可持续发展的管理模式,它相对于传统的"灰色管理"而言,更讲求生态经济的理念,更着重追求的是经济生活的长期、文明的发展,一般而言有广义与狭义之分。广义绿色管理主要指宏观绿色管理,是指通过对政府行为、企业行为和社会公众行为三者进行协调和整合,以达到可持续发展的目的。狭义绿色管理即微观绿色管理,是指以组织为主体进行的可持续发展管理活动,它以本组织内与环境保护和可持续发展相关的一切活动为对象。

在可持续发展浪潮的冲击下,人们的企业管理理念正在升华,企业可持续发展就是适应经济发展的绿色管理趋势而产生的一种新兴管理主题。企业既是生产的主体,又是环境保护主体,在绿色经济浪潮席卷全球并影响和改变着传统企业经营管理思想的背景下,企业要想在未来的市场竞争中立于不败之地,一个非常有效的途径就是实现可持续发展。

二、企业可持续发展的内涵体系

具体到企业战略层面,如何通过经营活动实现自身可持续发展并以此促进经济社会可持续发展,成为企业战略选择中的一个重要主题。在实践中,企业有两种途径实现这一目标:一种是被动地遵从那些可持续发展导向的官方标准和政策;另一种是主动地把可持续发展作为战略选择考量要素,采取高于外部环境预期的投入,如加强环保生产技术的开发、积极投身社会公益事业等,并努力获取超出投入的回报。实践演进中形成的普遍共识是,企业过去所采取的那种"循规蹈矩"的做法已经不再符合社会的需要,当今社会迫切需要企业采取更为积极主动的"超前行动"方式来服务于可持续发展。事实上,从需求角度看我们不难发现,消费者总是对那些在保护生态环境和履行社会责任方面采取"超前行动"的企业给予更多的关注和支持,企业也在努力通过改进产品或生产工艺、投身社会公益事业等多种方式,来引导和满足不断变化着的消费需求。

关于企业可持发展的界定,有以下几种常见的视角。

一是强调企业在成长时间维度上的永续性,将企业可持续发展定义为:企业在自身发展过程中,通过创新使其不断注入新的活力,始终保持竞争的优势,实现长盛不衰战略目标。在不断扩大市场和利润份额的同时,坚持与环境变化相适应,在内部资源有效配置的基础上,持续增加盈利和扩大企业规模。这一定义考虑到了企业的长寿问题及可持续发展的内容,提出企业要适应环境变化,但尚未提出企业应该主动实行绿色化,承担环境责任、社会责任。

二是强调企业在管理目标构成上的系统性,认为企业的可持续发展,应努力实施既可满足消费者的需要,又可合理使用自然资源和能源,并保护环境的生产方法和措施,通过追求综合效益(经济、社会和环境效益的统一),以实现本企业和社会、竞争者、消费者之间的和谐共存。这一定义将企业的永续发展与环境、资源等问题结合起来,符合时代背景。不仅要考虑当前利润的多少和市场份额的大小,又要考虑长期利润的增加和市场份额的扩大,而且近期发展不以牺牲远期发展为代价,同时企业不仅应该将利润最大化作为追求目标,而且也应该顾及企业发展所必须依赖的自然、资源环境以及社会环境,包括社会公正和公平。

三是强调企业在发展动力上的创新性,将企业可持续发展理解为一种超越企业增长不足或增长过度,超越资源和环保约束,超越产品生命周期的企业生存状态,这种生存状态通过不断创新、不断提高开拓和满足市场需求的能力、不断追求企业可持续增长而达到。在一个较长的时间内,企业可以通过持续学习和持续创新活动,形成良好的成长机制,企业组织在经济效益方面稳步增长,在运行效率上不断提高,企业的规模不断扩大,企业在同行业中的地位保持不变或有所提高。这一定义欠缺可持续发展的生态和社会价值方面的基本思想。

虽然关于企业可持续发展的含义,目前学术界还没有形成统一定论,但是,可以确定的是,企业可持续发展遵循的是环境友好(environmental integrity)、社会平等(social equity)和经济繁荣(economic prosperity)的"三维底线"(triple bottom line),客观要求企业在追求经济效益的同时,要兼顾社会效益;为股东创造财富的同时,也要兼顾企业职工、债权人等其他利益相关者的利益;要看到企业生存和成长的内部和外部系统,还需要兼顾未来和长远的社会福祉。

目前,有关企业可持续发展的讨论已从传统意义上的环境主题延伸到了环境、社会和经济"三位一体"领域,涵盖了"三维底线",即企业可持续发展需要兼顾三个基础原则:环境友好、社会平等、经济繁荣。其中,"环境友好"是指企业采取防控污染等技术措施减少对环境的破坏。从环境视角看，小到办公场所的照明，大到生产过程的浪费和排放，每一家企业都会不同程度地影响到环境，理所应当在生产过程中充分考虑对环境的影响，尽量使用可替代清洁能源，减少生产排放；"社会平等"则与企业社会责任概念密切相关，要求企业同时关注内外部利益相关者，既要遵循"不雇用童工、不生产违背公序良俗的产品、不与道德失范成员进行合作"等标准，还要保障员工健康、营造舒心环境、杜绝种族歧视等；"经济繁荣"反映了价值创造的原则，强调企业在利润和效率导向下，要把创造的利润在包括消费者、股东和员工在内的利益相关者之间进行分配。从更广义的层面看，这个原则也要求企业生产满足消费者意愿的"有价值产品"的生产。可见，环境、社会等非经济性要素已经成为影响企业战略选择的重要指标，企业必须遵循"三维底线"原则，才能确保可持续发展目标的实现。

三、企业可持续发展的异质性

企业可持续发展领域的大部分研究都没能产生持续性的成果和效果。一个可能的原因是研究者往往运用不同方式来测评企业可持续发展，这反而阻碍了相关研究在某一方向的深入，如果不清楚企业怎样成长就去解释企业为什么成长，往往会造成对企业成长原因认识上的理论冲突。另一个可能的解释是相当一部分研究者运用不同方式和方法来分析企业可持续发展的最终目的只是为了获取一个具有一般性和完整性的研究结论，所以一些实证研究并没有注意到企业可持续发展的异质性特征。

企业可持续发展的异质性是指每个企业的成长，都是一个不断内生演化的独特过程，其核心要素是非竞争性和难以模仿与替代的。这意味着企业成长不是静态恒定的，而是动态发展的；企业成长也不是外生同质的，而是内生异质的；市场的不完全性和资源的有限流动性等使企业成长不可避免地存在异质性，据此才可能根据某个特定企业的具体情况发现其成长中的问题并提出针对性建议。因此，有必要运用多种方法对企业可持续发展异质性的表征等进行剖析。换言之，并不存在一种最佳的企业成长的衡量方法，也不存在一个最好的衡量组合，这就从侧面反映出了企业成长的异质性本质。

尤其在我国，受历史背景的特殊性、体制多样性、操作复杂性和动态环境的影响，企业成长呈现出快速性、随机性和混沌等特征，使得中国企业可持续发展管理实践成为十分有价值的科学问题，并已经开始引起国内外学者的高度关注。所以，在企业成长研究设计中不应当囿于最佳成长方式的选择，也不应局限于对一种方法是否合适的过多关注，而是要在特定的研究背景下运用多种衡量方法去测度企业成长，尤其是对中国企业可持续发展异质性的研究更具有理论和实践意义。

基于以往单要素或多要素模型的优缺点,本研究选择设计了一个反映企业成长异质性的三维结构。这三个维度分别是规模、速度和活力,都是企业成长的重要表征要素。企业可持续发展的异质性可以通过企业在成长过程中规模、速度和活力的多样化和差异性加以反映。

维度之一是规模。关于企业规模和成长的关系已经在大量的经济文献中出现,其中最著名的是 Gibrat 法则。Gibrat(1931)认为企业成长与企业规模是成比例的,但是有些研究认为成长与企业规模无关,还有些研究认为 Gibrat 法则只适用于大型企业并不适用于小型企业,甚至还有人认为随着规模增长企业成长率呈下降趋势。虽然我们目前不能确定企业规模到底如何影响企业的成长方向,但是能够确定的是企业规模是与企业成长密切联系的重要因素,企业成长的异质性势必会通过其规模加以反映。

维度之二是速度。速度和企业成长的关系也受到了广泛关注,企业成长本身就是具有时间维度的概念,用两点之间规模的规则变化来衡量成长是一个重要的研究主题。在实践中增长率也成为测度企业成长典型指标。例如,在企业界和学术界产生巨大影响的美国 Inc. 杂志每年推出的 Inc. 500 就是以销售收入增长率为排名依据,我国一些杂志推出的"中国成长企业百强"排名也是重点参考了速度指标。虽然增长率多少与速度快慢之间的数量对应关系还没有定论,但是这却说明了企业成长的异质性以及企业成长对速度的内在规定性。

维度之三是活力。无论是规模还是速度指标,都反映企业成长的规则性,不过往往忽视了成长在时间上的不规则性。研究发现,多数实证研究关注于两点间的规模差异,忽略了在这两点内的时间变化,从而导致被测的成长数量可能会受到随机变量的影响,因而 Weinzimmer 等(1998)主张要引用多时间段的指标。尤其在长期盛行的传统管理模式(如规模经济、层级系统、集权管理)出现问题的情况下,作为一个动态的发展过程,企业成长是否具有灵活性等活力特征就显得尤为重要,这也有助于分析规模以及与规模相关的速度因素和企业成长之间的关系。

第二节　社会创业研究

一、社会创业概念的提出

社会创业(social entrepreneurship)于 20 世纪 90 年代开始受到关注,主要是指组织通过各种方式的创新将社会公众利益与自身商业利益融合在一起,在组织得到发展的同时实现社会福利的增加。其基本思想与当今世界主流的可持续发展理念高度一致,也和当前中国的新发展理念高度统一。社会创业概念的提出源于以下社会背景。

20 世纪 80 年代,许多社会问题政府和商业部门无力解决,而非营利性组织资源有限,需要社会创业者来改善。工业革命的发生,使得生产力在过去数百年不断提升。但经济的飞速发展在提高人们生活水平及素质的同时也产生了很多社会问题。特别是 21 世纪以来,很多国家的政府都忙于解决由经济发展所产生的问题。然而社会不断变迁,新的社会问题也随之而来。商业部门以盈利为主要目的,不会刻意解决或改善社会问题,公共部门受政治及政策所限,往往也不能充分反映社会的愿望,越来越多的公民部门成为推动社会变革及进步的最重要力量,社会创业者正是所谓公民部门中的一股新兴力量,他们比传统的慈善机构及非政府组织更具灵活性及创意,故能成为推动社会变革的动力。

在这个背景下,为了应对这些挑战,人们不断探索和创新能够有效解决社会问题并满足复杂社会需求的方法和途径,而兼顾商业和社会价值的社会创业活动,在改善社会福利和促进社会变革的同时,还刺激了经济发展与技术进步,无论在理论上还是实践上,日益受到人们的广泛关注和高度重视。社会企业(social enterprise)作为社会创业的典型组织形式开始在世界各地生根发芽、迅速成长壮大,其存在与发展对社会稳定、经济繁荣、人民福利改善均起到了一定作用。其一,社会企业承担了一部分政府应承担而又力所不能及的社会保障功能,其产生和发展有利于弥补各国福利体系的不足和缺陷。其二,社会企业还能够创造就业岗位,同时强有力地帮助了失业人员与就业市场弱势群体自食其力、重建自信、技能提升。其三,社会企业通过市场化运营也促进了所在社区的经济发展,为当地经济繁荣做出了贡献,同时促使商业企业积极承担社会责任。其四,社会企业在发展过程中不仅积极借鉴商业运作技巧,也基于自身特质和社区传统文化基础,摸索出独特的发展理念,反过来为商业企业和政府部门提供启示,如为政府部门改善公共服务、进行福利改革提供了有益参考,其用于承担社会使命,注重社会效益、创新经营也为商业企业提供了借鉴。Drucker 在 20 世纪末就指出社会企业将成为未来经济发展的一支重要的力量,这种组织有可能成为后资本主义时代发达经济体系中真正的"增长部门"。

作为世界上最大的发展中国家,中国在创新型国家建设的过程中,面临诸多亟待解决的社会问题,中国的社会创业水平仍待提高。一方面,中国的社会创业活动在规模上较发达国家还有差距:我国创业企业整体寿命较短,在面对市场冲击时,容易以倒闭而告终;此外,我国创业企业成长为大型企业的比率很低,绝大多数创业企业不具备持续成长的能力,保持在相对低的规模水平。另一方面,人们对社会创业的认识还存在不少误区,例如,社会创业者都是反商业化的,商业创业与社会创业的区别在于是否存在贪欲,社会创业者是非营利性运作的,社会创业者是天生而非后天培养的等。因此,为了应对这些挑战,需要不断探索和创新能够有效解决中国社会问题的社会创业方法和途径。

二、社会创业与商业创业

近年来的创业管理研究取得了很大进展,在研究内容和范围上,不仅将个体创业的研究从对个性心理特征分析转向了行为和认知以及内容和过程的研究,而且还逐步从个体创业的研究扩展到包括在各个层面组织环境下的新经济活动的研究,并提出和初步形成了共同的创业研究范式。在创业研究领域研究成果基础上,张玉利等学者总结认为,创业管理的范式可以概括为:以环境的动态性与不确定性以及环境要素的复杂性与异质性为假设,以发现和识别机会为起点,以创新、超前行动和勇于承担风险等为主要特征,以创造新事业的活动为研究对象,以研究不同层次事业的成功为主要内容,以心理学、经济学、管理学和社会学方法为工具研究创业活动内在规律的学说体系。

在全球可持续发展的背景下,创业是否符合"三重底线"原则——在带来经济繁荣的同时,实现环境友好和社会平等——并未引起广泛关注。相反,却有一些现象表明,新企业的生成通常会带来更多的资源消耗和更大的环境压力。以哥本哈根气候变化会议为例,各方争执不下的根本原因在于,经济发展与排放总量存在矛盾。这就意味着,创业在助力经济发展的过程中,还有可能成为环境优化的阻力,如果放任不管,就会出现"创业活动越热,全球气候也越'热'"的恶性循环。因此,要深刻理解社会创业的内涵,首先需要对社会创业与商业创业进行比较,通过二者的异同,来全面认识社会创业这一新兴研究主题。

从创业使命角度来看,社会使命是社会创业活动最重要最核心的使命,主要目的是创造高的社会价值,利润的创造只是实现社会使命的手段。而商业创业的核心则是商业使命,主要目的是创造高的商业价值,盈利是其天职,社会财富是经济财富创造的副产品。从创业机会角度来看,社会创业者努力寻找为客户带来更多社会价值的市场机会,通过创新方法聚焦有效服务,满足社会基本的、长期的需要。而商业创业者不断寻找带来高商业价值的市场机会,注重当下社会的新需要。从创业者特质来看,社会创业者是具有卓越思想的开拓者,具有优秀的伦理道德品质和充满变革的胆识,具有较强的同情心和利他品格。而商业创业者利他品格不明显,他们关注商业价值的创造以及获取最高利润的市场机会,以获取个人利润为主。从创业资源整合角度来看,社会创业中人力、财力等资源的募集比较困难,常常依赖志愿者承担重要任务,主要依靠个人捐赠、基金投入和政府资助等。商业创业募集资源相对容易,可以利用良好的物质条件招聘和留住优秀的员工,有大量商业风险资金的投入,与金融机构合作密切。从创业动机角度来看,社会创业动机包括理性、公共利益、对公共利益的承诺、公共福利增加的欲望等维度,社会正义、爱国主义、情感和规范是社会创业动机的主要内容。而商业创业动机主要是基于利己的核心假设,商业创业不断追求利己的报酬,维度主要包括成就感、风险倾向、对模糊性的容忍、控制点、创业效能以及目标设定等。

基于创业教育之父 Timmons 的"机会、团队和资源"三个创业要素的分析模型,可以发现社会创业研究与商业创业研究的不同侧重点。社会创业研究侧重于对创业者或创业团队的关注。社会创业机会一般是指没有得到满足的社会需求或没有得到解决的社会问题,资源则包括私人捐赠、公益创投和政府资助等财务资源以及志愿者招募和会员收入等,而学者们的关注重点在于社会创业者(团队)。Prabhu(1999)指出社会创业者与商业创业者之间存在明显差别,正是创业者的意识形态决定了他们选择不同的使命、方法和最终目标。Dees(1998)将创业者视为社会创业的核心,研究总结出了判断社会创业者的标准,即是否履行一项能持续产生社会价值的使命以及对目标群体负有高度的创造价值的责任感。Bornstein(1998)的研究把社会创业者等同于伟大思想的开拓者,他们有能力提出创造性的解决方案,具有强烈的道德意识,并能全身心地投入为实现他们社会变革愿景的奋斗之中。

商业创业研究侧重于对商业机会的识别和开发。商业创业研究关心财务和资产等资源要素以及创业带头人特质和创业团队素质等团队要素,但是其侧重点仍是机会要素,关键点落脚在市场需求结构和规模以及商业机会的识别和开发。研究对机会的聚焦还体现在,挖掘创业机会的来源和发展情况,按照机会识别过程将创业机会细分为机会搜寻、机会识别和机会评价三个阶段,通过对创业机会进行的多角度分类,提出包括市场机会和潜在危险、战略选择及组织绩效的理论框架。同时,关于创业中商业模式的研究,实质也是遵循机会识别、开发和利用的脉络,展开商业价值链的分析研究。总体而言,机会来源、形成、筛选、转化和评价等问题,一直是商业创业研究的主线。

第三节　企业社会创业

一、从个体到组织层面的创业研究

基于创业管理范式,企业的竞争优势不再是来自于稳定和秩序,而是来源于变化、价值创新和动态能力等更深层次的问题。一个典型的例子是,在新技术、全球化、超强竞争、变革和速度等诸多环境变化的综合作用下,产品生命周期发生了变化,从而使企业的规模优势不再是管理的重点,对企业生存发展至关重要的则是讲求速度与创新。

在产品生命周期缩短的情况下,企业管理的重点是如何快速进入和退出市场,迅速推出升级产品,竞争的关键转向产品生命周期的前端,新事业、新产品策略包括研发管理、创新管理、知识产权管理等成为管理工作的重点。从更深意义上讲,产品生命周期缩短意味着侧重于秩序、稳定性和效率的传统管理范式的失效,意味着依靠规模经济优势的大公司将面临更大的生存压力,意味着仅仅关注计划和控制等传统职能的管理已经无法适应动态变化的环境。

因此,动态复杂环境下的创业行为将成为一种常态,这是两百多年前提出的创业精神概念被重新予以关注、创业活动从个体拓展到现存公司并进一步拓展到社会的根本原因。无论大公司还是中小企业,保持并发扬创业精神是新经济时代企业取得动态竞争优势的关键所在,速度和变革已经成为企业取胜的法宝。企业的竞争优势越来越取决于能否发现真正有潜力的市场机会,谋划独一无二的商业创意,并以理性的冒险来超前行动。而这些特征正是具有创业精神的企业所必备的本质特征。

Miller 在 1983 年提出,创业既可以发生在个体企业家身上,也可以发生在有机组织的各个层面,并据此首次提出了"公司创业"的概念。公司创业的最大特点在于创业者和创业团队与现有组织具有密切相关性,是与某一个现有组织相关的个人或者团队创建新的组织或者在该组织内更新和创新的过程。30 多年来,公司创业不仅是学术领域的重要讨论主题,而且对企业经营和管理方式产生巨大影响。一些学者的理论和实证研究表明,创新、超前行动、承担风险等公司创业活动能支持组织取得较好的竞争优势,公司创业与企业绩效间的正相关关系在动荡复杂的环境下更为明显,即在激烈竞争的过程中,企业更有可能从公司创业活动中获取收益。无论从财务绩效还是企业持续发展角度分析,公司创业是企业开发新事业与创造新收益的源头。

自 20 世纪 80 年代末开始,全球许多著名大公司纷纷开始公司创业,其共同特点就是采取革命性行动来培育企业的创业精神,恢复小企业般的活力和柔性,增强企业的创新能力。公司创业观念已形成一股强大的潮流,对众多大企业的经营和管理方式产生了影响。创业不再是新建小企业的"专利",现有大公司也需要通过公司创业进行"创造性的破坏"和新资源的组合,以此应对动态复杂环境并推动管理变革。实现大公司"基业长青"的关键步骤之一就是推动公司创业。可以说,公司创业成为现有企业通过自我更新和市场或产业努力来增强竞争优势,使公司恢复生机、重新强健的手段,是引导公司获取竞争优势或保持公司竞争地位的催化剂。

正如 Drucker 所言,具有适当规模的现有企业最有潜力占据创业的领导地位,因为它们早已具备管理能力,并且建立了管理团队,因此不仅有机会而且有责任建立有效的创业管理机构。尤其是创新程度高(如新产品的开发、新流程或新进入行为的导入)、投资风险大(相对于企业财务实力)或市场竞争风险大的新事业,通常只有一定规模的企业才有能力开创。因此,创业不再是个体层面的行为,而是整个组织和全体员工都具备的能力,已经成为创建企业竞争优势的关键。企业层面的创业活动能够有效地把一个稍纵即逝的机会转变为企业持续价值创新的平台,可以在新兴的产品或市场中获取先行者快速行动的优势,并通过不断调整自身能力应对各种突如其来的竞争,实现组织转变和革新,从而提升企业长期发展的实力。

创业是将一系列独特的资源集中在一起来利用机会的过程,是无须考虑目前所掌握资源的情况而对机会的追求。公司创业的内涵可以从多视角进行阐释。Burgelman 将公司创业视为企业借助新的资源组合实现多元化发展的过程,Jennings 等把公司创业视为企业开发新产品或开拓新市场的数量超过了行业平均水平的状态,Guth 把在现存组织基础上产生新的业务和通过调整核心经营理念而实现的组织变革视为公司创业,Chung 认为公司创业就是通过对不确定性进行管理进而将个人想法组合为集体行动的组织过程。可以说,公司创业的界定就像企业层面的创业活动本身一样,具有多种多样的表现形式。基于众多学者的研究结果,Sharma 和 Chrisman 在系统比较有关公司创业的定义和描述的经典文献基础上,指出公司创业的最大特点在于创业者和创业型的团队与现有组织具有密切相关性,公司创业是"与某一个现有组织相关的个人或者团队创建新的组织或者在该组织内更新和创新的过程"。

二、组织层面的社会创业

目前,对于社会创业的研究常见于两个不同的领域:一是非营利机构创造性地采用商业运作模式提升其社会服务能力,二是企业通过创造性地满足社会需要提升其竞争能力与盈利空间。尽管我国目前也存在一定数量的非营利组织,但无论是活跃程度还是在社会事务中发挥的作用都还需要提升,因此,本研究聚焦于企业层面的社会创业。

社会创业意味着采用创新方法解决社会焦点问题,既包括营利组织通过资源整合解决社会问题而开展的创业活动,也包括非营利组织支持个体创立自己的小企业,其关键在于坚持创造社会价值的根本目的,并运用营利性企业的商业化运作方式来获得更大收益。如今,中国经济社会正逐步转入高质量发展之路,作为经济主体的企业如何适应经济发展方式转变,如何通过创新同时实现经济价值和社会价值,是当下必须正视并加以认真研究的问题。

企业社会创业的界定是研究的前提。如同其他新兴研究主题,目前社会创业的定义尚未形成一致认识。但从总体上看，学者们普遍认为，企业社会创业融合了"社会性"和"创业性"两大概念维度的内涵，是企业突破现有资源束缚、积极追寻新机会、保持永续性创新、开创具有可持续发展新事业从而不断创造社会价值的过程。目前，修正和完善社会创业理论架构仍是研究重点之一，并形成了代表性的研究成果：一是关于"社会性"和"创业性"两大概念维度的关系，多数研究认为前者是目的、后者是手段，即社会创业主要是采用创新方法解决社会焦点问题、采用传统商业手段来创造新的社会财富，也有学者指出了伦理与创业两难现象；二是关于社会创业的阶段划分，不少学者提出社会创业是多阶段演进的管理过程，有研究基于机会识别和利用构建了社会创业两阶段模型，即社会创业者从"形成有成功希望的创意"到"将创意发展成为有吸引力的机会"，还有研究则认为社会创业是一个包括过渡、变革和稳定三个阶段的过程；三是关于社会创业者的角色分析，研究强调了社会创业者在社会创业过程中的主体作用以及对社会发展产生的深远影响，同时也在与企业创业者进行比较的基础上，分析了社会创业者的行为特征和领导过程。

　　企业社会创业是企业应对环境挑战而进行的一项战略选择。针对环境动因的社会创业研究主要从制度和网络两个视角进行了分析。制度视角下的研究认为，创业环境本质上是一种制度环境，而环境需要组织遵从"合法性"，也就是企业向相同层次或更高层次体系正当化其存在权利的过程，这代表了已有规范、信念、价值观等社会建构体系对企业存在所提供的解释程度，为企业获取其生存和成长所需要的其他资源提供了可能。网络视角的研究认为，所有经济活动都嵌套在社会关系中，而这种关系会影响创业能力，为了突破现有资源束缚，创业需要调动各种社会关系和资源，关注并创造性地安排资源间的网络关系，这很难依靠企业单方面的力量加以解决。因此，将创业"社会化"的社会创业实践实际上是充分考虑和运用了价值创造的社会决定因素，通过最大化整合社会资源实现了社会资本的良性循环。

　　企业社会创业有助于社会创业理论的创新与完善。相对于社会创业的生动实践而言，目前社会创业的理论研究还较为滞后，对社会创业理论渊源、概念框架和绩效评价等问题的研究仍不完善，尤其是具体情境下的规范性实证研究还比较欠缺，基于绿色技术转移的社会创业路径研究尚未有见，加之社会创业研究具有多学科交叉的特点，许多新领域和新问题层出不穷。在既有社会创业理论的基础上，结合中国所处发展中国家的特定创业环境，以绿色技术转移为切入点，从理论上揭示企业通过社会创业促进经济可持续发展的有效路径，对丰富社会创业理论内涵、促进理论创新具有较好的学术意义。

　　企业社会创业有助于传统企业的转型升级。在企业实践社会创业的过程中，基于绿色技术转移的社会创业是重要的实现路径之一。一般而言，技术水平是衡量可持续发展能力的重要标志,企业技术的开发利用重点是绿色技术,即有助于降低生产与消费的边际外部成本的技术,通常包括减少污染、节约资源等有利于环境的技术。从我国企业生产经营活动实践看,采用绿色技术的观念不强、比重不高,资源消耗大、单位产出资源利用率低。这从反面表明,通过提高绿色技术转移水平促进企业社会创业以实现可持续发展的潜力巨大。因此,可以基于绿色技术转移脉络分析,从技术角度提升对企业社会创业效果的预见能力,对企业而言具有很好的实践意义。

企业社会创业有助于推动我国经济社会加速转入永续发展的道路。从国家发展层面看,可持续发展已经成为我国经济社会发展的必然选择,而这一战略的贯彻实施离不开经济活动主体的参与,只有我国企业把可持续发展作为首要管理要务,国家可持续发展战略才能落到实处。通过评价企业社会创业的可持续发展效果,突破传统利润指标测度局限性,全面考量企业社会创业的价值实现,提炼优化企业社会创业环境的政策建议,促使企业遵循"三重底线",对产品进行全生命周期过程控制,倡导具有主动性的创新和管理过程,对推动我国经济社会加速转入可持续发展道路具有较好的现实意义。

三、社会创业导向与企业绩效

社会创业导向是借鉴已经成熟的公司创业导向思想,对社会创业进行研究的一个崭新角度,它强调从组织的视角对社会创业进行研究和测度。但是,社会创业导向作为创业研究领域的一个新概念,现有文献还很少,在概念、维度和测度等方面都还处于探索阶段,尚未形成规范的研究方法和一致的观点。

盛南和王重鸣(2008)提出社会创业导向是反映企业社会创业核心内涵的构思。随后他们又进一步补充了社会创业导向的内涵,指出社会创业导向是一个表现企业如何开展社会创业的构思,能够反映社会利益与经济利益在企业中的整合策略,体现了企业社会创业的关键要素和关键特征。Weerawardena与Mort(2006)利用扎根理论对9个非营利组织的社会创业案例进行初级编码,提炼出了7个不同的主题,分别是环境动态性、创新性、超前行动、风险管理、可持续性、社会使命和机会认知,指出社会创业通过创新性、超前行动和风险管理来实现社会价值的创造,是组织对环境动态性、可持续性和社会使命做出的应激行为,同时这些行为又受限于上述因素。他们认为社会创业导向与公司创业导向一样包括创新性、超前行动和风险承担三个维度,并且受到环境和组织因素的调节。

Chiasson和Saunders(2005)将结构行动理论用于公司创业研究,通过脚本(Barley &Tolbert,1997)对公司创业进行分析,这一做法对于理论基础薄弱的社会创业等新兴研究领域是非常必要的。从结构行动理论角度来看,创业活动的本质是创业主体和环境共同进化的过程,其目的在于提高脚本的质量,而脚本的质量可以从胜任性、支配性和合法性三个方面来衡量。胜任性指脚本能够在特定环境中快速执行,支配性指脚本在特定环境中能够获取所需资源,合法性是指脚本在特定环境中能够得到伦理或法规的认可。

在此基础上,盛南和王重鸣(2008)进一步提出了社会创业导向的三个测量维度,即企业社会匹配、共赢规则创新和边缘资源整合,分别从企业社会创业的社会价值和社会使命、企业行为与利益相关者关系、企业社会创业的资源获取及利用三方面对企业社会创业导向进行了测度,并且强调以上三个概念维度是两两相关的。在对我国企业进行实证研究之后,他们指出社会创业导向包括资源扩展(resources expansion)、社会引领(social anticipating)和互惠协同(reciprocal synergy)三个维度,资源拓展是对创新性维度的发展,指企业创造性地将那些不受人们关注的边缘资源整合到自身的商业模式之中从而充分发挥其潜在价值;社会引领是对超前行动维度的发展,指企业敏锐地洞察社会问题的潜在价值从而先于他人采取积极的行动引导其获得解决;互惠协同是对竞争意识的否定,是指企业努力构建与利益相关者共赢的机制,从而使各方的合作产生协同效应,这一维度反映了社会创业与公司创业间的差异,是社会创业的一个特有维度。社会创业导向三维观点继承和发展了创业导向概念维度观,为后续研究提供了理论依据。

在创业导向与企业绩效关系研究早期,研究者们并没有将调节变量和中介变量等第三方变量纳入研究模型,只是单纯地分析二者之间是否存在联系以及联系的方向性,这一阶段,关于创业导向与企业绩效间是否有关以及关系大小的看法存在着巨大差异。有些学者认为创业导向与企业绩效存在显著的正向线性关系,具有创业导向的企业相较于没有创业导向的企业而言,拥有更高的绩效。但是,也有研究发现创业导向和企业绩效之间的正相关性并不显著,而且创业导向与企业绩效的正相关性随着时间的推移而发生变化,长期影响效果明显大于短期影响效果。当前,引入第三变量的创业导向与企业绩效关系研究成为主流。虽然对调节变量的组成仍未形成共识,但现有研究主要集中于组织变量和环境变量两大类。组织变量包括组织结构、组织资源、高管特质;环境变量包括行业特征、文化环境。中介变量包括:创业导向需要通过中间路径才能转化为企业绩效,市场导向在创业导向与绩效关系中起到中介变量的作用,企业的机会探索能力、开发能力以及组织学习等在创业导向与绩效间发挥中介作用。

社会创业导向与企业绩效关系研究虽然尚未成熟,但是,与公司创业导向一样,社会创业导向也是通过影响中介变量而最终作用于企业绩效。创业导向的高低不同程度会反映在中介变量的差异上,所以在确定社会创业导线概念维度并进行程度测度的基础上,探究公司社会创业导向在中介变量(如市场导向)上的不同表现如何影响企业绩效的高低。

同时,公司社会创业导向在影响企业绩效的过程中,其影响程度会受到调节变量的制约,所以,结合权变理论的思想,将调节变量作为分析变量之一,探究社会创业导向的高低在何种组织和外部环境条件下能够最大限度地发挥对企业绩效的影响作用。需要注意的是,企业绩效评价与绩效评价指标之间的关系也是考查重点。企业绩效是各项绩效指标的综合反映和结果,不能仅停留在短期的财务指标,还需要从价值创新角度对企业绩效进行评估。

第三章

社会创业机会开发与资源整合

第一节　社会创业机会识别与开发过程

一、社会创业机会概述

社会创业不等同于传统的商业创业,因为商业创业各种行为的最终目的是利益最大化;社会创业也不同于非营利组织的慈善活动,因为社会创业可以进行各种产生收益的经营性活动来支撑慈善和公益事业。因此,社会创业的目的是以一种新型的盈利方式来传递公共服务和价值,它改变了传统由政府主导或非营利组织主导的社会服务传递方式,很大程度上缓解了非营利组织所面临的资源匮乏的困境。社会创业的核心理念就是通过传统的商业手段创造社会价值,解决社会问题。

和社会创业的定义一样,目前学术界对社会创业机会的定义还没有相应的规范,且概念提出少之又少。因此,本节将学界对社会创业机会的相关定义罗列出来,并借此提出自己对社会创业机会的定义理解。国外学者认为,社会创业机会是一个有足够吸引力能够产生足够社会影响力的机会,并且需要社会企业家投入极大的精力、财力和物力(Guclu,2002)。这个机会是引入新的方法,将商业活动和社会目标有机结合提供公共服务并产生经济和社会双重价值的潜在可能性。国内学者认为,社会机会起始于发现一些未被解决的社会问题,通过机会的评估与开发而找到解决问题的新方法。概括来说,当社会创业者把目前所存在的社会需求和满足这些需求的方法有机结合的时候,他们就可以发现创业机会。

社会创业机会是一种客观现象,它是一种客观的社会服务需求,需要社会企业家主观地去识别它,并通过相应的人力、物力、财力等方式来满足它、开发它,以实现经济价值、社会价值的双重目的。社会创业机会与商业创业机会的区别参见表 3-1 所示,有两个明显的特征:社会创业机会在本质上是社会的,这些机会将会对社会有着重要的影响,成功开发的结果是将会创造非常可观的社会价值;社会创业机会受到正式和非正式、社会和制度的因素的深刻影响,并不是每一个社会创业机会都能够付诸实践,很多机会受到各种因素的影响,最终没有被很好地利用。

对于社会创业机会识别与开发而言,国内外学者普遍认为其是一个过程,并对社会创业的计划识别与开发阶段进行了模型的设计。社会创业被认为是这样一个过程(图 3-1):以一个可以察觉的社会机会开始,把社会机会转化成创业理念,明确并获取实施创业必需的资源,使企业发展成长,并在未来实现并收获创业目标。

表 3-1　商业创业机会与社会创业机会的区别

分类标准	创业机会的主要差别	主要学者
最终使命	商业创业侧重经济利益兼顾社会利益	Dees(1997,2002)
	社会创业侧重社会利益兼顾经济利益	
机会特质	商业创业机会侧重机会的经济性	Emerson(2003)
	社会创业机会侧重机会的社会性	
客户群体	商业创业的客户群体主要是社会大众群体(具有市场支付能力)	Hoekerts(2006)
	社会创业的客户群体主要是社会弱势群体(没有市场支付能力)	

图 3-1　社会创业过程

在 Robinson(2006)的基于机会识别和评估的社会创业过程模型(图 3-2)中,社会创业被认为是一个逐步发现机会并解决障碍的流程。在这个过程中,社会创业者通过不断探索和克服由独特的市场和社会因素决定的进入壁垒,最终用社会创业战略来解决社会问题。

有学者构建了社会创业机会识别与开发的框架模型(图 3-3)。社会创业机会的识别与开发过程被描述为:社会创业机会来源于市场失灵、政府失灵和不断加剧的社会需求;通过社会创业机会的识别,可以产生两种结果:一种是直接忽略,另外一种是评估和开发这个机会而进一步去认识它。一旦社会创业机会被识别,将会产生三种结果:第一种是由于各种条件的限制而忽略这个机会;第二种是社会创业者不拘泥于社会创业机会,采用别的方法来减少社会需求;第三种是社会创业者确定社会创业机会值得开发之后通过社会

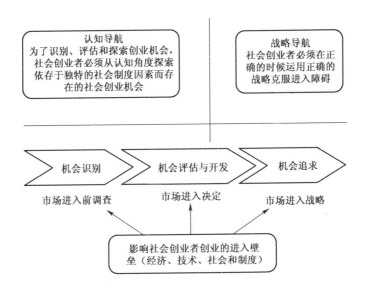

图 3-2　基于机会识别和评估的社会创业过程模型

创业活动的冒险来将这一活动继续下去。

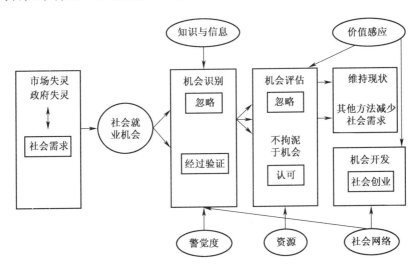

图 3-3　社会创业机会识别与开发的框架模型

社会创业者在社会创业机会的识别及开发过程中需要具备目的性、预见性、探索性、创新性这四大特征阶段(参见图 3-4)。目的性,即社会创业者在拥有创业方向后,有目的地选定一个创业对象或目标,准备开始自己的社会创业活动;预见性,即社会创业者要在创业前对社会需求、创业条件、资源条件等有一定的预见性和前瞻性,做到心中有数、心中有底、是否可行,不打无准备的仗;探索性,即社会创业者在创业初期要开展必要的创业探索,摸着石头过河;创新性,即社会创业者在创业过程中要充满创新精神,为好的创意提供平台。其中,目的性、预见性构筑成了社会创业机会识别的两大特征阶段;探索性、创新性构筑成了社会创业机会开发的两大特征阶段。机会的识别是机会开发的前提和基础,同时机会的开发也会在一定程度上帮助创业者识别新的社会创业机会。

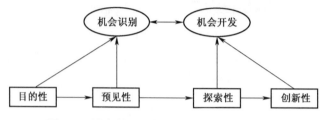

图 3-4　社会创业机会识别与开发的特征阶段

二、社会创业机会开发案例分析

(一) 分析框架

　　社会创业机会开发是一个受多因素影响的复杂的多阶段过程,纵观国内外对其影响因素的相关研究,可以看出社会创业者的个人特质与社会问题引发的社会需求是其中两个主要因素,但是并未展开说明社会创业者的何种特质对其社会创业行为起到关键性影响,更为关注到亲社会性在其中的调节作用,同时在各因素如何影响社会创业机会开发过程方面只是笼统地阐述某个因素对机会开发的作用与结果,鲜少将机会开发过程进行展开说明。以往对于社会创业机会开发的研究主要聚焦于组织层面的案例分析和理论归纳,为补充以往研究在行为层面的不足,本研究引入创业行为双阶段理论对社会创业机会开发过程进行分解。

　　在创业行为双阶段理论中,机会开发过程被划分为"他人机会"和"自身机会"两个阶段。他人机会由环境变化主导,自身机会阶段则是创业者评估风险和回报后决定是否付诸行动,进而可将探究转化为亲社会性在社会创业他人机会开发和自身机会开发两阶段的作用机制。他人机会阶段在剔除不确定因素和预估经济回报后将进入自身机会阶段,即在不同的他人机会经过转化将形成与之对应的自身机会,从而构建起从自变量"他人机会"到因变量"自身机会"的因果关系。具体变量测度标准可在双阶段理论的基础上引入创业者视角,以创业者的角度观测环境或自身变化,导致社会创业活动的产生与发展。进而在社会创业的背景下,可将他人机会开发表述为:在发生变化的社会环境中识别第三人机会,并通过对第三人机会开发解决现有社会问题的过程。将自身机会表述为:对已经识别的他人机会进行评估,排除不可行的他人机会,从而实现他人机会向自身机会的转变,进而整合各种创业资源进行合理的开发过程。

本部分选择多案例研究方法来探索社会创业机会开发过程,主要原因在于案例研究方法在解答"是什么"式的问题方面具有明显优势,同时,案例研究作为一种常用的定性研究方法,通常遵循归纳逻辑来探讨管理实践中涌现出的复杂而具体的新现象,从而有效构建和验证新理论。由于本文关注社会创业机会开发过程细节,属于探索性研究,为此,前期多渠道收集了企业资料和二手数据等多样化资料来源,使案例研究更加有效。

(二)案例描述

1. 博学生态村

坐落于海口永兴镇的博学村,是一个仅 300 余人的火山口古村落,村里的青年力量和学有所成的知识分子面对贫困落后的家乡大都选择外出谋生,这使博学村一直以来缺乏脱贫的引导与动力。从博学村走出去的陈统奎在 2009 年以《南风窗》记者的身份访问台湾桃米村后,发现桃米村与博学村一样曾是贫穷落后的村庄,但桃米村在改革者廖嘉展的带动下,已经通过社区行动改变了原来贫穷落后的状态,并且吸引和团结了一群或资深或年轻的文化工作者,共同致力于社区营造工作。回想在自然资源方面有天然优势,地处"海口火山群国家地质公园"的家乡,陈永奎决定返乡建设博学村。

陈统奎在 2009 年将革命老区博学村严重缺水的问题写信反映给海口市委书记,半年后常年靠天吃饭的博学村建起了高高的水塔,改变了缺水的现状。秉承着"造人—造神—造钱"的发展路径,陈统奎在博学村成立起"博学生态村发展理事会",并且建立完整的公司化治理模式,创造了一个可复制的"社区"概念。在"造人"方面,博学村采取"引进来、走出去"相结合的方式,引入乡村生态旅游、酒店管理、生物多样性研究等各领域的专家为村民开展培训活动,同时派村民前往桃米村考察学习;在"造神"方面,向村民展示和传达人与自然和谐相处、互利共生的新文化与新价值观;在"造钱"方面,发挥坐拥自然资源的先天优势,开展独具特色的民宿与生态旅游,同时以传统农业为产业特色,打造蜂蜜、荔枝等优势产品。经过几年的精神文明和经济建设,博学村的基础设施、配套设施均得到完善。如此的人与自然和谐相生、传承与创造相结合的方式,使老村迸发出新的活力。

亲社会性的作用对象不仅限于人,整个社会都可以成为亲社会性的客体,对家园的感情正是亲缘型亲社会性的表达。一边是知名杂志的高级记者职位,一边是落后家乡的艰难建设,前者衣食无忧,后者劳心劳神。面对个人利益与家园情感取舍这样的难题,陈统奎选择了后者,他对家乡所表现出的亲缘型亲社会性是他返乡建设家园的重要内在动因,也成为他克服家乡再建过程中重重困难的强大支柱。

亲社会性的表现不是伪装,而是真情流露,是个人希望通过自身的努力改变或者帮助他人改变现状。陈统奎作为一名博学村人,为村子解决来水源问题,已是对博学村的贡献,之后他辞职返乡更是源于强烈的亲缘型亲社会性,令他无法对家乡的长期贫困坐视不管。乡村再建本是一个他人机会,甚至可以被称为政府责任,但是陈统奎认之为己任,承担起改建家乡责任,是对家园的负责,也是对家乡人民的负责,更是其亲缘型亲社会性使然,让他放弃坐以待毙,积极主动地投身返乡建设事业。修建自行车公路、开发荔枝蜂蜜的市场、创办花梨之家民宿等一系列改变博学村现状的社会创业开发活动无一不体现了陈统奎对家园发展的急切渴望,这都是他亲社会、爱家园的行为体现。博学生态村的再建与发展为社会提供农村建设的良好范本,在中国像博学村这样的乡村数不胜数,它们贫困落后有待开发,迫切的需要陈统奎这样心系家园的人返乡建设美丽农村。同时在博学村开发的过程中可以看出,人力资本与亲社会性等主观因素,在解决乡村贫困落后问题中起到至关重要的作用。

2. 残友集团

身患残疾者在招聘中常常受到歧视,企业更倾向于录用外貌健全者是一个不可否认的社会现象,残友集团的创始人郑卫宁就曾经历过这样的遭遇,身患重症血友病的他即使在自学完成中文、法律、企业管理三项课程的学习后依然没能在深圳找到一份工作。面对巨额的输血费、营养费、生活费和惨淡的生活,郑卫宁痛定思痛,开始了漫长的自救式创业。他自学了制作网页、组装电脑,组建了"电脑兴趣组",将一群与自己境况相似的残疾人凑到了一起,筹建起"中华残疾人服务网"。1997年郑卫宁率领5名残疾人在深圳创办了残友集团。伴随着中国互联网产业迅速发展,小有积累的残友搭上了这班急速发展的快车,十年时间便占领了深圳大半的软件开发市场。

残友集团从蓝领普工到技术骨干直至管理层几乎全部由不同残疾程度的优秀人员组成,残疾员工比例高达95%。为此,残友集团实行工作和生活一体化制度,集团员工大部分在内部过集体生活。公司不仅专门雇人为员工洗衣做饭,在公司安装淋浴座椅等人性化便利设施、还为员工举办集体婚礼,让他们每时每刻都感受到家一般的温暖。同时,这家社会企业还实行"员工退养制",承担起患病员工的生活问题,患病期间他们可以领到在残友工作期间的最高工资额,直至去世,为残疾员工解决无法继续工作后顾之忧,让他们可以有尊严的离开。残友集团一直以来以为促进残障人士的社会参与与创造社会价值而不懈努力为使命,实现了数千名残疾人集中稳定就业和残疾人在软件、信息通信、设计、文化传播及社会公益等领域的突破性探索与卓越发展。

残障人士在就业时面临歧视已成为社会的痛点,与其共生的为残障人士解决就业这一他人机会也鲜被问津,郑卫宁作为痛点群体中的一员,深感社会对残障人士的不公待遇,痛定思痛的他急切地渴望改变自身的生活状况,于是毅然决然的投身其自救式创业。

正是这种绝处逢生的自救,让他真实地感受到生活对残障人士的折磨与无情,才更能激发他的亲社会性,在自身机会开发阶段不断吸纳身陷残疾的员工,从家人的角度为他们提供工作、生活保障和实现人生价值的平台。

残友集团 95% 的工作人员都是残疾人,他们中的一些人因病甚至随时可能面临死亡。郑卫宁不计个人和企业利益,在残友集团实行"员工退养制",帮扶残疾人员工,正是因其自身亲社会性自发地将员工视为自己的家人,同时家人这一概念又反作用于郑卫宁,使其亲缘型亲社会性得到巩固与发展。他捐赠出自己和集团的 90 多个注册商标,成立深圳市郑卫宁慈善基金会,意在将基金会变为集团的股东,为残疾人员工提供更长期的生活和服务保障。身为一位血友病患者,郑卫宁的生命随时可能走向消亡,在残酷的命运面前,他以坚忍的意志自救,又以执著的行动救人,他把面对死亡的窘迫,化为回馈社会的豁达。他缔造了残疾人在高科技领域集中就业的典范,为了残疾人员工不再回到毫无价值、孤立无援的人生,他还在拼命挣扎,改进商业模式,为残疾员工打造更加长久的生活基础。

(三) 案例讨论

通过两个案例分析可以看出,动机是发现他人机会与自身机会到进行创业活动的桥梁,它催化了第三人机会的产生及第一人机会的转化过程,亲社会性在社会创业机会开发过程中具有重要作用。同时,他人机会因环境变化产生,对于社会创业者而言,此时的机会并不是自身创造的,而是已经出现、通过他人的困难状况呈现出来的。同时社会创业背景下的他人机会通常是因他人陷入困境,导致社会问题的出现,使社会需求不再处于被充分满足的状态,进而促使社会创业者挺身而出改变这种不平衡的状态。根据中国社会文化情境,以亲缘为基础的社会关系是社会创业机会开发的重要影响因素之一,亲缘型亲社会性以更加直接的方式加快了创业者对环境变化、他人机会的反应,成为他们不再犹豫不前、向自身机会迈进的关键动因。

据此可以将社会创业二阶段视为这样的两个阶段:他人机会开发源于产生社会问题、打破原有平衡的社会环境变化,具有非亲缘型亲社会性的创业者关注到这些与陌生人紧密相关的社会问题,于是萌生建立社会企业、解决社会问题、创造社会价值的想法,这个过程就是社会创业他人机会开发的过程。经过一系列的风险与回报评估,可行的他人机会将转化为自身机会,进入到自身机会开发阶段,这个转化过程受亲缘型亲社会性动机的调节,当预期到机会开发成果有益于自身及亲友时,创业者会希望更迅速地改变个人及亲友的现状,享受自身机会开发成果,从而加快了他人机会向自身机会开发这一转变。

综上表明,亲社会性是创业者进行社会创业机会开发的重要内在动力,以亲社会性为动机展开的社会创业活动,在创造社会价值的同时,有助于实现弱势群体、社会创业者、社会企业多赢:弱势群体摆脱困境、社会创业者收获了个人价值、社会企业获取经济利益。在创业领域发扬亲社会性,将促进整个社会互助友爱的氛围,冲淡金钱至上的不良风气,吸引越来越多的创业者加入社会创业的浪潮中,推动和谐社会的发展,使"人人为我,我为人人"蔚然成风。

第二节　社会创业资源整合

一、创业的资源基础观

资源基础观认为,企业是各种资源的集合体。由于各种不同的原因,企业拥有的资源各不相同,具有异质性,这种异质性决定了企业竞争力的差异。企业内在的资源是战略制定与执行的基础,成为战略发展和变革的重要基石。资源基础理论拓宽了企业战略理论的研究范围,在理论分析中把企业投入的内涵拓宽到除劳动力和资本之外的企业能力、组织过程以及信息和知识在内的所有企业资源。

资源基础理论为企业的长远发展指明了方向,即培育、获取能给企业带来竞争优势的特殊资源。由于资源基础理论还处于发展之中,企业决策总是面临着诸多不确定性和复杂性,资源基础理论不可能给企业提供一套获取特殊资源的具体操作方法,仅能提供一些方向性的建议。具体来说,企业可从以下几方面着手发展企业独特的优势资源。

(1)组织学习。资源基础理论的研究学者几乎毫不例外地把企业特殊的资源指向了企业的知识和能力,而获取知识和能力的基本途径是学习。由于企业的知识和能力不是每一个员工知识和能力的简单加总,而是员工知识和能力的有机结合,通过有组织的学习不仅可以提高个人的知识和能力,而且可以促进个人知识和能力向组织的知识和能力转化,使知识和能力聚焦,产生更大的合力。

(2)知识管理。知识只有被特定工作岗位上的人掌握才能发挥相应的作用,企业的知识最终只有通过员工的活动才能体现出来。企业在经营活动中需要不断地从外界吸收知识,需要不断地对员工创造的知识进行加工整理,需要将特定的知识传递给特定工作岗位的人,企业处置知识的效率和速度将影响企业的竞争优势。因此,企业对知识微观活动过程进行管理,有助于企业获取特殊的资源,增强竞争优势。

(3)建立外部网络。对于弱势企业来说,仅仅依靠自己的力量来发展他们需要的全部知识和能力是一件花费大、效果差的事情,通过建立战略联盟、知识联盟来学习优势企业的知识和技能则要便捷得多。来自不同公司的员工在一起工作、学习,还可激发员工的创造力,促进知识的创造和能力的培养。

二、社会创业融资

融资设计有助于增加捐赠收入,已经成为很多社会企业和一些非营利组织的一大部分业务,并且如今发展成为一个行业,甚至引发了对一个全新领域的研究,例如,一些大学甚至设立了慈善研究的博士学位。融资通常包括六种活动。

(1)建立联系。对于大多数非营利组织而言,其重要的融资方法起源于依靠人际关系。融资成功的重要因素之一是在社交尝试中能使其他人接受自己创意的个人能力,这通常需要亲自与人打交道。建立联系对社会创业者是至关重要的,因为一个全新的风险投资所包含的设想通常要比发展过程多得多。换言之,社会创业者必须要和其他人——包括风险慈善家、定期捐赠者、社区支持者以及介于三者之间的人群——分享他们所能预见的项目愿景。

(2)直接汇入。募捐方法在很多组织中不仅很流行,而且对企业有益,并且是营利性融资企业在订立合同的领域中经常使用的方法,一些非营利组织,每年依靠这种方式获得丰厚资金支持。对于拥有这种能力但还未把融资基础投入使用的社会创业者而言,通常会面临一些困难时期,因为可获利能力在很大程度上依赖于某人在过去是否有所捐赠。例如,美国一家非营利组织所做的一个典型的粗略计算表明,1%~3%的人通过直接汇入方式进行第一次接触。在这种情况下,约有20%的人随后会给予回复。换句话说,一份知名的捐赠者名单给企业带来的获利能力可能要比一份全新的名单给企业带来的获利能力高出10倍。

(3)筹款活动。很多知名的非营利组织依靠筹款活动以提高知名度和商誉。这些活动包括宴会和拍卖会;这些活动最主要作用在于使捐赠者为了同一个原因聚在同一个场所反映了刺激社会资本和"同群效应"(peer effects)产生的原理。社会创业者可以考虑运用这种活动,不过一些融资专家提醒筹款活动的成本利润率,因为这些活动就员工而言,会需要大量的时间和精力投入。

(4)电话筹款。虽然大多数人声称他们不喜欢电话销售方式,即使是非营利组织的电话销售也是如此。然而这也是一种有效方式增加捐款。第一种是拨打名单上的非捐款人电话来寻求小额的捐赠。第二种是通过拨打以前的捐赠者电话以尝试让其参与再一次的捐款。把第二种方式用于直接汇入方法,对于社会创业者而言并不一定实用,尤其是在最初时期尚不熟悉捐赠者时更是如此。

(5)媒介推广。广播、电视和出版物是非营利组织非常重要的融资手段。广播尤其是一种以节约成本的方式传达给听众的传统方式。显然,一些组织认为这种融资方式相对于其他方式更有效率,社会创业者不应否认这种传统传播媒介。

(6)网络手段。很多社会创业者认为借助虚拟手段宣传——电子慈善网站捐款以及电子邮件是潜在的万灵药不过,情况并不乐观:捐款人(甚至是年轻的捐款人)并不十分感兴趣电子捐款的方式;募捐电子邮件通常会被视为一般的垃圾邮件而令接收者厌烦;而且网站并不能保证融资顺利。尽管社会创业者不应该忽视虚拟网络手段,但也不能过分依赖。

三、政府资助与社会创业资源整合

除了个人、基金会和公司向社会企业捐赠,政府也可以捐赠。政府定期地向社会企业和非营利组织提供补助、付款和其他形式的拨款。政府也以税收优惠的方式提供援助。以美国为例,1997年美国政府对非营利组织的直接补助达到了2080亿美元,政府直接补助占非营利组织总收入的31%,政府补助从20世纪70年代中期开始了真正意义上的增长,这种来源的收入总是超出或与非营利性部门的成长保持同步;个体非营利性分支部门得到政府不同水平的资助,与健康有关的非营利组织明显地获得政府资助中最大的一份(约三分之二),这些资金占健康领域非营利组织总收入的比例高达42%。社会福利组织高度依赖政府补助,补助在它们收入中的比重超过了一半。

直接补助并不是政府投向非营利组织的所有资金。在非营利性部门的许多领域,间接补助占了总收入的很大比重。间接补助有三种基本形式:一是公司活动免税和捐赠扣税,二是税收抵免,三是通过与政府合伙获得的资金。以美国和其他一些国家为例,合格的非营利性社会企业和其他非营利组织被免征企业税,组织的非营利性形式转移了利润动机,避免不同类型的市场失灵,提高非营利组织地位和吸引力的税收政策很受欢迎。

社会创业者关于政府资金利弊方面的意见不一。一些人是被钱所吸引,其他人却提醒政府资金会影响组织的独立性。在这些关系中的另一个社会和财政影响就不明显了。一个"意外效应法则"的典型案例是,政府对非营利组织进行补助,同时伴随的效应就是政府替代了部分私人慈善行为。经济学家把这一现象称为"挤出效应":当政府对非营利组织的补助增加时,在潜在投资者眼中接收组织的可察觉需求下降。更有研究表明当组织得到政府援助时,寻求私人筹款的积极性下降,最终结果是政府补助排挤了部分私人捐赠。这意味着应意识到"挤出效应"只是局部的,补助应扩展非营利组织的财富。因此,至少在短期,挤出效应不是反对政府对非营利性部门干涉的力证,也不是鼓动社会创业者拒绝政府资金的好理由。

但是有关政府资金是否值得社会创业者考虑,还需要分析更多方面。例如,关于非营利部门的国外研究显示慈善和志愿之间有积极联系。研究认为志愿参与是公民社会发展的基石,当政府缩短这一进程时,会产生连锁社会效应,社会创业者在组建投资组合时会评估哪种援助成本是最低的。

大多数的美国社会企业和其他非营利组织严重依赖捐赠资助。慈善捐赠来自四个基本来源:个人、基金会、遗产捐赠和公司。以 21 世纪初的美国为例,最大的捐赠来源是个人,他们的捐赠数额超过捐赠总数的四分之三;每年有 70%~80% 的美国家庭捐款,平均每个美国家庭每年的捐款超过 1000 美元;大约三分之一的个人捐赠捐给了宗教活动,剩余的用于非宗教活动,预测捐赠的人口统计特征的四个主要是收入、财富、宗教参与和家庭结构。

总体而言,公益创投指的是提供给社会企业的慈善基金,并经常与商业创业者自然增长的新增财富有关,商业创业者在业务中获得了高回报并轻松应对了相对较高的风险。公益创投者通常在社会企业中找寻四个特征:受欢迎的企业家个人特色,受欢迎的企业特征,好的建议和一份好的申请。从政府角度看,政府定期地向社会企业和非营利组织提供补助、付款和其他形式的拨款,政府也以税收优惠的方式提供援助,政府每年对非营利组织的补助一部分来自于以捐赠扣税形式放弃的政府收入。

四、社会创业资源及其影响因素

Timmons 认为创业过程是一个高度动态的过程,其创业管理理论模型指出创业主要包括创业机会、创业团队和创业资源这三大要素(图 3-5)。在创业过程中,创业团队探求创业机会,合理运用创业资源,使得企业保持均衡协调的发展。首先,创业开始于某一个富有价值的创业机会的发现,从有价值的创意中发现真正具有商业价值和市场潜力的机会至关重要;资源则是创业成长的重要基础,不断开发和积累创业资源、借助内外部力量组织和整理各种创业资源才能实现创业机会的有效开发和战略的有效执行;最后,良好的创业团队则是创建新企业的基本前提。

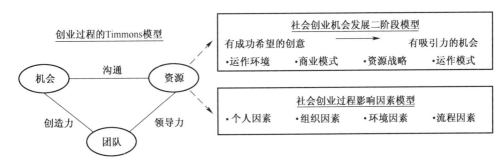

图 3-5 Timmons 创业管理理论模型与社会创业影响因素模型的资源要素

其中,创业资源按其对企业成长的作用可以分为要素资源和环境资源。要素资源即那些直接参与企业日常生产和经营活动的资源,具体包括基础设施、资金、人才、管理和科学技术;环境资源是指那些未直接参与企业生产的资源,在宏观层面对企业的有效运营提供了强大的后备和辅助的资源,具体包括国家政策、信息、文化知识和品牌资源。

社会创业作为创业的一种新型的形式,也适用于 Timmons 的创业管理理论框架。社会创业也同样开始于一个富有社会价值的创业机会,需要寻找能为顾客创造更多社会价值的市场机会;在创业机会的引导下,由社会创业核心人物社会创业者带领创业团队在更多地考虑了创业的使命后,结合自身创业的各项资源和条件,进行人力、财力等资源的整合和管理,开展创业实践活动。

Guclu、Dees 和 Anderson(2002)的社会创业机会发展模型是一个基于机会识别、创造和开发的社会创业二阶段模型,指出从有成功希望的创意(promising ideas)到有吸引力的机会(acctractive opportunities)需要一定的资源的支撑。有成功希望的创意受创业者个人经历、社会需求、社会资产和变革等因素的影响,同时也必须在特定环境资源下制定适当的资源战略,才能把握创业机会。同样,Sharir 和 Lerner(2006)的社会创业过程影响因素模型以及焦豪和邬爱其(2008)整理的社会创业过程整合模型均认为社会创业者个人、组织、环境和流程是影响创业过程的重要因素。以上社会创业过程模型的社会创业的影响因素分析均指出了环境和流程等资源对社会创业具有重要影响。因此,本研究结合社会创业的影响因素,主要从创业资源要素的角度来进一步深入探究社会创业中创业资源要素的重要性。

五、社会创业资源整合案例分析

资源拼凑是连接机会发现和资源开发的纽带(于晓宇,2017),是对手头的现有资源的创造性整合。资源拼凑涉及手头资源、将就使用和资源重构 3 个核心特征:手头资源即创业者掌握而非外部整合搜寻得到的资源;将就使用强调即兴而作,充分开发手头资源的新用途和新价值;资源重构体现创业者主观能动性,根据创业目的灵活配置资源。根据阿育王数据库,对不同情境 30 位社会创业者的案例研究发现,成功的资源拼凑过程往往有明确计划,能通过试点项目迅速扩大规模,通过特许经营迅速扩展社会价值受用范围,从而构建可复制的系统方法,实现社会使命,因而社会创业的资源拼凑过程表现出可复制模仿的同质性,有利于发掘更多潜在创业者,创造新机会。

善淘网是我国第一家在线慈善商店,于 2011 年 1 月试运行,3 月正式上线运行,员工均为残障人士,通过义卖社会捐赠闲置物品,支持残障人士培训与就业项目开展。创始人周贤凭借社会创业兴趣与经历,结合创业经验创办善淘网,再通过彰显社会服务成果和公开财务数据、透明管理等方式打破利益相关者间的信息不对称问题,建立与利益相关者的透明沟通，克服慈善商店的新生弱性，消除了组织运营的关键障碍。在此基础上，善淘网还开始吸收个人、企业闲置物资捐赠，形成第一批商品货源，进一步通过网络平台将顾客发展为志愿者，建立员工、顾客、志愿者、企业等的联系，将资源向社区中有需求的残障人士及公益项目转移，扩大了业务范围和服务领域，因此在正式运营后实现快速发展。周贤在社会创业实践中，通过对既有资源的重新组合利用，解决了利益相关者间的信息不对称问题，从而快速构建共识性认知和价值共享平台。同时他发掘资源的新用途，扩展善淘网的业务范围和领域，为更多残障人士实现人生价值提供服务，赢得了市场及利益相关者的高度认可。

残友集团创始人郑卫宁是先天性家族遗传重症血友病人。1997 年，他拿出微薄的积蓄，带领 5 名残疾人，用仅有的 1 台电脑在深圳创办残友集团。20 多年来艰苦创业，将残友集团发展为包括多家上市公司、慈善基金会、社会组织和社会企业在内的大型集团，为数千名残疾人解决了工作、生活和尊严问题，为社会民生与和谐科技立起标杆。郑卫宁不受自身残疾限制，自力更生创办残友集团，通过不断吸引具备技能的残障人士加入，在解决其生活、工作问题基础上强化网络知识基础。初期成效与社会关注使残友集团得到场地、税收、残疾员工生活等方面扶持。而对网络技术的坚持，使残友集团积累了大量成果，夯实了技术基础。在社会创业资源拼凑过程中，知识资源的共享和整体技术水平的提升，使残友集团不断孵化出新组织，实现集团化发展，最终依托与媒体、政府、企业的信任，实现产学研有机结合，成为全球规模最大的高科技社会企业。

智耕农创始人孙学音因其早年在新闻媒体的工作经历，使她了解到保障食品安全的紧迫性和重要性，而由于信息不对称，有机食品的价格和销量受到三聚氰胺、苏丹红事件严重影响，她利用媒体经历与农户、企业、政府等建立的联系，通过走访农户、顾客和深入市场观察，把握各方需求、普惠理念及行为，不断招募志愿者以期在扩大影响的同时降低成本。早期媒体经历积累的人脉关系，成为智耕农成立前及成立初期的重要资源，这些资源又进一步与农户、顾客、合作企业员工等参与者一道，通过"志愿者化"实现资源高效循环和价值快速传递。孙学音将就使用既有资源，将个人经历与社会需求结合，通过增强利益相关者间信任水平提升社会公信力，形成初始人脉与社会关系资源。随后利用网络途径，以前期人脉为依托宣传业务；并以志愿者为纽带建立农户与消费者的直接联系，将消费者发展为志愿者，切身经历体验宣传绿色理念和食品，并通过媒体跟踪报道，建立农户、志愿者、消费者与市场、企业的联系，实现资源重复利用。

以上三个案例中，创始人都将就使用手头资源，利用创新方式将资源整合，创造性地识别、开发机会，从而实现了社会创业企业的良好发展。

第三节　社会引领视角下企业社会创业导向研究

为缓解资源环境与经济发展之间矛盾,基于"绿色环保、健康和谐"理念的社会创业活动应然而生。由于市场滞后性、法律不健全等种种原因,我国社会创业尚处于不断发展阶段,北京中关村的一些绿色技术企业正是在这种背景下应运而生并且逐渐发展的。近年来,企业的社会使命与社会引领在整个社会创业模式中日益突出,其主要体现在企业本身积极倡导"绿色"理念,一方面通过采用高新技术开发高效低耗的绿色产品服务于社会,协助政府行使社会职责;同时,由于其能自行盈利,从而在服务于社会的同时无需像非营利性机构那样受资金扶持的限制。不同于传统的商业型创业,这种模式兼有营利和社会职责双重属性,与生俱来的可持续发展的特质决定了它是未来企业发展以及二次创业的方向。依据社会创业导向的理论框架,深入剖析中关村绿色技术企业的发展模式具有重要的现实意义。社会引领是构建社会创业导向的基本维度之一,本节将从这一视角进行深入分析。

一、理论基础

(一) 社会创业导向的维度界定

Covin 与 Slevin(1989)在战略管理研究领域中首次提出了创业导向这一构思,当时只包括创新性、风险承担和前摄性 3 个维度,他们认为这些是小企业在困难环境中生存发展的关键要素。Weerawardena 与 Mort(2006)采用扎根理论方法为社会创业路径开发了一个包含约束条件的多维模型,他们针对于 9 个非营利组织的社会型创业案例,提炼出 7 个不同的主题,分别是环境动态性、创新性、行动前瞻性、风险管理、可持续性、社会使命和机会寻知,得到学术界的广泛认同。目前学界对于社会创业导向的定义较模糊,并没有统一标准(Dees,1998)。本节从社会引领的角度出发,主要借鉴 Johanna(2006)与盛南(2006)的定义,认为社会创业导向是利用市场机制创造社会价值,把经济利益与社会责任相结合的一种社会实践性质的创业模式,与传统的商业模式截然不同。

(二) 社会引领内涵的界定

社会创业体现的社会性与经济社会可持续发展的理念相吻合,在我国社会结构转型的关键时期,企业的社会导向不可或缺。盛南(2006)从社会市场洞察、共赢机制构建和边缘资源整合三个方面,对我国三家社会型创业案例进行系统分析,归纳出社会引领、互惠协同、资源拓展三个维度,较为客观地测度国内企业的社会创业导向。总的来说,三个维度之间密切相关,共同形成社会创业导向的构思,其中社会引领还能够正向调节资源拓展与互惠协同同利益相关者影响力各个维度之间的关系,因此有可能在形成社会创业导向的构思过程中发挥着主导作用。

其中,社会引领对于社会创业活动有直接影响,在三者中起主导作用。社会引领与社会责任、社会承诺相似,是指企业敏锐地洞察社会问题的潜在价值,并且用市场化的方式引导其向积极的方向发展(盛南,2009)。这一维度强调企业用前瞻性的眼光对社会现象做出准确判断,寻找可能发展成为创业机会的社会困境,进而率先推出有针对性的产品或服务满足社会期望。尽管此类行为的出发点仍然很有可能是创造经济价值,但可以肯定的是这需要企业密切关注现实的社会困境,并且用市场化的方式引导其向积极的方向发展。这一维度是对创业导向构思中行动领先维度的发展,只是行动领先通常局限于市场本身,而社会引领的视野则覆盖了整个社会环境。社会引领强调企业通过各种方式的创新将社会公众利益与自身商业利益融合在一起,在组织得到发展的同时实现社会福利的增加,其基本思想与当今世界主流的可持续发展理念高度一致,也和当前中国的和谐社会发展战略高度统一。

对于绿色技术企而言,其社会创业导向特别是社会引领的测度是十分重要的,它不仅与企业自身的生存状况联系紧密,还与解决就业、科技创新、可持续发展等重大社会问题密切相关。创业是创业者与创业导向之间的结合,基于绿色技术应用的创业导向本质上是技术层面与市场层面的结合(Smirh、Mattbews 和 Schenkel,2009)。作为创业者知识结构的重要来源,创业者在创业之前的工作经验会对技术创业过程、战略乃至绩效带来重要而持久的影响(Beckman、Burton,2008)。

然而,不同行业、类型、生命周期和规模的企业所面临的环境机遇和挑战不同,不同企业的经营目标和发展战略、组织能力、投资能力、运营管理以及技术创新和文化管理能力也各异(夏绪梅,2011),在测度企业的社会引领维度时,还需考虑企业自身状况的影响。研究发现,创新技术企业的初期规模越大,意味着其资源拓展的导向越强,相应的社会创业导向表现也越明显(Chandle、Hanks,1994)。在衡量企业的创业导向时,不能忽视其对组织绩效的相关作用(Wiklund,1999)。Zahra(1999)和陈劲(2003)的研究都发现创业导向与组织绩效之间存在着相关关系。Wiklund 和 Shepherd(2005)也曾采用结构化方法研究过创业导向与小企业绩效间的关系,总体研究表明创业导向与小企业绩效呈正相关关系。因此,在测度社会引领导向的同时,分析其与组织绩效的关系是十分必要的。

二、研究设计

(一)研究样本

本部分的研究样本来源于北京市中关村科技园区的绿色技术企业。其选取条件为：①行业范围主要包括环境保护、能源开发、新型材料等，②企业已获得"高新技术企业"认定，③企业至少于1年前上市。之所以选取这些样本，原因是：①由于绿色技术企业自身的行业性质，其与社会利益相关者的联系比较紧密，社会影响力比较突出，具有突出的研究价值；②"高新技术企业"是政府部门针对具有核心自主知识产权的知识型、技术型密集企业专门设立的，这些企业的组织绩效，尤其是创新绩效比较明显，具有良好的代表性。而且经过过渡期的上市公司，其社会效益与组织绩效比较稳定，使社会引领的测度具有可靠性；同时，上市公司的相关数据可以通过企业年报获得，使社会引领的测度具有真实性。2011年北京市中关村已上市的绿色技术企业有45家，由于相关条件的约束，最终选取28家已上市的绿色技术企业作为研究对象。

(二)研究方法

就社会创业导向而言，基于企业的社会引领测度实质上是个人层面与组织层面的契合。本研究的社会引领模型(图3-6)将基于这两个维度进行刻画：个人层面为企业家的职能经验以及社会荣誉，具体表现为企业家的职能经验数量以及国家级、省部级的荣誉数量；组织层面为企业自身的荣誉与成就以及相关的资格认证，具体表现为企业获得的国家级、省部级奖励数量。其中，针对于测度模型的结果分析，基于之前的理论综述，本研究把企业规模和生存年限作为解释变量，探究两者对企业社会引领作用的影响。为进一步探究社会引领模型的测度效应，本研究从创新绩效与财务绩效两方面出发，分析其作用效果。其中，创新绩效具体表现为研发技术人员占在职员工的人数，财务绩效具体通过加权平均资本收益率来衡量。

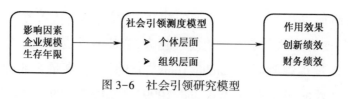

图3-6 社会引领研究模型

三、数据分析

本部分采用内容分析法收集和分析这28家绿色技术企业的公司年报和相关信息，其中包括企业成立时间、上市时间、企业家人数、员工人数、企业家已获得职能经验及荣誉数、企业已获得国家级省部级奖励数、技术人员数量及比例及加权平均资本收益率（ROA）。经过数据组合与整理，最终包括以下信息：企业生存年限、企业在职员工总人数、企业家职能经验及荣誉数、企业国家省部级奖励数、技术人员的数量比例及 ROA 指数。

（一）社会引领模型的测度

本部分基于个体与组织的层次分析，对样本企业的社会引领导向进行测度。首先，对社会引领模型的个人层面进行测度。图 3-7 为绿色技术企业中企业家职能经验及荣誉数的频数统计分析。结果显示，其偏度系数为 0.539，数据基本呈正态分布状态，说明不同企业的个人职能经验与荣誉数量分布具有良好的对称性与方向性；其峰度系数为 -0.236，正态曲线趋势平缓，表明不同企业的个体成就数层次差异比较分明，企业家成就数主要集中在 30~90 之间，极端值比较少见。

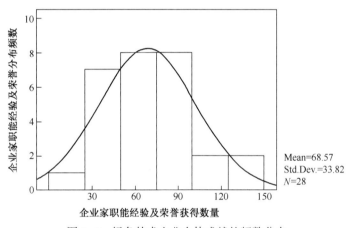

图 3-7　绿色技术企业个体成就的频数分布

然后，对社会引领模型的组织层面进行测度。图 3-8 为绿色技术企业国家级省部级

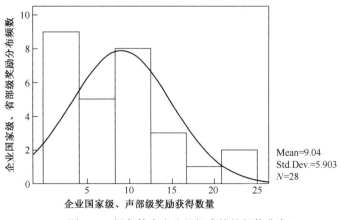

图 3-8　绿色技术企业组织成就的频数分布

奖励数量的频数统计分析。结果显示,其偏度系数为 1.216,数据基本呈右偏分布状态,不同企业的成就数量分布集中在 0~10 的区间内,而获得 10 以上国家级、省部级奖励数量的企业较少;其峰度系数为 1.325,偏态曲线趋势较陡峭,表明不同企业的社会成就数层次差异不明显。

最后,对社会引领模型中个体成就数与组织成就数进行比较分析。表 3-2 为企业社会引领模型中个体与组织层面描述性统计结果。结果显示,个体成就数较组织成就数的最值及标准差更为明显,而其正态性分布也更明显,说明企业家成就数在社会引领模型的测度中具有较强的代表性,受其他因素的影响较少。而另一方面则说明在社会引领模型组织层面的测度时,应考虑其他因素对于企业成就数的影响。

表 3-2   绿色技术企业个人及组织层面描述性分析结果

变　量	最小值	最大值	均值	标准差	偏度系数	峰度系数
个体成就数	18	143	68.57	33.82	0.539	-0.236
组织成就数	2	25	9.04	5.903	1.216	1.325

(二)影响因素

在度量这些绿色技术企业的社会引领导向时,研究发现企业组织层面的社会引领测度受企业自身状况等其他因素影响。研究普遍表明,企业所处行业、企业生命周期以及企业规模会影响到创业导向、组织学习及组织绩效(李璟琰、焦豪,2008)。因此,本研究把企业生存年限与企业规模作为解释变量,分析两者对社会引领模型组织层面的影响情况。

首先,本研究把企业生存年限作为控制变量,作绿色技术企业成就数与企业规模的偏相关分析。结果显示,在 P 值小于 0.05 的基础上,其偏相关系数为 0.932,说明企业生存年限与社会引领组织水平影响明显相关,对其影响较强(表 3-3)。

表 3-3   社会引领组织水平与企业规模的偏相关分析结果

控制变量	变　量	统计指标	企业成就数	企业规模
企业生存年限	企业成就数	偏相关系数	1.000	0.932
		P 值	—	0.000
		自由度	0	26
	企业规模	偏相关系数	0.932	1.000
		P 值	0.000	—
		自由度	26	0

然而,当我们把企业规模作为控制变量,分析绿色技术企业成就数与企业规模的偏相关性时,结果显示,P 值大于 0.05,说明相对于企业规模而言,企业生存年限与企业成就数相关性不明显。

为进一步研究,我们把企业规模作为控制变量,分析绿色技术企业成就数与企业规模的偏相关性。研究发现,P 值大于 0.05,说明相对于企业规模而言,企业生存年限与企业成就数偏相关性不明显(表 3-4)。而当我们排除企业规模作为控制变量的影响,单分析企业成就数与企业年限时,发现在 P 值小于 0.05 的条件下,其线性相关系数高达 0.955。于是,我们对企业生存年限与企业规模两者之间作相关性分析,发现 P 值小于 0.01,其相关系数为 0.572(表 3-5),说明两者之间存在相关性。

表 3-4 社会引领组织水平与企业生存年限的偏相关分析结果

控制变量	变量	统计指标	企业成就数	企业生存年限
企业规模	企业成就数	偏相关系数	1.000	0.191
		P 值	—	0.331
		自由度	0	26
	企业生存年限	偏相关系数	0.191	1.000
		P 值	0.331	—
		自由度	26	0

表 3-5 企业生存年限与企业规模的相关性分析

变量	统计指标	企业生存年限	企业规模
企业生存年限	Pearson 相关系数	1	0.572**
	P 值		0.001
企业规模	Pearson 相关系数	0.572**	1
	P 值	0.001	

注:**表示 P 值小于 0.01。

综上所述,可以验证企业的生命周期、企业自身规模与企业层面下的社会引领水平是相互联系的,并且两者对其也有较为显著的影响。然而,我们发现两者对组织层面下的社会引领水平的影响方式并不相同。通过一系列的研究分析,我们可以推断出企业生存年限可能通过影响企业规模的大小,从而对企业成就数造成影响;也就是说企业生命周期以企业规模作为中介变量,对组织层面的社会引领测度造成间接影响。

(三) 作用效果

图 3-9 表示样本企业创新绩效、财务绩效与社会引领组织层面测度指数的效果分布。其中,本研究用技术人员占在职员工的人数衡量创新绩效,以加权平均资本收益率(ROA

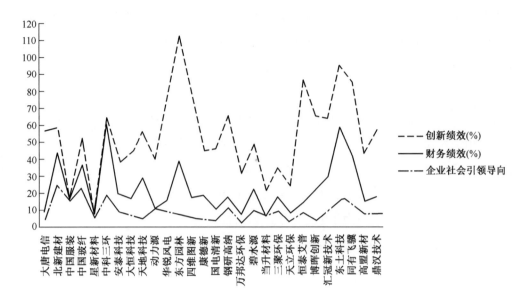

图3-9　各企业社会引领组织水平与创新、财务绩效指数分布

率)作为财务绩效的衡量指标。由图可见,尽管三者变化程度不尽相同,创新绩效、财务绩效的变化幅度大于企业社会引领导向的变化幅度,但是对于不同企业而言,三者的折线变化趋势相似度较高。由此可推断出,社会引领导向对绿色技术企业的组织绩效是有相互作用的且影响程度明显。

四、研究结论

高新技术企业带来的社会效应已成为企业社会责任研究的重要组成部分,也是社会关注的热点问题之一。而绿色技术企业以绿色产品、绿色生产、绿色营销为基础,作为高新技术企业的新型代表,具有显著的社会影响力与公众效应。因此,从不同层面测度其社会引领导向,并分析其影响因子与作用效果十分重要。

本研究表明,绿色技术企业个人层面的社会引领导向具有较强的代表性及影响程度,受其他因素的影响较少。在这些绿色技术企业中,企业家除了承担管理者、经营者的角色之外,更多是作为企业文化的引领者及企业形象的代表者。企业家通过自身的企业家精神,对企业本身及社会利益相关者造成显著影响。

本研究还发现,在测度组织层面的社会引领导向时还应考虑其他因素对其造成的影响。其中,企业规模可以对组织层面的社会引领导向造成直接影响,且其影响程度显著;企业规模越大,组织层面的社会引领导向也就越强,而企业生存年限则通过影响企业规模,来间接影响对组织层面的社会引领水平。

本研究通过分析社会引领模型的作用效果时,还发现社会引领导向与绿色技术企业的组织绩效之间相互影响,并且具有正向提升作用,主要体现在企业的社会引领导向与创新绩效、财务绩效之间的正向关系,不同企业社会引领水平与创新、财务绩效的测度数值近似相符,但其相关性还有待进一步研究。

第四节　典型案例研究

一、理论基础与研究框架

(一) 社会创业与社会企业

相比较商业创业,社会创业还是一个比较新兴的概念,多种多样的定义使得其至今还未形成一个清晰的标准化表述。但是,不少学者已经明确指出,社会创业的内涵包含以下一个或多个内容:社会创业关注的是那些自由市场体系和政府没有解决的社会问题和没有满足的需要,从根本上是受社会利益驱动的,往往借助而非抵制市场力量。

尽管目前尚未对社会创业做出明确的界定,但其概念内涵正逐渐变得清晰。英国是世界上较早兴起社会创业运动的国家,对社会创业形成了较为典型的理解。例如,Leadbeater和 Bornstein 把社会创业定义为:企业主要追求社会目的,盈利主要投资于企业本身或社会,而不是为了替股东或企业所有人谋取最大的利益。与此观点相类似,Schuyler 认为,盈利只是社会创业的手段,而不是终极目的。斯坦福大学商学院创业研究中心认为,社会创业主要是采用创新方法解决社会焦点问题,采用传统的商业手段来创造社会价值(而不是个人价值),它既包括营利组织为充分利用资源解决社会问题而开展的创业活动,也包括非营利组织支持个体创立自己的小企业。Pomerantz 和 Peredo 等也认为,社会创业的关键是在坚持创造社会价值这一根本目的的前提下,通过运用营利性企业的商业化运作方式来获得尽可能多的盈利。可见,社会价值和商业运作是社会创业的两个重要构成要素。

社会企业是一种致力于解决社会问题的私人组织,为弱势群体服务,提供对社会有益的产品,在他们看来,公共机构和自由市场体系并未提供充足的这类产品。Leadbeater 在《社会企业家的崛起》中指出,社会企业具有社会性和创业性的双重特性,它将创新和创业精神结合在一起,以创建一种能够创造社会福利的有效机制。Mort 等发展了 Dees 界定的社会企业的创业三维度特征,认为社会企业是一个多维概念的组织,它应该包括:创业的社会使命;面对道德、利益等复杂情境时的行为与目的的内在一致性;创造社会价值的机会感知和识别能力；创新性、行动超前性和风险承担等关键特征。Weerawardena 等认为社会企业是在环境动态性、可持续性和社会使命这三个外部环境要素的约束下，个体或组织通过识别和认知机会来进行的社会创业实践。

（二）社会创业过程的三个阶段

目前国外学者研究出的社会创业过程有以下几种模型：Mair 和 Noboa 的社会创业意向形成过程模型，Guclu 等的社会创业机会发展二阶段模型，Robinson 的基于机会识别和评估的社会创业过程模型，Dees 等的社会创业三阶段过程模型，以及 Sharir 和 Lerner 的社会创业过程影响因素模型。综上来看，社会创业是这样一个过程：以一个可以察觉的社会机会开始，把社会机会转化成创业理念，明确并获取实施创业必需的资源，使企业发展成长，并在未来实现并收获创业目标。事实上，社会创业是对传统商业创业过程的完美演绎，主要包括以下三个步骤：社会创业者识别出创造社会价值的机会，这可能源于一个明显的或不太明显的社会问题，还有可能是一个未被满足的社会需求；机会引导企业概念的开发；确定资源需求，获取必要资源。在此基础上，社会创业者可以开办社会企业并引导企业成长。

第一阶段，社会创业机会的识别。机会识别产生于社会创业最开始的部分，因此也成为社会创业过程中最重要的部分。一个好的机会会带来一个优秀企业的成长，反之则导致企业的失败。对机会识别阶段认识的不同可能意味着成功或失败。那么，对于社会创业者，机会的主要来源在哪里？一个好创意的需求和潜在需求在哪里？主要来源于以下几个方面：技术变革使得因特网的发展促使网络产品和服务需求的爆炸性增长；公共政策的变化往往会决定资金和资源是否会投入社会企业；公众观点的变化有利于促使社会企业的理念能够获得公众的认同；社会和人口统计上的变化为社会创新提供了条件。

第二阶段，社会创业机会的开发。在明确地识别社会机会之后，社会创业者的下一阶段的首要工作是企业使命的撰写。社会企业开发阶段开始于组织使命，即描述机会、设立愿景并构建开发过程，包括企业将要从事的业务以及不会从事的业务、企业的"价值"及衡量、企业独特的创新能力、构成企业"成功"的因素。其次，形成一个切实可行的商业模式，它是一个有形的轮廓，说明了企业使命如何被投入具体的运作，它和企业使命本身同等重要，因为它使得社会创业者的机会变成了一个可操作的社会事业。随后，完成一个供其他人了解的描述使命和模型的商业计划。

第三阶段，确定资源需求，获取必要资源。创业者形成了商业概念后，下一步就是如何确定和获取足够的资源。社会企业主要依赖三种基本类型的资源。一是财务上的需求。财务资源来源于所获得的收入、慈善机构的捐助和政府的补贴。在这个阶段初期,后面两种资金来源尤为重要,因为这个时期企业并没有什么可盈利的东西。通过慈善机构取得主要收入包括个人、公司、基金会以及日益重要的慈善资金。二是人力资源上的需求,主要以捐赠和工资的形式。志愿者资源既处于员工层面,也位于领导层面,通常在董事会里。而最大的人力资源则通常来自社会创业者。三是人力资本资源,涉及能使企业运行并富有竞争力的教育、经验、知识和技术的资源。

二、案例分析

(一)案例介绍

本节采用案例分析与理论相结合的方法,以壹基金的成长壮大为实际案例,结合社会创业理论来说明社会创业的过程以及社会企业应该如何抓住社会创业机会。虽然中国目前已经出现了许多慈善组织,像环保、医疗、心理恢复等等,但壹基金的公信力最大,它成功的商业模式使得其在众多慈善组织中脱颖而出。

壹基金是由李连杰发起的立足于中国的国际性公益组织,也是在中国红十字总会架构下独立运作的慈善计划和专案,分别在中国大陆及香港地区、美国和新加坡设立了办事机构。2007年4月19日,李连杰壹基金计划在北京正式启动。在中国大陆地区,壹基金与中国红十字总会合作,成立了"中国红十字会李连杰壹基金计划",致力于传播公益文化,搭建公益平台,以推动公益事业的发展;同时,为各种自然灾难提供尽可能的人道援助。在中国香港地区,壹基金集中资源发展公益人才教育项目,合作设立培训中心,资助中国内地公益领袖以及社会企业家的学习深造,并积极参与香港地区的公益项目。

由于壹基金在公益事业中做出的突出成绩,特别是在5·12汶川地震中的重要表现,壹基金在2008年年底荣获了由国家民政部颁发的"中华慈善奖"。除了救灾之外,壹基金还关注"环保、教育、扶贫、健康"几大领域,在搭建公益慈善平台的同时,传播公益慈善文化。壹基金成立以来,公众对慈善的关注达到了前所未有的程度。

(二)壹基金的社会创业过程

社会创业过程如图3-10。

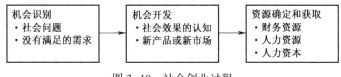

图3-10　社会创业过程

1. 机会的识别

在机会识别的过程中，首先要了解有哪些大众需求没有被满足，而这一步需要深入调查，掌握一手资料。必要的调查和了解是创意产生的基础。当李连杰发现全球的两大类慈善基金都不能适应中国的国情时，他决定先对中国的慈善事业进行调查，以寻求更加适合中国的慈善模式。他聘请贝恩咨询和奥美公司帮自己做中国人捐款能力、收入、教育程度等的市场调查和营销推广。通过调查，李连杰发现了四个问题：一是中国当时尚无公信力非常强的民间组织；二是欠缺非常透明的体系；三是欠缺一个清晰长远的目标；四是国人捐款并不十分便利。在充分调查的基础上，李连杰也充分地利用了现有的创业机会，从技术变革、公共政策、公众观点等方面的变化中抓住创业机遇。

首先，针对中国人捐款不方便的当时情况，李连杰充分利用了技术变革的优势。今天互联网的发展已经远远超出了我们的想象，强大的因特网具有传播范围广、速度快的特点，因而能够在最短的时间内筹集到大量资金。高科技给我们的生活带来的不仅仅是工作的方便和资讯的方便，其实也可以通过网络这样的搜索平台，把大家的公益心汇聚在一起。中国的网民数量越来越多，通过网络的快速、方便和传播范围广的优势，可以在短时间内汇集大量善款，同时人们操作也方便，并可以及时看到善款的去向。

其次，利用公共政策的倾向。推动慈善文化，本身就是一个很重要的工作，政府是大力支持慈善事业和慈善活动的，这对壹基金来说也是个很有利的机会。李连杰抓住了这个机会，通过主题市场活动向公众大力宣传公益慈善理念，推广公益慈善文化。

最后，是抓住公众观念的转变。2008 年汶川大地震使得不同年龄段的人开始重新审视生命的价值，也使得人们的捐款热情空前高涨，人们对慈善的关注达到了前所未有的程度。当人们感受到自然灾害的巨大破坏性的同时，也看到了慈善的重要作用，国人捐钱出力较以往任何时候都要多，都齐心协力地付出自己的时间、金钱和感情去保护公众的利益。这也是促进社会创业的大好机会。同时，李连杰作为功夫巨星，庞大的社会关系网也是支持他创业成功的一个关键因素，使他可以获得更多的信息。

2. 机会的开发

壹基金倡导的使命是：倡导"壹基金·壹家人"的全球公益理念，推广每人每月 1 块钱，一家人互相关爱彼此关怀的慈善互动模式，即：每 1 人＋每 1 个月＋每 1 元 = 1 个大家庭。壹基金关注"环保、教育、扶贫、健康、救灾"五大公益领域，通过壹基金典范工程建立"公信、专业、执行、持续、创新"的公益标准，对符合标准的公益组织提供资金以及咨询的双向长期资助。

清晰易懂的创业理念和使命是社会企业开发阶段的首要因素。李连杰将壹基金定位在：壹基金一家人，整个人类是一家。壹基金倡导"壹基金，壹家人"的全球公益理念，推广每人每月 1 块钱,一家人互相关爱彼此关怀的慈善互动模式。口号简单易懂,即使文化水平不高的人也清楚明白。并且每人每月 1 块钱,也在人们力所能及的范围之内。只要人们理解并支持壹基金的创业理念,中国目前一般城市居民每个月 1 块钱 1 个小时,都可以做到。

李连杰认为捐款一定要有一个方便的操作方式,通过手机、互联网等高科技,可以用最简便的操作方式,让人们在理性的时候做出善行,并实现慈善事业的可持续性,把捐款方式做得非常简单。并且目前看来,中国的手机用户,如果买得起手机,每个人每个月捐 1 元钱也并不难做到。

针对中国目前没有公信力非常强的民间组织和捐赠体系不透明这一现实,李连杰致力于壹基金公信力的营造。壹基金创建伊始便挂靠于中国红十字总会,在获得政府公信力的同时,也保持民间 NGO 的独立身份,营建自己的公信力。壹基金邀请 NGO 专家和企业界专家的加入,形成了强大的无形资产。同时,壹基金跟微软、迪斯尼、环球这样的大公司和 NBA 美国职业大联盟等机构架起了合作平台,还陆续在与更多的企业谈合作。

3. 资源的确定和获取

首先,在财务资源方面,壹基金利用网络资源,与百度、开心网等合作,使得壹基金能在短时间内快速筹集到大量善款,从而奠定了财务基础;为了使壹基金有一个专业、透明的管理,增强其公信力,李连杰首先设计了"全面与国际接轨"的外部托管体系:请来德勤做财务监管;奥美和 BBDO 做市场推广;贝恩咨询做全球战略。除了在网上发布每季度的财务报告,壹基金对救灾物资也进行了及时的网络公示,捐助人、捐助物品的名称数量及去向相当清楚,汶地震募集中,江油、什邡、安县、茂县、青川等重灾区都不同程度地获得了物资。壹基金与其他慈善机构最大的区别也是其成功的最重要的一个方面是它良好的服务接口。它定期发布财务报告,捐款人的钱捐到了那里,捐给了谁,捐了多少数量都会定期地公布,从而使捐款人、志愿者都有清晰的了解。

在人力资源方面,壹基金的义工由五个部分组成:普通义工、专家义工、明星义工、团体义工、高校后援团。壹基金聚集了明星、企业家、专家、普通志愿者等各行各业的志愿者义工,每人捐出 1 小时甚至不止 1 小时。邀请公益学术界的老师加入壹基金,使他们能直接参与设定壹基金的理论基础与架构,并提供学术支援,请来了牛津大学、哈佛大学的人才,形成全球顶级的智囊,将壹基金塑造成具有完善制度和公信力的慈善交流平台。

与博鳌亚洲经济论坛联合主办每年一届全球公益慈善论坛,立足中国,在世界范围内为政府、专家、企业、非营利组织、媒体等搭建一个公益慈善探讨与交流的平台,加强国际间公益合作,分享经验,广泛集聚公益资源。与各行各业合作伙伴资源整合,将公益文化融入商业链条之中,全球 500 强中有几十家都成为壹基金的合作伙伴;与各类传媒广泛展开合作,通过主题市场活动向公众介绍宣传公益慈善理念,推广公益慈善文化。

三、结　论

壹基金作为一个典型的社会企业,产生广泛影响、带来不少启示。

首先,社会创业机会来源于环境,社会企业的创建要与本国国情相结合,建立适合本国情况的社会企业。壹基金的创建并没有照搬国外慈善组织和社会企业的模式,而是在借鉴国外社会企业成功经验的基础上,结合中国的实际国情,创造出一种新的适合中国国情的社会创业模式。在创办壹基金的过程中,李连杰认识到:西方很多基金非常专业,具有先进的企业文化和组织的持续性,虽然创始人早就不见了,但基金却持续几十年,CEO换了很多,但企业文化和价值观一直在。而亚洲文化则比较含蓄,常以家族或企业管理整个慈善产业链,最终造成了不少困局,慈善产业的发展还处在原始阶段。壹基金采取以西方基金经验为硬件、本地文化为软件的第三种模式,作为一种创新的模式。

其次,创办社会企业前要做好调查研究,从而更好地识别和开发创业机会。一个社会企业的产生往往源于社会创业者识别出创造社会价值的机会。技术的变革、公共政策的变化、公众观点的变化、偏好的改变社会和人口统计上的变化都是产生社会机会的很好的来源。通过教育、工作经验、社会经验和社会关系网络,社会创业者可以获得相关信息,产生创意。壹基金聘请美国公司帮自己做中国人捐款能力、收入、教育程度等的市场调查,就完全是一个企业的市场分析。在市场调查分析的基础上,充分把握住技术、公共政策和公众观点等的变化,利用中国网民越来越多以及手机、互联网等先进技术的发展、国家政策对慈善事业的扶持以及地震之后人们对慈善捐款热情高涨的机会,使壹基金不断得到发展。

再次,要有清晰的企业使命,充分利用各种资源。企业使命表达的清晰精确是非常重要的。社会创业者应该具备能够清晰而简明地表达其观点的能力,以使任何人都能理解企业将要从事什么业务、如何实现创业化以及该企业之所以重要的理由。精确表达其目标所需要资源能够获得志愿者和捐赠者更好的支持,可以使接受社会创业项目服务的人了解该项目是如何给他们提供社会价值的。“壹基金,壹家人”的创业理念清晰易懂,也很容易得到捐赠者的认同。充分调动网络、媒体、专家学者明星等志愿者都是壹基金成功的重要原因。

壹基金是中国社会企业成功的范例,但也有人有这样的疑问:是不是李连杰个人的影响才使得壹基金如此著名,如果离开了李连杰壹基金还能照常运转吗? 这就涉及社会企业的持续经营、长期运作问题。这个问题其实李连杰自己也提到过:一些公司的高管,他们会因为喜欢李连杰的角色和电影而捐款,这样壹基金的理念反而变得狭隘了。只有当他对明星李连杰并不感兴趣的情况下仍然愿意捐赠给壹基金的时候,才是从个人情感变为制度信任,壹基金的捐赠面和社会参与度才真正提升。要想达到这个效果,还必须健全完善社会企业运作的制度,使社会企业在百年千年后还能健康地运转。由此可见,在探讨社会企业从 0 到 1 的基础上,社会创业的成长管理问题也有待后续研究进一步挖掘和提炼。

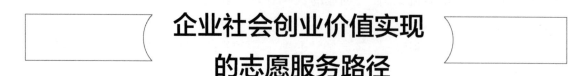

第四章

企业社会创业价值实现
的志愿服务路径

第一节　社会创业与企业社会责任

一、社会创业与企业社会价值实现

社会创业是近年来在全球范围内兴起的一种全新创业理念,旨在实施追求社会价值和商业价值并重的创业活动。社会创业不仅涵盖了非营利性机构的创业活动和营利性机构践行社会责任的活动,而且还强调个人和组织必须运用商业知识来为社会创造更多的价值。社会创业的出现标志着社会正朝着公民社会的方向演变,说明社会在再分配和公民在社会进步中的角色出现了体制性的变革。社会创业的兴起和发展主要有以下几方面的原因。

一是在宏观政策层面,20世纪80年代以来,许多国家尤其是发达国家采取了新自由主义经济政策,导致政府对非营利组织的直接资助经费逐年减少,政府对福利事业的资助也大为削减,而市场失灵导致人们对非营利组织提供的社会服务的需求有增无减,于是非营利性组织快速发展。但是,非营利组织用以提供满足社会需求的资源十分有限,面临提高运作效率和持续发展的强大压力,它们必须借用商业化操作和市场化运作手段来提高自身的效率,更好地提供公益服务。因此,企业家和创业概念开始被引入公益领域,社会创业理论和实践正是在这种背景下应运而生的。

二是在市场运行过程中,经济的市场化和全球化导致社会财富不断向私营组织集中,而社会问题却不断加剧,社会迫切需要企业承担更多的社会责任和更主动地解决复杂的社会问题。社会问题只有得到社会各界的共同关注和支持,才能得到有效的解决,因为政府等公共机构公共资源不足以充分满足社会需求,特别是对于那些尚处于经济发展阶段的国家和地区。这也促使更多的私营企业与非营利组织结成联盟,进行社会创业活动,以实现投资的商业价值与社会价值的双重回报。

三是公益事业的发展进程,使得商业和公益事业之间的界限正在消失,这从某种程度上表明了解决社会问题需要一种全新的范式,即公益事业部门和商业部门结盟合作,以实现整个社会的创新和福利增长。不同类型的部门具有各自的资源和优势,合作可以整合利用各自的资源和优势,增强为社会服务和创造社会价值的能力。

企业社会创业的直接目标在于实现自身的社会价值。由前文可知,社会创业主要包含两方面的含义:一是企业组织必须加强社会责任,也就是社会创业的社会维度;二是非政府组织、公共服务部门和第三社会部门等非商业组织要采用商业运作的方式来实现社会目标,也就是社会创业的创业维度。社会性和创业性正是社会创业的关键特征所在。

社会创业对企业社会价值实现的推动体现在三个方面:首先,目标的社会性。创建社会事业的目的是为了解决社会问题而不是盈利,社会创业旨在促进健康福利事业、提高人们的生活水平。其次,核心资本是社会资本。社会关系、网络、信任和合作这些社会资本能为创业带来实体资本和财务资本。再次,组织形式的社会性。社会创业组织并不归股东所有,也不把追求利润作为主要目标,它们是新型的公民社会组织。当然,企业社会创业还离不开区域性、社区性、国际性等特点。例如,企业社会创业往往具有一定的服务区域性,大多致力于改善作为社会创业基地的街区和社区的某项或某些事业,当然也有很多是致力于服务范围更广的人群。

社会创业作为通过创新和创业来有效解决社会问题和满足复杂的社会需求的方法和途径,不论在理论上还是实践中都应该受到相当的重视。随着社会创业活动的兴起,越来越有必要开展社会创业研究,哈佛大学、斯坦福大学、杜克大学、牛津大学等世界著名大学的顶级商学院都纷纷开设专门课程来传授社会创业知识。国外也有越来越多的学者对社会创业表现出了极大的研究兴趣并取得了不少成果。但是,目前社会创业研究还相对滞后于社会创业实践,总体上是由现象驱动的,对社会创业理论渊源、概念框架以及细分边界的认识仍比较模糊,导致不同背景的学者对社会创业有着不同的理解。社会创业研究是一个崭新的研究领域,但这样的研究主题和方向显然符合社会发展的需要,社会创业无论作为理念和实践,都将对我国高质量发展产生深远的影响。

二、社会责任与企业社会使命

伴随社会的稳步发展和市场经济体制的不断完善,企业社会责任问题逐渐进入公众的视野。不可否认,企业对社会责任的承担是树立企业形象过程中最重要的影响因素之一。Cornelius 和 Wallace(2007)通过实证研究发现企业社会责任与企业形象之间有一定联系,而良好的企业形象和声誉能极大地提高企业的竞争优势,从而保证企业的持续成长。因此,企业社会责任不仅是一种行为实践,它在社会学与管理学领域中也具有极大的研究价值。企业社会责任(Corporation Social Responsibility,CSR)在现代企业运行过程中可以作为一种市场实践,扩大企业的社会影响,同时也是提升个人生活质量和社会整体状态的手段,对于企业社会责任的研究经历了数个世纪。

企业社会责任源于 Smith"看不见的手"理论,即市场的调节是有效的,那么企业的社会责任就是尽可能高效利用资源生产社会所需要的产品或服务,并以顾客愿意支付的价格进行销售。然而,西方社会的企业社会责任观从 18 世纪末期逐渐发生变化,开始表现为企业经营者对学校、教堂及穷人们的物质支持,到 19 世纪工业革命之后,企业制度更加完善,劳动阶层对自身权益的保护愈发重视,以及美国《反托拉斯法》等的出台,催生了现代企业社会责任观的出现。

20 世纪 30 年代,英国学者 Sheldon 对美国企业进行考察后,最先提出企业社会责任概念,强调企业在承担对于股东的经济责任之外还存在着其他的社会责任。1953 年,Bowen 在《商人的社会责任》指出,企业(家)有义务规范企业决策和行为,从而使自身行为更加符合社会整体的目标和价值观,该书不仅是企业社会责任研究史上的里程碑作品,更被认为是现代企业社会责任文献的开篇著作。同时代的 Davis 也认为,所谓具有社会责任意义的商业决策,它们不仅具有能给企业带来长期经济收益的可能,并且使企业在承担社会责任的过程中得到回报。

Frederick(1960)把社会责任定义为对企业家的要求,即他们必须使企业生产和分销的行为能够充分满足社会公众的需要,从而提升整个社会经济福利。McGuire(1963)对企业社会责任的定义则更加具体,按照他的观点,企业必须对政治、社区福利、教育、员工幸福感以及整个社会的其他方面都有所关注。尽管经济自由主义学派的 Freidman(1962)极力反对这种趋势,将企业的社会责任定义为"挣更多的钱":在整个自由社会中,企业自始至终唯一的社会责任就是利用资源和从事增加利润的活动。但在其之后仍有大量学者提出企业的社会责任不应仅仅局限在经济责任之上,如 Eells 和 Walton(1974)关于企业社会责任的大讨论:从更加广泛的意义上说,企业社会责任代表了来自社会的需求和目标,它们更多地体现在企业的经济责任之外。20 世纪 70 年代之前大量的社会责任运动体现出对树立企业社会秩序维护者形象的强烈呼吁和广泛关注,这一观点更是奠定了之后数十年的研究基调。

到了 20 世纪八九十年代,Freeman(1984)的"利益相关者"理论备受关注,他将那些能够影响企业目标实现,或者能够被企业实现目标的过程所影响的任何个人或群体归结为"利益相关者",企业对他们承担着相应的责任。股东只是这个群体中的一个组成要素,因此企业追求利润最大化以"满足股东需求"的过程也是企业履行社会责任的一部分。在总结前人研究的基础上,Carroll(1979)提出企业的社会责任包括在某一时间点上社会对企业的经济、法律、伦理和合理期望,他把社会责任区分为经济责任、法律责任、伦理责任和慈善责任,并强调这四种责任要以经济责任为基础,呈现出金字塔状。这种四重结构的观点囊括了不同领域利益相关者的责任要求,受到国内外学者普遍认同。特别需要强调的是,慈善责任要求企业在超越其他三种责任要求的同时,能够做有利于社会的事,如企业志愿服务和公益捐助等都是企业主动履行慈善责任。Carroll 的企业社会责任模型也为推动企业慈善事业和志愿服务发展起到了积极的作用。

进入 21 世纪后,西方学术界对于企业社会责任的研究主要集中在信息披露和对不同国家和地区企业社会责任的模式建立框架,并进行比较分析。伴随经济全球化的趋势,各种新问题不断涌现,从而建立一套具有普适性的规则和制度显得非常迫切和必要,鼓舞着研究者们在企业社会责任领域不断进行探索和实践。

企业社会责任概念从 20 世纪 90 年代传入国内,当前,学者们已经对企业的社会使命达成了共识。例如,不少研究指出,企业社会责任要在争取自身生存和发展的基础上,为维护国家、社会和人类的根本利益做出贡献,企业不应只以股东利益最大化为唯一目标,而应该同时保证其他利益相关者权益的实现。还有研究从社会使命视角理解企业社会责任的内涵,认为企业在谋求股东利润最大化之外还负有维护和增进社会利益的使命,这种社会使命是一种关系责任或积极责任,作用对象是企业股东之外的利益相关者,是企业的法律义务和道德义务或者说正式制度安排与非正式制度安排的统一体,也是对传统股东利润最大化原则的修正和补充。

三、社会创业与企业社会责任

从社会创业与企业社会责任的关系来看,社会创业是社会责任的体现,Waddock(1988)、Sagawa 和 Segal(2000)认为社会创业是跨行业合伙企业中商业活动的社会责任实践;Dees(2001)指出社会创业是社会生活的一种现象和企业社会责任的特征,是创业者发现部分社会功能受到限制,并提供方法来使社会继续发展,是具有社会使命的创业者的活动。从实业者角度来看,还有一些学者认为社会创业是在考虑道德准则的基础下,在对社会正义的热情和激情的趋势下采取的创新行为。

相比较企业社会责任,企业社会创业更具有创业性特征,主要体现在:一是社会创业关注机会识别能力。社会创业者善于发现人们没有得到满足的需求，并动员那些未得到充分利用的资源来满足这些需求。二是社会创业者的社会使命感导向更强烈。社会创业者的创业动力不是利润或股票价值，而是使命感以及紧迫感、决心、雄心和领导天赋。三是社会创业以创新为核心。社会创业者一定要进行创新和变革，开发新的服务项目，组建新的组织，才能更大限度地满足社会需求。四是社会创业伴随企业经营活动。社会创业不同于传统非营利组织的主要区别就在于资金来源，传统非营利组织主要依靠募捐来维持，独立生存能力相对较弱，而社会创业能够自给自足，其经营收入是主要资金来源，但也不排除募捐。社会创业正日益超越民间非营利部门的范畴，大型私营企业也通过与非营利组织合作来进入教育和社会保险等市场，成为一种将社会需求和个体需求有机结合起来的社会性企业。

企业社会责任的履行有助于推动企业长远发展。企业在长期生产经营活动中，要与外部环境相互作用并彼此产生影响，即企业的生存与发展并不是独立的过程。伴随企业发展的社会代价不断扩大，以及社会对企业的期望水准不断提高，从而企业参与市场竞争的战略也逐步升级和深化。毋庸置疑，良好的企业形象和企业声誉能极大地提高企业的竞争优势，而企业对社会责任的承担是树立企业形象过程中最重要的因素之一。因此，企业对于社会责任的承担不仅有助于避免"毒大米""毒奶粉"等类似事件的发生，也有助于净化市场经济环境，促进良性竞争，更有利于实现企业自身的长远发展。

企业社会创业在改善社会福利和促进社会变革的同时，还刺激了经济发展与技术进步。按照福利经济学的观点，社会创业创造的经济价值的边际效用较高，因为在创造经济价值的同时还创造了社会价值。社会创业的价值在于对社会资本的整合利用和对国家福利制度的重组创新，以创业和创新的精神去努力发现和满足那些未得到满足的社会需求。

基于企业社会创业的企业社会价值实现，可以通过如下具有责任属性的途径。

一是服务于社会问题的解决。社会创业有助于解决一些最为紧迫和棘手的社会问题，如疾病、失业、文盲、犯罪和吸毒，等等。社会创业能为社区创造现实的商业和就业机会，降低失业率，实现有价值的产出，从而有利于整个经济和所有参与者的发展。更关键的是，大多数参与人员在社会创业过程中获得了更多的技能，变得更加独立自主。这种对人力资源的投入必然会产生一定的经济价值和社会价值。

二是致力于组织运行效率的提升。社会创业往往管理方法灵活多样，并且有能力动员员工承担更多的责任和发扬奉献精神，因此，通过社会创业运作的项目常常比政府福利机构更能节省开支，而员工报酬却不是明显较低。这就促使了一种全新的主动型社会福利机制的建立和完善，而这种机制鼓励服务对象主动对自己的生活负责，而不是把福利当作一种权益。

三是着眼于社会资本的创造。社会创业者能为社会创造许多有形资产,如社区里拔地而起的新建筑和开设的新服务项目等。但是,社会资本才是社会创业者创造的最重要资产。社会资本是支撑经济合作和同盟关系的网络要素,这种网络要素建立在共同的价值观和相互信任的基础上,对长期的人际关系和相互合作起着支撑作用,并最终推动社会创新。社会创业发起人通过建立合作网络来解决那些处于孤立状态无法解决的问题,启动能有效积累社会资本的良性循环过程。在这个循环过程中,不但能够创造经济利益,而且还能实现社会效益,有助于构建基于信任和合作的更为强大、自立的社会共同体。

第二节　企业志愿服务

一、企业志愿服务的基本概念

企业志愿服务有效地将企业、员工和社会联系起来,越来越频繁地出现在社会生活中,引起研究者和企业家的广泛关注。企业承担社会责任成为一种趋势和顺应国际化的潮流,企业志愿服务的形态也千差万别,人们看到的可能只是成千上万来自不同企业的员工在为社会服务过程中的不同表现,直接或间接感受到他们对于改善人类生活和保护生态环境做出的贡献,却忽视了隐藏在现象背后更多的内容。因此,如何以一种相对规范和更加科学的视角看待企业志愿服务模式,厘清企业志愿服务与企业社会责任相互影响的内在机制,确定对企业志愿服务的研究角度和思路,是必须要解决的问题。本节的研究目的在于深化人们对于企业志愿服务的认知,使企业科学对待社会责任建设,推动企业更好地提供志愿服务,在履行社会责任的道路上更有效率地实践。

"志愿"(volunteer)一词来源于拉丁文"voluntas",表示"志在意愿"的含义,代表着志愿者或者说提供志愿服务的人都受到一种意愿的驱使,这种驱动力量来自于想要使世界变得更加美好的信念,并受到志愿精神的影响。一些学者将志愿精神定义为"一种自愿的、不为报酬和收入而参与推动人类发展、促进社会进步和完善社区工作的精神,是公民参与社会生活的一种非常重要的方式,是公民社会和公民组织的精髓"。

我国志愿服务事业不断迅速发展,越来越多的社会公众关注、支持并参与志愿服务。《联合国志愿者年宣言》指出,志愿服务就是个体为了增进邻人、社区以及社会的福利而进行的非营利、无报酬和非职业化的行为。志愿服务表现出多种方式,从传统的邻里互助到今天的为解除痛苦、化解冲突与消灭穷困等进行的努力都可以属于志愿服务。中国对志愿服务的研究至今发展了数十年,普遍公认的较为规范的定义为:任何人自愿贡献个人时间和精力,在不为物质报酬的前提下,为推动人类发展、社会进步和社会福利事业而提供的服务。

志愿服务的特征包括:自愿性,即志愿者进行志愿服务必须是出于自愿选择,而非受到第三人或外界的强制;无偿性:志愿者进行志愿服务活动是非营利趋向的,不以物质报酬为目的,区分于追求个人利益最大化的"经济人"行为;利他性:志愿者进行志愿服务的最基本动机应该是利他主义,即为了他人和社会的福利资源奉献爱心、时间和能力;教育性:志愿者进行志愿服务活动时,能够积累无形的收获,产生对价值观的更深层次的思考与感悟,同时也促进了社会保障和服务体系的建立与完善,促进了人际关系的进一步优化和发展;公共性:志愿者的志愿服务活动是在一定的公共空间和特定的人群当中进行,而不是存在于个人生活的私域,体现的是一种人与人之间的社会关系。

志愿服务作为一项公益事业,几乎人人可为、处处可为,相对于其他事业来说,志愿服务具有多元化的发起主体。诸多企业都成立有自己的志愿者组织,以企业为发起主体的企业志愿服务蓬勃兴起,多种类多形式的企业志愿服务融合在社会发展的浪潮中。

企业志愿者主要是指来自企业的志愿群体,他们有意识地将现代企业经营的原理、原则、经验和技能用于促进公益目标,在公益项目的选择、实施和评估中强调效率和效能,在关注本地问题的同时建立全球视野和世界级的竞争力。企业志愿者在提供志愿服务时,并没有将自身与企业之间的经济关系脱离,成为"免费劳力",而是更加自觉地树立起服务企业的思想意识,甘于奉献甚至是牺牲私人的利益从而为公司创造更多价值。

企业志愿服务虽然有它的特殊性,却并不与志愿服务的一般特征相违背:企业志愿者有自愿选择是否参与的权利;企业志愿者进行服务时占用一定的社会资源,需要投入相应成本,也会得到一些补贴如交通补贴和餐饮补贴等,然而这些补贴的价值远低于实际付出所应得的回报;企业志愿者在服务中也得到了精神生活与社会声誉等各方面提升,这一"利己"的表现并不与"利他"完全对立;企业志愿活动以奉献社会作为最基本的出发点,在服务社会的过程中也有利于企业自身的组织建设,促进社会的稳定发展;企业组织作为社会的基本组成单元,其志愿服务一般都是以有组织的、公开的和社会化的形式开展,具有明显的公共性和社会性。

企业志愿服务能够促进企业社会价值实现的首要原因在于融入了专业的经营管理理念。企业志愿服务之所以能在诸多的企业实践中取得良好的效果,主要得益于企业的专业性,从而有效地避免了盲目性和随意性。企业设立专门的机构负责统筹规划服务工作,以项目化运作的方式管理服务项目,并对其进行跟踪和监督,适时反馈以确保顺利实施。其次,坚持以志愿的原则开展志愿公益服务。尽管企业属于典型的营利组织,但多数企业中相关负责部门会参照非营利事业的运作规范开展公益事业,对员工的参与不作硬性要求,只在公司文化层面进行倡导与鼓励。同时,雄厚的资金支持使得志愿服务领域广泛、形式多样。目前,有越来越多的跨国企业设立专门负责志愿公益事业的部门,并制定资金投入计划,使得志愿公益服务具有稳定的资金投入。同时,企业参与志愿服务的领域涉及教育、环保、扶贫和助残等各方面,形式也不拘一格。

二、企业志愿服务与企业社会价值实现

正如 Carroll 关于企业社会责任金字塔模型中所显示出的,企业在履行经济责任的基础上,对社会公众还负有法律、伦理道德和慈善的责任,意味着企业需要超越某些制度要求自发地履行义务。Walton(1967)特别强调,企业社会责任中一个非常必要的因素就是与"强制性"相对立的"志愿服务",它间接建立起企业与其他志愿组织的联系,并在一定程度上证明了企业的某些支出并不能仅仅用经济收益来衡量。同样的,Manne 和 Wallich(1972)对企业社会责任行为的三要素说中,也将"纯粹的志愿性"作为一个重要的判断标准提出来,因此,企业活动的"志愿性"成为企业社会责任的重要特征。

现代西方企业社会责任观或者说企业管理者价值观的转变经历了三个阶段,从最初企业社会责任意识萌发时由企业家对学校、教堂等进行赞助和捐赠等的个人慈善行为阶段,发展到优化企业管理以被动回应社会问题与适应外界环境压力的阶段,直到当前主动贡献企业资源、扮演企业公民角色,从而实现持续企业社会责任管理的阶段。在当代这一阶段和目前的理论框背景下,企业作为社会成员拥有其权利和义务,企业社会责任完全体现为在企业"不受外界压力的自发的决心和勇气"鼓舞下的社会行为,从而企业志愿服务不仅是现代社会企业发挥自身作用的主流行为,也成为企业社会责任活动的主要表现。

"现代营销学之父"Kotler 在《企业的社会责任》一书中,将企业的社会活动分为 6 种:公益事业宣传、公益事业关联营销、企业的社会营销、企业的慈善活动、社区志愿者活动和对社会负责的商业实践。为了履行社会责任,企业可以通过"自由决定的"商业实践以及捐献企业资源等来改善社区福利,企业志愿活动是企业对社会负责任的一种表现。企业通过提供志愿服务活动有效地将员工、社区、学术机构、政府和非营利组织等利益相关方联系起来,有效地塑造了企业社会责任前景。

尽管学界和商界对企业社会责任问题的关注有增无减,企业志愿服务活动也方兴未艾,然而真正将二者结合起来,从企业志愿服务角度对企业社会责任进行的研究成果尚不丰富,主要研究包括:Cavallaro(2006)通过在澳大利亚全国范围内进行问卷调查,对数据的整理总结得出企业提供志愿服务主要出于对企业的社会责任的认可,54%的被访者认

为企业志愿服务是企业社会责任活动的一部分,通过企业与员工的共同努力,可以加深对企业社会责任观的理解。Houghton 和 Gabel(2008)从企业社会责任的"内部"和"外部"两个角度探索,着重对员工企业志愿服务行为(外部 CSR)和企业员工服从(内部 CSR)之间相关性进行分析,通过"企业认同感"这一中间变量的作用,二者产生了正向相关的变动,但具体联系有待进一步验证。Chong(2009)为了发现在企业社会责任框架下的员工企业志愿服务参与与企业认同感之间的关系,对新加坡咨询服务公司 9 位员工进行了访谈,并借鉴 Soenen 和 Moingeon(2002)的企业认同感模型,完成企业认同感与员工志愿服务参与回报框架的探索性建立,为进行企业社会责任量化研究提供了参考,但并不够具体和细致。

国内关于企业志愿服务的研究尤其强调企业要重视志愿服务并对企业志愿服务做出概括。如张晓红(2012)曾对提供志愿服务的企业进行了访谈和调研,总结出四种主要模式:正式成立志愿者协会模式,依托基金会发展模式,制度促进志愿服务发展模式,活动促进志愿服务发展模式。JA(Junior Achievement,青年成就)中国对中国企业志愿服务调查研究整理出《中国企业志愿者新浪潮:JA 中国白皮书》,主要总结了中国企业志愿者的价值观和行为特征,为从企业志愿服务角度研究企业社会责任提供了实证数据。

在市场经济竞争如此激烈的今天,企业要想获得长远的发展,就必须密切关注外界变化,承担起相应责任,适时修正自己的不良行为,正如 Davis(1960)所说,企业所承担的社会责任要与企业活动产生的社会影响力同步,对社会责任的逃避最终会对社会形象产生不良影响。企业志愿服务作为企业承担社会责任的形式之一,在不少国家已得到广泛发展,其中 2011 年还被欧盟确定为"志愿服务年"。国内企业志愿服务存在的主要差距在于:开展企业志愿服务的企业总体比例不高,很多有意向开展企业志愿服务的企业得不到有效支持等。

企业社会责任不是研究者和管理者主观臆造的,它的存在有其客观合理性,并与企业的社会形象有着密切联系,对企业社会责任既可以在利益相关者的角度上进行分析,也可以从经济、法律、道德与慈善几个层次来构造研究框架,其中慈善责任是企业志愿服务的直接动因。而企业志愿服务不仅是整个志愿服务体系的组成部分之一,更是企业承担社会责任的实践;对企业志愿服务的重视不仅要体现在企业 CSR 报告的发布中,更要付诸于研究实践,即对其进行深入调查,在获得实证数据后进行整理、归纳与总结,以建立企业志愿服务的理论基础。尤其是国内外在企业社会责任视角下对企业志愿服务进行研究的文献和资料比较匮乏,因此探索更为科学有效的研究方法,从而为企业责任管理及企业志愿服务实践提供更加科学的理论依据,显得非常必要和迫切。

第三节 案例研究

一、研究设计

在社会大力弘扬志愿精神,志愿服务蓬勃发展的时代背景下,虽然企业志愿服务并不是一个新鲜的概念,但是专门针对于企业志愿服务的成熟研究却十分鲜见。在成熟研究稀缺,现象和事例却相对丰富的基础上,本次研究的问题性质决定了探索性案例研究方式是比较合适的选择:解释性案例研究在分析前并没有明确的理论假设,但是却必须建立严格的分析框架。对一次企业志愿服务可以从活动内容和组织制度两方面进行考察,之后的反馈也是企业志愿服务活动必不可少的要素,因此对企业志愿服务案例的描述和分析将从这三个部分展开,图 4-1 显示了案例研究思路和框架。

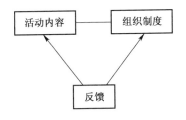

图 4-1 企业志愿服务案例研究框架

相比于单案例分析,多案例分析法使案例研究更全面和有说服力,能提高案例研究的有效性,而且可以在一定程度上克服案例研究的结论难以推广、外部效度欠缺的问题。正如 Eisenhardt(1991)所说,多案例研究更全面地展示和反映案例的不同方面,从而形成更加完整的理论。Berg(2005)提出多案例研究的最佳案例个数为 3~7 个,根据本研究的框架构建,本节最终决定采用 4 个案例作为分析素材。

分析单元是进行数据搜集的边界,由研究问题所决定,是研究要聚焦的主要对象。一个设计好的分析单元能够为数据搜集确定边界,从而使得案例研究更富针对性和更有效率。孙海法、朱莹楚(2004)指出,案例研究的分析单元可以是计划、实体、个人、群体、组织或社区等,每一个研究单元都可能与各种问题有着千丝万缕的联系。本节将要研究的问题是企业志愿服务,因此选取的分析单元为企业,主要针对企业志愿服务活动展开分析。

案例研究通常采用多元方法来搜集资料,除了一般的量化研究方法之外,也包含各种质化的研究方法,如深度访谈、直接观察和文件调阅等方式。通过综合运用各种方法,可以使案例资料相互印证,实现较高的可靠性。同时,为了提高研究的外部效度,本节希望保证案例的多样性和代表性,考虑了企业规模、所属产业与性质等因素。由于不可避免地受制于样本可得性,最终选取的案例均是大型外企,但仍然实现了企业志愿服务的代表性:拜耳(Bayer)(中国)有限公司、微软(Microsoft)(中国)有限公司、强生(Johnson & Johnson)(中国)医疗器材有限公司和安利(Amway)(中国)日用品有限公司。

二、典型案例解析

(一)拜耳(中国)有限公司

拜耳公司(Bayer)在1863年由Bayer在德国建立,经过几十年的扩张与拆分,拜耳在1927年最终形成,总部设在德国勒沃库森。如今,拜耳在世界200个国家和地区建有750家生产厂,拥有约12万名员工和350家分支机构,产品种类超过1万种,是德国最大的产业集团。

拜耳与中国的渊源可以追溯到130多年前,1882年拜耳在中国市场销售染料,1994年,拜耳(中国)有限公司作为控股公司在北京成立。本着"应中国之需"的承诺,目前拜耳大中华区成为拜耳在亚洲的最大的单一市场,拥有23家企业和近6500名员工。拜耳在全球赞助了约300个不同计划,在中国主要从环境保护、公共健康、社区关怀、教育和扶贫等方面履行社会责任承诺,如建立小额贷款项目并开展农业、养殖和健康知识培训,以此协助中国偏远、贫困地区的社区发展。

1. 公司志愿活动内容

2008年,汶川地震发生后,拜耳公司迅速做出一系列反应,这些重建计划统称为"拜耳博爱计划"。在短期救灾和重建中,拜耳公司贡献了大量医疗物资、作物保护药品和现金捐款,并充分利用拜耳集团在高科技材料和医药保健等领域的优势,协助受灾学校开展重建工作,为学校提供教室、宿舍和移动诊所等设施。为了能给灾区提供更长远和持续的服务,拜耳在"拜耳博爱计划"的第三阶段启动了中长期计划,即"拜耳博爱Ⅲ",以拜耳员工志愿者的方式参与灾后重建,将公司的人力资源投入到灾区重建中。

从2008年10月25日开始,第一批拜耳志愿者开始陆续抵达四川省江油市,协助当地政府为流离失所的居民提供良好的生活环境,并在安置点京江一社区开展各种关爱活动。"拜耳博爱计划"截至2010年8月底,拜耳志愿者共计有445人,818人次参加志愿服务,直接志愿奉献时间达 4240.5 小时。这些员工分别来自拜耳分布在北京、上海、广州、成都、南京和杭州等 6 个城市的拜耳运营地区。

在"拜耳博爱"中，众多拜耳员工志愿者提供了包括绿化、环保、公共卫生、社区探访和老人关怀等多方面服务。员工在这里为社区建立了图书馆，每天开放 4 个小时；对社区居民进行探访，广泛探访与重点拜访相结合，确定长期的探访对象；为社区儿童进行英语培训，带领社区居民开展丰富多彩的文娱活动，与大家共同发掘生活的乐趣。经过努力，京江一和周围社区的排水渠变得清洁，原先堆满乱石的地块变为种植的沃土，居民生活态度更加乐观向上，直接推动了社区文化重建，改善了社区的邻里关系，营造了灾区人民积极的精神面貌。

除了在江油市的大型活动，拜耳的志愿服务活动还遍布于公司各个分支机构所在城市，如在成都宣传黑熊救助，为黑熊基地进行慈善拍卖筹集资金；在杭州为自闭症儿童康复中心开辟爱心菜园，实现与自闭症儿童的接触与交流；在广州关爱被迫集中在"岛上"隔离治疗的麻风病康复老人，带领老人"出岛游"；在上海的打工子弟学校开展励志活动，引导外来务工人员的孩子树立正确的人生方向；以及在南京，长期探访社区的独居老人，提供无微不至的关怀。

2. 公司志愿服务组织制度

虽然早已有热心的员工参与到各类志愿服务中，但"拜耳博爱计划"的正式启动才推动了拜耳志愿者协会的成立。2009 年 9 月，北京、上海、南京、杭州、广州和成都六地的志愿者协会分会均已成立；到 2010 年 8 月，拜耳志愿者协会总会成立。

拜耳志愿者协会从属于公司的企业社会责任部门，下设 6 个城市（北京、上海、广州、成都、杭州、南京）的志愿者协会分会，全体志愿者代表大会为拜耳志愿者协会的最高权力机构，各地全体志愿者代表大会为各分会的最高权力机构（图 4-2）。协会的成员是一批乐于奉献、热心公益的公司员工，以及志同道合的员工亲友。

据拜耳大中华区官网资料显示：拜耳中国志愿者协会致力于女性赋权与健康、儿童科学教育、促进社会融合、关爱老人、保护环境、实行绿色倡导，并支持灾害救援及扶贫等公益行动。目前，拜耳志愿者协会在包括上海、北京、广州、杭州、南京、成都、昆明、天津、哈尔滨及新疆等地都已成立分会。截至 2017 年年底，共有 5426 名志愿者注册，贡献志愿服务小时 66881.5 小时。

拜耳志愿者协会是一个高度自我管理的组织，早期协会管理者和活动策划者都是博爱计划和其他活动中的积极分子，随着活动的开展，协会加大了针对新积极分子进行培训与锻炼的力度，促使他们成为协会骨干。协会的组织和管理最鲜明的特点就是自主：协会活动始终体现了员工参与公益的意愿，是一种自下而上的自主活动，而非由公司主导。虽

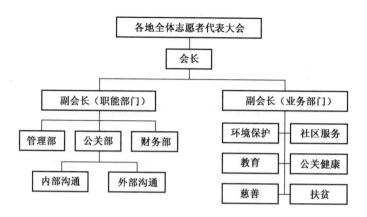

图 4-2　拜耳志愿者协会各地分会组织结构

然公司高层人员兼任协会领导职务,但公司仅提供政策和资金支持,志愿服务项目的策划、执行和评估等各方面都由员工志愿者亲力亲为。

拜耳志愿者协会对于每次志愿活动均采用项目管理方法,对每一个具体的志愿服务项目都要进行计划、组织、控制、协调和评价,项目运行要经历准备、招募、培训、实施和评估五个阶段,实现了项目实施的完整和连贯性。公司每年提供上百万的专项资助,由志愿者协会下设的秘书处统一保管,为各种志愿服务活动提供资金保证。《志愿者通讯》和"行随心动"协会官网的定期更新,贯穿志愿服务活动始终,不仅为更多人了解公司志愿服务提供了有效渠道,也鼓励了更多人参与成为新鲜血液,更让现有的公司志愿者感到温暖。此外,协会还专门跟踪与记录志愿活动,对于积极参与和表现突出的员工志愿者,都会进行表彰。

3. 志愿服务活动反馈

"拜耳的志愿者项目已经成为其企业的公益品牌项目",上海美国商会(AMC)的 CSR 经理杨晔多次表达了这一看法,拜耳的志愿者项目曾被邀请在多个场合分享经验,对推动企业行业志愿服务起了积极作用。针对拜耳已有的志愿服务活动,问卷调查结果显示,74%的被访者认为志愿服务是体现个人价值与公司价值一致很好的方式,89%的员工从志愿者活动中了解和学习到公司的"企业社会责任",54%的被访者认为企业志愿服务能提高员工个人能力,82%的被访者认为自己和公司都受益于志愿者行动,100%的回答认为拜耳公司是一家负责任的、能让他们骄傲的公司。

(二)微软（中国）有限公司

1975 年,微软公司(Microsoft)由 Gates 和 Allen 创立,总部设在华盛顿州雷德蒙市,是目前全球最大的电脑软件提供商。其最知名的产品是 Windows 操作系统、Internet Explorer

网页浏览器及 Microsoft Office 办公软件。微软公司在全世界 70 多个国家建立了企业服务及支持体系,现有雇员 6.4 万人,2015 年营业额达到 935.8 亿美元。

微软于 1992 年在北京设立代表处,1995 年成立了微软(中国)有限公司。目前,微软拥有微软中国研究开发集团和亚太区全球技术支持中心等研发与技术支持服务机构,业务涵盖产品开发、市场销售、技术支持和教育培训等多层面。从教育部—微软(中国)"携手助学"项目,到"潜力无限—微软社区技能培训"项目和非营利机构信息技能培训项目,再到"微软农村信息化"项目,微软在中国的足迹遍布学校、社区和农村。根据调查公司的数据,2009 年微软在中国每创造 1 元人民币收入,与微软合作的其他企业就会创造出合计16.45 元人民币的收入。

1. 公司志愿活动内容

微软员工具有较高的信息技术技能和英语水平,也具有极大的公益奉献精神,他们的志愿活动项目极其广泛,包括助残、济困、为外来弱势群体服务、环保以及协助青少年教育等。

1998~2005 年,微软在中国开展的志愿服务活动主要包括为外来务工人员和弱势人群提供信息技术辅导和培训。之后微软的活动变得更加社会化,关注的重点也发生扩散。如 2006 年 4 月,微软(中国)的 10 名员工志愿者为北京红丹丹教育文化交流中心的 13 名盲人讲电影。活动前一周,微软的员工代表观摩了红丹丹老师给盲人讲电影的全过程,并组织分工,认真到选片、设计活动流程、讨论注意事项,和选择小礼物的每一个细节中。每个志愿者都倾注了自己的爱心,用交流和活动拉近了彼此距离。

2009 年 12 月,微软员工带着热情和趣味知识,还有崭新的玻璃黑板来到位于石景山区的旧厂房中的打工子弟学校春蕾小学。这一天,微软员工动手为学校所有教室更换了全新的黑板,讲授了准备好的节目,带领孩子们做手工、讲解电脑知识,还用志愿者们捐赠的体育用品在操场上运动。

2011 年 10 月,微软(中国)近 500 名志愿者参加了"微软'关爱日'"活动,与近 2000名流动儿童及百名特殊人群直接互动。微软员工志愿者走向特殊人士服务机构,和智障及听障人士做游戏、制作手工作品,将关爱传递给他们;同时,微软(中国)还敞开大门,邀请打工子弟学校初中和职高学生参观微软公司,让他们充分感受企业文化和最新科技,引导孩子们为梦想而努力。

微软于 2014 年将"编程一小时"活动引入中国,并携手各界合作伙伴,开发了适合不同教学环境需求、寓教于乐的计算机课程。自该活动落地中国以来,来自 3800 多所大中小学校,超过 35 万名中国学生体验到了与全球同步的一流计算机科学教育。2018 年 12月 2 日,微软中国"编程一小时"计算机科学教育周正式启动。来自中关村第二小学、外来务工子弟学校以及各界共约 200 名中小学生共同参加了此次启动活动。借助生动有趣的编程课程,从小培养孩子们的计算思维能力、激发中国新一代的创新精神。

2. 公司志愿服务组织制度

微软的志愿服务首先在美国总部发展起来,进入中国初期,由于没有成熟的条件,也未找到适合中国本土发展的模式,有较长时间都处在摸索中。微软(中国)公司没有专门成立的志愿服务组织部门,有关志愿服务的活动主要由公司事务部门负责,包括志愿团队组建、招募、活动策划、组织和评估等,公司会在需要时给予专门的政策支持。同时,公司的志愿服务活动也不仅只是该部门负责,它所涉及的领域如公关、人事等,会有公司的公关和人力资源部门进行协调和支持。

现阶段,微软的志愿服务团队成员一般来自企业内部,也有因活动招募的企业外人员,其组织架构分为两层,一层是总的志愿者团队即核心团队,另一层是各地的志愿者团队。因此,各团队较大型活动主要由总部(核心团队)来策划和安排,更多时候是各团队根据员工意愿和当地实际需要开展志愿服务活动。除了公司大型、和其他机构合作的项目由公司相关部门发起,其余时候由员工根据自己的技能、意愿和精力主动选择志愿活动,只要公司具备活动资源,都可给予支持。这也要归功于微软(中国)公司独特的"员工带薪志愿服务"制度,从 2004 年开始,公司每名正式员工每年有三天假期,这三天中员工可以享受正常工作的工资待遇,可以到各地开展志愿服务,选择自己要参加的公益活动,充分实现了员工自主性和多样性。

微软(中国)极力倡导志愿精神,充分尊重员工的选择,结合员工的技能、知识和时间,员工如果需要,除捐赠类活动外,在活动前可以接受非营利机构培训,提高服务专业能力。对于积极参与志愿服务的志愿者,公司会在网页上进行表彰和展示,还会在年会上将特定的部分留给志愿者团队展示和分享,并颁发由公司高层签发的证书。

3. 志愿服务活动反馈

比尔·盖茨说:"每个有社会责任感的企业都应当使用自身资源对社会产生有益的影响和贡献。"微软(中国)善于利用自己的资源和专长,强调员工的自发性,借力"种子"志愿者,建立员工的自组织体系,辐射更多人参与。公司对志愿者充分尊重,结合政策支持及领导层认可,快速响应员工需求,可以保证志愿热情的持续性,避免其稍纵即逝。

关于如何看待志愿者活动与慈善捐赠、环保自律等企业社会责任方面的区别与联系,微软认为这是价值观外化的问题,通过员工志愿服务活动,最实际有效地体现和宣传了企业的价值观。从公司角度说,员工志愿者活动是公司日常业务不可或缺的组成部分,微软(中国)愿意提供平台及渠道,让员工通过志愿活动理解公司理念和企业文化。同时,公司能够体谅员工,灵活应对变化,平衡公司重点与员工个人兴趣,力争开发具有特色的品牌志愿者活动,让员工更容易参与到品牌项目中。

(三)强生(中国)医疗器材有限公司

1886 年,强生(Johnson & Johnson)创立于美国新泽西州,是世界上最具综合性和业务分布范围最广的卫生保健产品制造商与相关服务提供商。强生在 60 个国家建立了 250 多家分公司,拥有近 12 万名员工,产品销售到 175 个国家和地区。

1994 年,强生(中国)医疗器材有限公司(Johnson & Johnson medical,以下简称 JJMC)成立,这是强生公司在中国的独资企业,主要生产和销售医疗器材和健康护理用品,及引进最新的医学技术和设备。强生的信条是"因爱而生,为爱传递",力求成为负责任的企业公民。JJMC 在中国主要涉及环境保护、文化传承、守护妇女儿童和关爱老人等领域,通过社会公益将这一信条付诸实践。虽然强生近年来深陷于陆续的"召回门"事件中,但是强生仍致力于承担社会责任,开展企业志愿服务,宣传企业文化,如在 2009 年强生还获得"中国大学生最佳雇主奖""影响中国·公益品牌大奖"和"全球最受尊敬企业"等荣誉称号。

1. 公司志愿活动内容

一直以来,强生将妇女儿童和老人放在企业公益的首位,并致力于提高他们的生活品质和社区医疗环境。目前我国约有 700 万名儿童长期生活在贫困线以下,学习、生活和医疗条件均难以得到保障,JJMC 携手中国儿童少年基金会共同发起了"成长伙伴"中国贫困儿童关爱计划,主要包括安全伙伴、智慧伙伴、快乐伙伴和健康伙伴四个部分,如有一个代表性活动是"校园安全体验教室",专门配置了自救模拟演练设施,供贫困儿童熟练掌握各种紧急状况下的自救自助方法,教室内还设置了安全常识的宣传展板、书籍等,以求最大限度地让贫困儿童了解安全应急知识,提高自救自护技能,更加安全健康地成长。

2010 年 10 月,JJMC 和中国红十字基金会、"京华公益基金",共同启动了"强生中国老年人关爱基金",标志着强生全面投入中国老年公益事业,并将长期予以支持和关注。这一基金立足于老年公益事业整体性长远发展,致力于改善老年人的三个维度健康,即基本身体健康、心理健康和生活健康。在身体健康方面,长期开展社区老人健康知识教育大讲堂、社区医院医疗卫生条件改善、医疗健康用品募集捐赠等;在心理健康方面,开通老年人免费心理咨询热线,为老年人群体提供专业心理救助和社会关怀,并开展心理咨询师培训;在生活健康方面,鼓励老人与社会积极互动,组织老年人社区交友活动、老年大学和老年志愿服务队等活动。

2. 公司志愿服务组织制度

JJMC 于 2007 年 12 月 5 日成立了强生志愿者协会,希望将其建立成交流和分享经验的平台,从而带动更多人投身到这项事业中。仅 2009 年累计志愿服务已超过 920 小时,2010 年累计志愿服务时间超过 4743.5 小时。强生志愿者协会有两大使命:一是为爱互助,即用纯真善良的信念去帮助弱势群体,在帮助他人同时净化自己的心灵;另一个是用心传递,旨在用自身行动体现志愿精神,促进公众志愿意识的形成和增。类似于微软(中国),强生(中国)从 2010 年起,将每年 6 月设定为"强生志愿者月",并将 6 月 10 日设定为"强生志愿者日",在这一天员工可以带薪参加志愿活动。

强生志愿者协会与其他企业志愿服务协会或服务队的不同之处在于:在志愿者协会会长、副会长和协调人之下,分为四个小组:公益项目、部门分会、地区分会和校园 TLS 分会,其中 TLS 是指强生未来领袖学院(J&J Tomorrow Leader School),它是针对高校学子而建立的服务性机构,是一个高校、企业和学生三方沟通与分享的平台(图 4-3)。

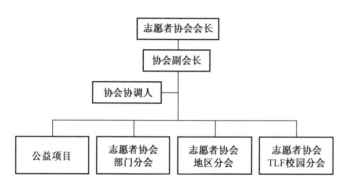

图 4-3　强生志愿者协会组织结构

强生传统的管理模式是线形的,即志愿者协会把自己作为志愿服务直线的一端,担任领导主体,而志愿者仅是活动参与者。强生的公益服务目标是单向的企业 CSR 战略项目,传统的项目管理流程为"发布项目→招募志愿者→执行项目"。JJMC 不断探寻志愿者协会的转型方案,力求把协会的核心从全民公益转化为公益英雄(表 4-1)。志愿者协会第一步将管理模式转变为轮式,其角色定位为一个平台而非领导主体,志愿者的角色上升为活动主导者。

表 4-1　强生志愿者协会转型方案

模式	全民公益	公益英雄	全民英雄
时间	2010.6~2011.6	2011~2013	2013~2017
目标	注册志愿者数超过员工总数 50% 平均每年每人贡献一小时公益时间	行业标杆公益项目 志愿者管理和沟通的网络平台	志愿者项目和平台 推广到其他利益相关者

JJMC 志愿者协会一直将志愿服务当作项目来运作,在实现企业社会责任战略目标时兼顾员工个人目标,项目管理的流程为"申请→审批→推广→招募→培训→执行→评估→激励"。同时,《强生志愿者协会 1.0~3.0 转型方案》提出了一个创新型的 SMART 志愿者项目管理工具:

(1)S-Selection:选择项目及对合作伙伴进行筛选,遵循"5W"原则,充分结合公司目标,具体衡量利益相关方的范围与兴趣,搜寻合适的项目地点与配套资源;

(2)M-Marketing:市场分析、活动推广与志愿者招募,需要考虑项目是否有吸引力和尊重员工志愿者个人意见,提出需要志愿者提供的帮助及预计他们自身能够获得的收益;

(3)A-Action:项目执行,运用项目管理的方法,具体分配志愿者执行团队工作,清点物资与设计活动场地,并提前做好预警措施;

(4)R-Rewarding:志愿者回报,提供志愿者反馈渠道,并通过上级认可、经历分享与及时赞扬等方式提升志愿者自豪感,保证志愿活动持续性;

(5)T-Training:志愿者培训,根据不同职位需求及志愿者自身背景量身定制志愿者培训计划,包括岗前培训、在岗培训、辅导及志愿者综合能力培训,提升活动专业性。

3. 志愿服务活动反馈

JJMC 的志愿活动是在企业社会责任目标的指导下开展的,是企业社会责任目标的具体化,通过参加志愿活动,员工对企业社会责任有了更深的认知和认可,也发现了企业组织志愿活动时出现的如资源缺乏、外部长期合作伙伴缺乏等问题。调查数据显示,96%的员工认同志愿活动能增加集体荣誉感,提高公司团队凝聚力。然而,志愿者组织工作时间很有限,只有不到26%的员工愿意拿出工作时间 10%以上来从事志愿者组织工作,因此"强生志愿者日"很好地鼓励了员工参与志愿活动,也成为公司内部传播志愿服务最有效的方式。同时,志愿者协会在管理中还存在"激励机制不够有效"、"宣传和沟通力度不够"以及"角色和岗位职责不明确"等问题。

(四)安利(中国)日用品有限公司

1959 年,DeVos 和 Andel 创建了安利公司(Amway),总部位于美国密歇根州亚达城,目前公司业务分布于80 多个国家和地区,主要生产和销售营养保健食品、个人护理用品及家居科技产品等 450 多款产品。2010 年,安利公司全球销售额达 92 亿美元,拥有 13000 多名员工和 300 多万营销人员。

1992 年,安利(中国)日用品有限公司在广州成立,正式启动中国市场。目前安利(中国)经营区域已经遍布 31 个省份,2010 年销售额达 219 亿人民币,连续多年蝉联安利全球最大市场,在中国 206 个城市开设了 253 家店铺销售 220 多款产品,拥有 7000 多名员工和 30 多万销售人员。安利在中国打造了多个具有社会影响力的公益品牌,建设了一个拥有

187 支"安利志愿者服务队"和 6 万名注册志愿者的全国最大的企业志愿者队伍,成为安利在中国最大的"非经营性成就"。安利(中国)为推广其社会责任活动倾注了大量资源,每月有关安利的新闻差不多有一半关于公司各项活动,公司的善举加上媒体的正面报道,使其成为中国最负有社会责任意识的企业之一。《福布斯》中文版的"跨国公司慈善捐赠榜"上,安利(中国)连续上榜,位列前五。安利(中国)官方网站资料显示:安利(中国)开业 20 年来,热心公益活动,开展公益活动 11700 多项,投入 7.4 亿元。

1. 公司志愿活动内容

儿童、环保和健康是安利公益活动的三大主题,安利(中国)员工志愿者的活动主要围绕这三大主题进行。安利于 2003 年在全球发起"爱心手牵手——关爱儿童大行动"公益活动,体现了关爱儿童的主题,以"一个帮助一个,一个带动一个"的形式,为改善贫困、残障等弱势儿童的生存状况而努力。安利(中国)的志愿者们致力于为贫困地区儿童争取接受教育的机会,改善他们的生活状况,并将活动分解成一系列儿童公益子项目。如捐资 1800 万元使 1200 多人受益、救治病残儿童 250 多名的"安童基金"和资助中国发展研究基金会的"儿童发展项目",基金会撰写的政策建议"为贫困农村寄宿生增加生活补贴"被财政部和教育部采纳。更加有特色的是"阳光计划",从 2008 年启动,公司投入 660 万帮助 15 个城市的打工子弟学校建立了"阳光图书馆",并邀请社会文化名人为流动儿童开展讲座,帮助他们树立正确的人生观和世界观。同时,安利(中国)各地分公司还组织有特殊才艺和专长的员工在试点学校开设特长班和兴趣班,希望提升打工子弟的综合素质。截至 2010 年年底,安利(中国)花费 400 万元兴建或援助了 15 所希望小学,共赞助、参与各类儿童公益活动近 2100 项,受益儿童超过 115 万人。

安利志愿者是服务大型赛事的活跃力量,先后为特奥会、奥运会和残奥会等国际赛事提供了志愿服务。安利(中国)从 2005 年开始携手特殊奥林匹克运动会,近 4900 名安利志愿者积极参加志愿服务,截至 2007 年年底,安利(中国)员工志愿者在各地开展特奥融合活动 80 多场,累计志愿服务时间约 1.9 万小时。2008 年北京奥运会,13 名安利志愿者成为专业的奥运赛会志愿者,371 名奥运城市志愿者服务于各个城市志愿者站点,为中外游客和观赛者提供信息咨询、语言翻译及其他便民服务。

当自然灾害来临时,安利志愿者也积极参与救助。2008 年南方特大雪灾中,2800 多名安利志愿者投身到抗雪救灾活动中,为灾民送去救灾物资,为滞留旅客及务工人员送去急需的防寒用品,并慰问战斗在救灾一线的交警军警等。4 个月后汶川地震发生,安利在第一时间组织向灾区捐赠。截至 2008 年 9 月底,安利公司及其员工和营销人员通过各种渠道累计向灾区捐赠的款物价值超过 3700 万元人民币,还有 4100 多名安利四川志愿者参与到抗灾一线,累计提供志愿服务超过 7 万小时。

2. 公司志愿服务组织制度

安利(中国)在2003年正式推出了志愿者项目,12月4日,安利志愿者协会成立,标志着公益活动开始步入标准化、统一化和常规化的轨道。安利志愿者协会和服务队以营销人员为主体,迄今已在全国成立了187支队伍,拥有6万多名注册志愿者,是中国最大的企业志愿者团队。

最初,公司设有公共事务部,专门管理由直销人员构成的志愿者队伍,而员工志愿者则由人力资源部门负责管理。2011年5月31日安利公益基金会成立之后,其作为NGO具备招募志愿者的资质,则安利志愿者都加入到基金会之下统一管理。基金会有5到15名理事组成理事会负责管理,以及一个监事会对基金会的资金动向以及日常运转进行监督。同其他企业志愿者组织一样,安利志愿者的活动也要经历一个流程,即"创意→招募→培训→实施→评估→激励",每个环节都有章可循,并采用项目管理的模式来监督资金流向,保证将每年销售额千分之一点五左右的公益资金用在合适的地方。

安利的公益模式可被概括为"公司出钱,志愿者出力",志愿服务内容覆盖爱儿、敬老、助残、扶贫、环保等领域,形成了志愿服务品牌的"安利制造"。在活动创意上,安利提出了四个衡量标准:"员工能够参与""媒体有新闻点""政府支持"和"受助者获益"。安利进行志愿者招募是为了吸收新的志愿者和扩大服务范围,招募对象主要为安利营销人员。公司鼓励各地志愿者协会与其他青年志愿者组织机构、专业人员与机构进行交流,提升专业知识水平和服务质量。对于活动的执行,安利以项目制度推广企业品牌,如"名校支教"和"安利林"等,并明确规定了捐赠领域和受赠对象,审慎选择公益合作伙伴并建立良好合作关系。在对志愿者的激励方面,公司在每个财年会提供专项经费全额承担志愿服务期间所有开支,由公司高层向成绩卓越的志愿者颁发奖章,并承诺服务一定时数可获得假期或者旅游考察等。

3. 志愿服务活动反馈

安利公司的董事会主席Andel先生曾说过:"安利的事业是人帮助人的事业。如果你想成功,必须要先助人而后自助。"安利非常重视企业社会责任和企业形象,并将对企业社会责任内涵的理解融合在公司"自由、家庭、希望、奖励"四大价值观中。由于在志愿服务领域的良好表现,安利(中国)获得了"中国百个优秀志愿服务集体""中国青年志愿者行动贡献奖"和"履行企业社会责任贡献突出奖"等荣誉称号。

安利(中国)充分考虑自身处于直销行业的特点,提出"一体两翼"模式作为有安利特色的公益指导方针,即以志愿者平台为主体,重点关注儿童与环保两大公益主题。安利(中国)在履行社会责任的过程中结合中国国情,希望通过志愿服务传达品牌人性化、亲情化的内涵,使消费者产生一种情感上的喜欢和认同。由国际知名调查公司AC Nielsen调查显示,中国直销行业的美誉度从 2005 年的 66% 提高到了 2010 年的 78%,保持稳步提升,其中安利(中国)的美誉度连续 5 年保持在 80% 以上,2010 年达到 85%,2011 年达到 86%,这也是安利(中国)一直追求的效果。

第四节　企业志愿服务与价值创造

一、企业志愿服务类型

经历了数十年发展之后,企业志愿服务呈现出多种多样的形式,通过对四个企业案例的总结,根据驱动因素为外部拉动(响应)和企业推动(自发)的不同,以及主导力量是企业自上而下和员工自下而上的差别,将企业志愿服务活动划分成四种不同的类型。

类型Ⅰ:企业-响应型。企业是一个完整的经济实体,面对来自社会的诉求,可以提供丰富的人力资源、资金资源、技术资源和设备资源等,并有效结合自身发展需要,支持志愿服务的持续发展。正如安利(中国)日用品有限公司衡量志愿活动的创意之一:要获得政府的支持,企业在响应政府号召或各种灾害时,通过合理投入自身资源践行企业社会责任,并获得社会广泛认可。众多事实证明了企业主导在响应社会事件时提供志愿服务的有效性,这种企业志愿服务类型比较广泛和常见。

类型Ⅱ:企业-自发型。相比员工单薄的力量,企业拥有雄厚的资金支持,受企业自身经营理念和企业文化的驱动,企业主动承担起社会责任,向社会提供志愿服务。尽管企业属于典型的营利组织,但有相当一部分企业如强生(中国)医疗器材有限公司成立了志愿者协会或相关负责部门,担任领导主体的角色,通过执行公益服务项目传达单向的企业社会责任战略目标,根据企业的服务需要,倡导与鼓励员工支持企业志愿服务活动的开展。

类型Ⅲ:员工-响应型。企业员工既是企业的组成部分,也是独立的个体,有自己的思想和情感。企业将志愿服务活动的大权交予员工手中,由员工自主把握志愿活动,正如拜耳(中国)有限公司的志愿组织制度,公司高层的作用是提供建议和咨询,以及政策和资金支持。志愿者协会的高度自我管理使得员工在面对社会需要时,更加及时和灵活,开展志愿服务更加深入和具体,自主性更强,服务热情高,成为一种不可忽视的企业志愿服务类型。

类型Ⅳ:员工-自发型。员工在内心使命感的驱动下,产生服务社会的需求,如微软(中国)有限公司,只要员工有参加社区公益活动、环保植树和救助动物等意愿,同时公司拥有足够的资源,就可以支持志愿活动开展,员工受到完全的信任,鼓励了更多有热情的员工参与其中。由于企业员工具有无可比拟的专业性和较强的业务素质,可以在志愿服务过程中加深对企业文化的理解,同时可以有效避免服务的盲目性和随意性,服务领域相对广泛和社区化。

综合来说,由公司"自上而下"主导的方式可以快速并且有效地使活动产生规模和效果,并充分结合公司战略,宣传公司文化和理念,相对来说可以承载大型的志愿服务活动,但精力耗费也相对很大。而由员工"自下而上"的方式来开展志愿活动,更加强调员工的自主性,鼓励员工的价值认同,建立员工的自组织体系,减少了企业社会责任经理或负责人的工作量,但不利于志愿服务项目的规模化。不同公司可以根据企业文化和公司战略,选择自己适合的方式,充分发挥优势,更有效地推动企业志愿服务的开展。

二、企业开展志愿服务的关键环节

员工与企业的协调。除了进行志愿活动,企业需要维持正常的经营和运作,因此纵然企业和员工都拥有进行志愿服务的愿望,也需要面临在工作时间与志愿服务时间寻找平衡的问题。占用员工日常工作时间,可能导致公司业务链中断,出现混乱局面,然而占用员工休息时间却可能出现相反效果,达不到激励作用。对"参加志愿服务的影响因素"调查后显示,大多数员工表示"没有时间"是最主要的影响因素(其他因素还包括:服务地点太远、担心服务效果、缺乏兴趣、家人不支持等),因此,强生(中国)医疗有限公司和微软(中国)有限公司采取的"志愿者日"和"志愿者服务假"值得推广,通过为员工提供正常的工资待遇,鼓励员工投身于志愿服务中,显示出对员工志愿活动的肯定和鼓励,有利于吸引更多的员工参与进来。

项目的选择。现代西方社会已将社会责任作为对企业进行业绩评估时的一项重要指标,然而如何成功将企业服务社会的需要和动机转化成为具体行动,是值得关注的问题。众多企业并非专门从事志愿服务,为了充分发挥自身优势,达到预期目标,越来越多的企业选择用项目管理的方式对志愿服务活动进行管理和运作。如何找到适合的项目,有一些经验可以借鉴。比如,事先调研,了解需求。正如强生(中国)医疗器材有限公司的Marketing原则,在正式开展活动之前,明确企业需求,了解员工想法与情况,公司各层次充分沟通,合理安排服务时间,根据企业目标选择项目进行开展。再如,寻找外部合作伙伴。针对企业志愿服务这一相对新兴的市场,有一些专门的NGO组织或服务型企业可以提供丰富的企业志愿服务项目资源。有需要的企业可以通过寻找已有的比较成熟和完善的平台,发现共同利益点,建立长期合作关系,将活动工作外包,实现资源共享,从而有效地切合企业目标,使项目实施变得容易。另外,还需要注意一般项目与品牌项目结合。品牌项目是企业志愿服务的特色项目,是能够与企业特色相联系的,发挥企业优势,契合企业服务范围的项目。一般性的项目主要满足员工的日常服务需要,而品牌项目则成为增加企业知名度与提升企业形象的有力措施,一般周期较长、计划严密、针对性强,如拜耳(中国)公司的"博爱计划"和安利(中国)日用品有限公司的"爱心手牵手"等,收效比日常进行的一般项目强很多。

组织管理架构。案例中选取的四家大型外企,均建立了志愿者管理的专门机构如志愿者协会、基金会等,作为对企业志愿活动进行统一协调和管理的组织。协会拥有清晰的框架和明确的章程,一般由公司高层担任领导或仅仅承担顾问的角色,对于员工志愿者的加入则在"多多益善"和"宁缺毋滥"之间寻求平衡,即既要保证爱心人士能够得到奉献的机会,又要保证志愿者队伍的质量和素质。对于志愿活动的资金来源,一般为公司专项资金或者基金会非公募资金,有了严格的项目策划作为前提,才能保证资金用到实处,以及避免出现大型项目中资金短缺的现象。

志愿者的评估和激励。完全自上而下的评估、志愿者之间的互评、或者少数专家和多数非专家共同参与的方式,评估效果和意义会有很大不同。这些方式无所谓绝对的好坏对错,只与组织希望透过什么样的方式来体现自己特定的价值观和目的有关:最直观的评估标准是服务时间和参加活动次数等数量指标,然而也可综合考虑多个维度,如长期与短期、显性与隐性、个体与团队、态度能力与成果等。为了保持志愿服务的持续性,事实显示,企业在项目执行完毕之后对优秀的个人和事件进行表彰,提供机会让大家互相分享经验和心得,能够提升项目的知名度和吸引力,实现志愿者的满足感和自豪感,增强公司的整体凝聚力和向心力。

毋庸置疑,企业志愿服务是企业创造社会价值的一部分,企业通过提供志愿服务履行社会责任的方式除了会对企业自身和员工产生一定影响外,还对其他利益相关方如社区和行业等产生了不同程度的影响:对企业社会责任的理解加深,员工忠诚度和工作效率提升,以及对生活的态度更加积极,对合作更加认可和重视。志愿服务可以描述为对受益方、志愿者自己和企业都有利的"三赢"体系,这展现了一种全新的志愿服务思路和形式。这不是一个单纯地从公司或志愿者到受益方的"给予和获取",而是一个全方位的积极的创新文化,在不同方面发挥了纽带作用。三方的共赢表现在:企业方可以参与常规角色以外的社会平台,提升公司团队的归属感与满意度,同时积累品牌的识别度,并建立与当地政府的联系,增加未来客户、消费者和员工的数量;受益方可以获得知识和技能,带来灵感和自我价值的提升,促进积极的人生观,建立有效的社会联系;志愿者方可以实现自我成长、成就社会价值、共享知识与技能、扩大交流圈等。

三、志愿者管理

一般而言,志愿者的时间类似于捐赠者的金钱,事实上它们同样要被赢取、保持和提升。而志愿者与之不同的首先是赢取他们所需要的技术。研究表明,存在三种志愿者的类型需要社会企业和其他非营利组织理解:热身招募、目标招募和同心圆招募。

热身招募集中发展大量的志愿队伍而不需要过分关注特定的技能,如果非营利组织正在寻找能支持大型活动或低技能业务操作的雇员,这种方法是比较理想的;使用这种方法的非营利组织,会通过与其他能够带来大量人员的组织而合作。目标招募则以能够满足组织运营需要为目标,以具有特定技术的少量人群为焦点,一般而言,有目标的招募适合招募长期的志愿者,例如一家新创组织招募即将毕业的大学生在他们开始常规职业生涯前的一段时期内给经济上贫穷的学校教学。同心圆招募集中于使得组织内的志愿者具有一定的流动性,通常当现有的志愿者离开组织之时应该为组织寻找到新的志愿者,这种方法显然只有在组织正式成立并且在志愿者招募方面取得一定的成功后才能使用。

正如社会企业会流失捐赠者一样,他们也会流失志愿者,然而很多与志愿者的摩擦是可以避免的。许多非营利组织把志愿者视为"免费"的资源,这不可避免的导致志愿服务时间的错误使用以及志愿者对支持组织意愿的下降。关键的原则是要牢记避免与志愿者摩擦,也就是说即使管理者没有察觉到志愿者的价值。一般而言,志愿者在评估自身价值时会关注多种要素,比如在志愿服务中所得到的回报是高还是低以及志愿服务的成本。

社会创业者在与志愿者共事中应考虑以下这些要素。一是市场工作的价值。也就是志愿者在劳动力市场上工作所赚取的价值。当志愿者付诸于任务的市场价值远远低于其放弃工资的时候,他们认识到志愿服务的机会成本高于受益。二是最优的志愿努力。对于很多志愿者而言,市场行为是不平等的;然而,他们几乎都有可选择的志愿机会。当这些可选择的机会相对地更有吸引力时,他们会降低目前手头所从事的志愿工作。三是空闲时间的价值。志愿者会评价其空闲时间和志愿时间的价值。所以,即使市场工作和可选择的志愿机会不相关时,志愿者的时间仍然是有价值的。

绿色技术篇

第五章

知识嵌入下创业成长对区域发展的贡献

第一节　资源基础理论与企业可持续成长

一、资源基础理论与创业研究

在资源基础理论出现之前,主导的战略管理理论倡导的是 Porter 等的定位学派。他们假设产业内或集团内的企业是同质的,异质性即使存在也是稍纵即逝的,因此,企业的竞争优势应该归因于产业/市场结构,找准目标市场成为企业的基本战略。但是,Rumelt 和 Foss 等学者提出,这一理论无法解释为何在相同行业不同企业之间经营绩效的差异要比不同行业的企业之间的差异还要大,以及同一产业内不同企业间存在不同的成长率等问题。这就说明绩效差异并不仅源于企业外部,而很可能来自于企业内部。在此背景下,一些学者将注意力转向企业内部,开始以"资源"和"能力"等作为研究对象,探讨它们与企业竞争优势的关系。

资源基础理论的开创性研究归功于 Penrose 提出的企业成长理论。她将企业看作由一系列具有不同用途的资源相联结的集合,关注着企业内部的资源对实现企业成长的重要性,以及企业在其成长战略中如何利用不同的资源。并提出企业增长的边界存在于企业内部,而不在于企业外部环境。由于企业资源通常都没有被充分利用,企业可以利用富余的资源进行新的尝试,因而企业得到了发展。在此基础上形成的企业能力理论指出资源的通用性无法使企业获取高水平的绩效和持续竞争优势,无法实现真正的成长,因此,企业资源必须具备创造利润或防止损失的能力,也就是说,只有那些异质的,其他企业难以创造、替代和模仿的资源和能力才能保证企业内部资源和能力的有效战略,通过实施该战略实现企业成长。Barney 的研究也得出同样的结论,即企业内部拥有的那些异质性资源和能力是企业成长的重要原因。

宣告资源基础理论时代到来的是 Wernerfelt 里程碑式的研究。他认同 Penrose 关于企业是资源集合体而非一组产品-市场位置的观点,并从资源角度而非产品角度来分析企业,提出企业成长战略是在利用现有资源还是开发新资源两者间的一种权衡。他这种从企业内部来寻找企业差异原因的这一角度导致了战略管理领域革命性的变化。

在前人研究的基础上,Barney 对形成企业持续竞争优势的战略性资源属性进行了分类,为资源基础理论的实际应用提出了一个分析框架。他认为,企业有不同的资源起点(称为"资源的异质性",resource heterogeneity),而这些资源是其他企业无法获取的(称为"资源的固定性",resource immobility),创造性、独特性、创业型的洞察力和直觉以及创业企业的条件非常重要。持续竞争优势是指某企业目前的潜在竞争对手不仅无法与该企业同步执行现在所执行的价值创造战略,同时也无法复制并取得该项公司在此项战略中所获得的利益;而竞争优势之所以能持久,是因为企业拥有异质性以及不可流动性的资源中,有部分的资源尚具有价值性、稀缺性、不可模仿性与不可替代等特性。随后,资源基础理论日益受到众多学者的重视和研究。资源基础理论重新从企业的内部来寻找企业成长的动因,用资源与能力来解释企业差异的原因。

其基本假设是,企业具有不同的有形和无形的资源,这些资源可转变成独特的能力;资源在企业间是不可流动的且难以复制;企业内部能力、资源和知识的积累是企业获得超额利润和保持企业竞争优势的关键。如果企业无法有效仿制或复制出优势企业产生特殊能力的源泉,各企业之间具有的效率差异将永远持续下去。而且,资源基础理论的研究范围还在进一步扩展。

资源基础理论的创业观对于研究创业企业的创建很有意义,因为该理论关注能将创业者和其创业企业区分开来的与众不同之处。对于新建企业来讲,创业者是独特的资源,也是无法用钱买到的资源。同时,越来越多的研究也运用资源基础理论来阐释创业所蕴含的深层次问题。

Alvarez 和 Barney 是应用资源理论来解释创业现象的学者代表,提倡用资源理论来解释创业现象,认为资源理论应充实来自创造性和创业精神的观点,通过研究创业和资源理论的交叉可以明确创业学对战略管理的影响。他们首次提出了"创业资源""创业能力""创业优势"等概念。创业资源就是与公司创业相关的有形资产和无形资产的总和,而已建公司创业活动中最关键的资源是那些与组织知识和组织学习有关的无形资源,如机会警觉、创造性的认知模式、创新性地获取整合资源的能力、创业团队和创业文化等。创业能力是公司超过对手模仿的、持续的创新能力,它以高度的机会警觉,创新性地获取和整合资源为关键特征。创业优势则是由公司创业能力带来的持续的竞争优势。

Peteraf 提出维持公司持续竞争优势的四个条件，即资源异质性、竞争的事后限制、不完全要素流动、竞争的事前限制，这对分析公司创业活动的作用机制也具有指导作用。首先，从资源异质性角度看，正是公司在资源和能力方面的差异，才导致了公司绩效的差异，成功的公司创业活动是以准确把握市场机会，以创新方式整合资源快速响应市场为基础。其次，公司创业是一个知识创造和积累过程，公司创业过程中大量的隐性知识使得与该过程相关的知识具有公司专有属性，这使对手在模仿的时候有很大的信息不对称，从而阻碍模仿。再次，公司创业是与信息、认知、经验、信任、合作、文化、试验等因素密切相关的，这些创业资源和能力具有时间、地点、关系专用性的特征，这些资源在移作他用时就会面临贬值的威胁。因此，在公司内部共享的创业资源、要素和能力难以交易。最后，从竞争的事前限制分析，在公司创业导向中，超前行动性是重要维度之一，公司战略的超前行动性可能表现为创新性获得稀缺资源、发现并投资于被低估价值的资源的创业活动，以及在产品、市场和管理创新方面的先运行动等，这些超前行动使其他具有同等资源禀赋的公司处于成本劣势，从而为公司创造竞争优势。

二、创业资源整合与企业可持续成长

通过对资源基础理论的研究，可以看出在经济组织中存在资源、能力、竞争力、核心竞争力的递进过程，反映出的是一种整合的过程。企业的异质性资源和非异质性资源为什么能够创造更多的价值和持续竞争优势？这都源于组织对于资源和能力在时间和空间上的不断的"整合"，企业中异质性资源始于它们对于不同资源的整合，不仅是对于企业内部不同资源的整合，而且包括企业内部和外部资源的整合。因此，资源整合是经济组织竞争力的核心。

更多的理论和实证研究发现，创新地获取和整合资源的能力体现出创业资源的异质性特征。他们抢先发现并投资于未被其他人认识到的有价值的资源，再以创新的方式整合资源，使产出建立在更低的成本或更高差异化的基础上。从战略管理和权变理论的角度来看，卓越的组织绩效是组织外生变量和组织内生变量协调组合的结果，公司与环境、战略、组织结构、战略管理过程之间的"匹配"，是取得高绩效的关键所在，从资源理论来分析，这种匹配过程就是对一系列相互关联的资产进行协调和整合的过程，可以有效阻止竞争对手模仿。

资源基础理论是资源整合的出发点。该理论认为，企业不是一组产品－市场位置，而是资源集合体，是一种有意识地利用各种资源获利的组织过程。资源是企业能力的来源，企业能力是企业核心竞争力的来源,核心竞争力是竞争优势的基础。具体而言,资源是企业在向社会提供产品或服务的过程中所拥有或所支配的能够实现公司战略目标的各种要素组合。由于每个企业的资源组合不同,使得不存在完全一模一样的企业。而且,仅仅立足于单个因素的竞争优势常常具有暂时性,持续的竞争优势通常需要多种的资源优势。因此,企业要想成为具有极强竞争力的市场主体,必须从企业的资源出发,就要在各种资源之间实现优化配置,这就需要对资源进行整合,最终形成企业的竞争优势。

从字面意义上看,"整合"是调整各要素并加以重新组合,使之达到协调统一;是对原有事物的结构进行调整,使原有事物得到发展和完善。资源整合,就是企业通过合理配置资源而将企业内外资源调整到最佳状态,从而增强企业的整体竞争力,并在市场竞争中获取竞争优势。换言之,就是把企业所拥有的自然资源、信息资源和知识资源在时间和空间上加以合理配置、重新组合,以实现资源效用的最大化。必须注意的是,这种资源效用的最大化,并非是简单的各项资源各安其位,各司其职,而是能够通过重新整合规划,创造企业独特的核心竞争力,实现企业在市场上的竞争优势。通过资源整合实现企业的竞争优势,才能认为企业资源整合合理到位。而且,适应于每一个企业资源整合的最佳模式是不存在的。资源整合对不同企业来说具有不同的内容,每一个企业只有根据自身内外资源和市场状况的现实进行整合才能使企业的资源配置最优化。

从竞争者角度来看,由于企业发展的长期性和"路径依赖",使竞争者有可能通过资源的模仿和转移能力进入由现有企业占有的细分产业,在那里可以通过企业内部的发展和外部的整合而获得资源。企业长期的"路径依赖"给竞争者提供了更好的"阅读"机会,而且有可能比现有的企业"阅读"得更好,其实质是竞争者的"整合机制"的不断建立和加强。

资源整合是一个动态性的过程。首先,从内部的动态性而言涉及资源整合成为能力,能力整合成为竞争力,以及内外部的同质资源如何"整合"成为组织的"异质性资源"。其次,从内外部的动态性而言涉及资源、能力和竞争力与外部环境的"整合",即"定位"问题。再次,通过价值创造以及价值实现过程的"整合",最终形成持续竞争优势。可以看出,资源整合也是分层次逐渐提升的过程。另外,从"租金"获取的角度看,资源的不可模仿性是一个重要条件,与此同时,资源整合也是企业获取资金的重要能力和条件。因为经济租金的产生需要企业现有资源的差异性或异质性和外部的市场(或产业)结构的特殊性,还需要组织通过将其他组织的同质资源或者异质资源进行整合以提升自己的异质性资源从而获取持续竞争优势。

三、基于战略和创业融合的企业可持续成长

企业成长理论主要研究企业成长一般规律,揭示企业成长的决定因素和周期规律,目

的是增强企业动态竞争能力和持续发展能力。而战略和创业，不仅是分析企业成长问题的理论研究视角，也是企业在成长实践中的重要管理活动。目前，具备战略和创业属性的全球大企业成长一直是学术界和实业界的关注重点和热点，而对中国企业成长的系统研究和实务分析还比较有限。但是越来越多中国优秀企业长不仅表现出战略和创业融合的趋势，而且在国际化过程中呈现与国外企业不同的特点，也使从理论和实践角度研究中国企业成长成为必需。

作为内涵非常宽泛的名词，企业成长是一个动态过程，是通过创新、变革和强化管理等手段积蓄、整合并促使资源增值进而追求企业持续发展的过程。企业成长一直被学者们从众多不同的学科领域和分支进行研究，战略和创业是其中两个重要的研究领域。虽然战略和创业的定义还难以达成共识，但是二者的特征在于战略是优势导向的，创业是机会导向的。

战略被 Chandler（1962）定义为"确定基本目标以及达到这些目标所需要的行动方针和程序"，而寻求持续竞争优势成为目前战略研究的重点。战略解释了不同经济条件下企业创造财富过程中存在的差异，而以竞争战略、标杆管理、优胜于竞争对手的学习以及战略定位等为表现形式的竞争形成了战略研究的基础。因此，战略把开发持续竞争优势作为企业创造财富的决定性能力，战略是企业的一种优势导向的行为。

创业是实现创新的过程，创新是创业的本质，而感知、识别和实现创业机会成为创业研究的重要线索。以往创业研究中的经典问题"谁是创业者"现在可能被替换成"什么是创业机会"，虽然创业研究的关注点不同，但机会识别是创业的核心。Shane、Venkarataraman（2000）认为创业研究应该以"机会"为线索展开，而创业机会的识别和利用是支撑这一独特领域的概念。

从战略角度看，企业可持续成长是发挥优势的永续过程。Porter（1980，1997）的市场结构特征决定作用以及 Bain 运用产业组织理论分析范式解释企业利润来源，强调企业通过外部环境的分析和适应实现成长，强调的是企业通过外部环境的分析和适应实现成长；而 Rumelt（1980）企业内部的资源禀赋差异和 Barney（1991）提出的企业内部资源基础的特异性则越来越关注企业内部资源与能力在成长中的作用。比较典型的是 Prahalad、Hamel（1990）提出核心能力是企业持续竞争优势和成长的根源。

从创业角度看，企业可持续成长是把握机会的创新过程。企业成长和财富创造是创业的明确目标，而企业成长和财富创造要求企业和个人要具备感知和把握创业机会的能力。不确定性环境下，识别和利用新机会对企业柔性成长非常重要。

因此，战略和企业成长可以在企业成长等手段上融合。例如 Ireland、Hitt 和 Sirmon（2003）就提出了战略型创业（strategic entrepreneurship），而 Combs 和 Ketchen（2003）则主

张创业战略(entrepreneurial strategy)。总之,企业通过识别和利用机会开发竞争优势来实现成长,企业成长的核心就是发挥优势、把握机会。

但是我们也看到基于创业和战略的企业成长研究存在一些不足。首先,研究的方法侧重于将创业整合到战略管理之中,这样不仅妨碍研究广泛借鉴利用其他研究领域的能力,也会迫使研究中心偏向于战略管理的中心问题(如竞争优势),而不是创业的中心问题(如创业机会),其他领域的框架对于创业现象的解释是远远不充分的。其次,研究的视角集中于发达国家的企业,许多理论和案例都以发达国家的企业经验和素材为基础的,缺少把起点放在国内企业的分析研究,这并不是完全意义上的全球化,而是西方化,这就容易出现水土不服的现象。再次,研究对象以一些全球知名大企业的创业和战略活动为主,往往把它们的成长过程作为示范在国内进行推介甚至标榜,忽略了许多知名度不高、规模不大的国内优秀企业成长,而它们的成长经验要对大多数中国企业更具有借鉴和参考价值。最后,对战略和创业融合的研究重要性强调得多、个案研究得多,而系统性框架和模型分析比较少,对企业样本的集中分析比较少;尤其欠缺在企业成长全过程的动态研究,偏重于企业在某个阶段的管理活动,对企业不同成长阶段中创业和战略融合的不同方式的研究分析比较少。

第二节　企业可持续成长的区域差异

本节首先构建一个概念性框架,在其中完善时间维度并保证各维度之间的关系界定清楚、完备,并通过对中国企业成长实际的探寻描述、解释和提炼出几种独特的企业成长现象,进而揭示企业可持续成长的异质性。

一、概念模型

基于以往单要素或多要素模型的优缺点,我们选择设计了一个反映企业成长异质性的三维结构(图5-1)。这三个维度分别是规模、速度和活力,都是企业成长的重要表征要素。企业成长的异质性可以通过企业在成长过程中规模、速度和活力的多样化和差异性加以反映。为了界定研究范围,本部分首先界定了反映企业成长异质性的指标,基于对一些指标在特定情况下的缺陷性分析,选择了总资产、总资产增长率和总资产周转率指标代表企业成长的规模、速度和活力维度。

例如,市场份额和物质产出仅仅能够用来比较同行业中生产相同产品的企业,员工数可能会受到劳动生产率提高、人机替代以及其他生产或购买决策的影响,而利润虽然能够反映出企业的成功与否,但是利润和规模以及成长的关系只有在企业集团或是单个企业的长期过程中才反应明显。虽然销售额常被用来作为衡量指标,但也存在易受通货膨胀率影响等问题,而且并不是总能反映出企业成长,对于高科技创业型企业或是现有企业的创业活动,销售额可能没有发生变化而资产却可能出现增长。

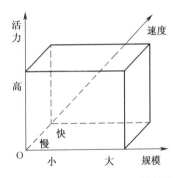

图 5-1　企业成长异质性三维结构

而以往大部分研究都使用总资产作为衡量指标。如果企业被视为一组资源的集合,企业成长的分析就应该关注资源的累积,总资产就是能够反映这种资源观的要素之一。总资产是指企业拥有或控制的经济资源,总资产增长率体现了企业总资产的增长速度,总资产周转率则反映出企业利用资产的能力和灵活性,加之总资产与行业资本集中度相关并对时间反应又比较灵敏,因而适合代表企业成长的规模、速度和活力。

二、比较分析

本节从华北、华东和华南三地区分别选取了内蒙古、山东和广东三个省份上市企业分析,用 TA 代表总资产,并把三省份制造业上市公司在规模、速度和活力三个方面的指标放在一个图中比较(图 5-2)。但是由于总资产、总资产增长速度和总资产周转率是三个不同单位的指标,数值大小和区间不在同一数量级,因而图中三个指标之间的距离虽然差别较大,然而,这种差距并不代表三个指标之间具有数值上比较大小的意义。例如,虽然各地区所有制造业上市公司的总资产周转率均值的百分数较大(76.62),而以亿元为单位的总资产均值较小(24.91),但这并不表示这些企业的成长规模小、活力大。

图 5-2 的意义在于基于企业成长的规模、速度和活力三个维度,通过对三省份制造业上市公司的总资产、总资产增长率和总资产周转率三个指标的比较,发现各地企业成长中的差异性和多样化特征,进而揭示出企业成长异质性的本质。从图 5-2 对三个指标均值的比较中可以看出,三省份企业成长规模较大的是山东、较小的是内蒙古,速度较快的是内蒙古、较慢的是广东,活力较高的是广东、较低的是内蒙古。而且,排名第一的省份均值都明显高于三省份制造业全行业的均值,排名第三的则明显低于全行业均值,三省份内部的均值差距也较大。可见,三省份在企业成长规模、速度和活力维度上具有明显的异质性。

为了进一步验证均值比较分析结果的客观性和全面性,本部分又对三省份制造业上市公司在规模、速度和活力维度上的聚集特征进行了衡量。首先,我们设定指标 RPS 代表

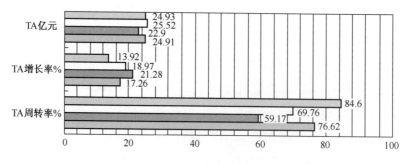

图5-2　三省份制造业上市公司成长规模、速度和活力指标比较

企业在规模、速度或活力维度上成长异质性的聚集度。具体公式为:

$$RP_iS_j = \frac{NP_iS_j}{NP_i}(i = 0,1,2,3; j = 1,2,3) \tag{5-1}$$

其中,RP_iS_j表示三省份总体($i=0$)以及内蒙古($i=1$)、山东($i=2$)和广东($i=3$)各省份在规模($j=1$)、速度($j=2$)和活力($j=3$)三维度成长异质性的聚集度;NP_iS_j表示三省份总体或各省份三维度指标均值大于三省份总体均值的企业个数,NP_i表示三省份总体或各省份企业个数。本部分中代表企业成长规模、速度和活力维度的指标如前所言分别是总资产、总资产增长速度和总资产周转率。例如$RP_2S_1 = NP_2S_1 / NP_2$表示山东企业(样本是该省制造业所有上市公司)在规模维度(指标是总资产均值)成长异质性的聚集度,NP_2S_1表示山东企业规模维度指标大于三省份总体规模维度(NP_0S_1)指标的企业个数,NP_2表示山东企业个数(样本是该省制造业所有上市公司)。基于此,本文整理统计并比较了三省份制造业上市公司的RPS情况(表5-1和图5-3)。

表5-1　三省份制造业上市公司成长规模、速度和活力异质性聚集度（RPS）比较

	NP_i	NP_iS_1	NP_iS_2	NP_iS_3	RP_iS_1	RP_iS_2	RP_iS_3
总体($i=0$)	149	45	60	52	30.20	40.27	34.90
内蒙古($i=1$)	18	4	10	3	22.22	55.56	16.67
山东($i=2$)	58	19	22	20	32.76	37.93	34.48
广东($i=3$)	73	22	28	29	30.14	38.37	39.73

结合表5-1和图5-3,通过对指标均值和RPS值的比较中可以看出,三省份企业成长不仅分别在规模、速度和活力维度上具有异质性,而且这种异质性特征聚集度较高。例如,山东制造业上市公司的规模均值最大,而且在RP_iS_1的值中也最大,这表明山东企业成长规模大且这种企业聚集度高,从而反映出该省企业成长"大"的异质性。再如,内蒙古制造业上市公司的速度均值最大,而且在RP_iS_2的值中也最大,这表明内蒙古企业成长速度快且这种企业聚集度高,从而反映出内蒙古企业成长"快"的异质性。以此类推,广东企

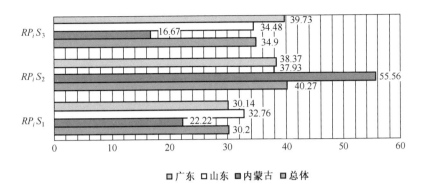

图 5-3　三省份制造业上市公司企业成长规模、速度和活力异质性聚集度(RPS)比较

业成长具有活力均值和聚集度都较高的特点,因而具有企业成长"活"的异质性。

　　三省份企业成长异质性还有一个特点是,不仅在其所具有的异质性维度上的绝对均值高于总体和其他两省份,而且在其相对的异质性聚集度上也是唯一高于总体并领先于其他两省份的,从而使各自具备的成长异质性更加明显。以广东省为例,从图5-2可以看出其活力维度的均值远远高于总体以及内蒙古和山东,而且在图5-3中其活力高的成长异质性聚集度也是在 RP_iS_3 中唯一高于 RP_0S_3 并明显超过 RP_1S_3 和 RP_2S_3。山东企业成长的"大"和内蒙古的"快"也具有这个特性。当然,绝对均值和相对 RPS 并不总是一致的。比如在图5-2中广东企业成长的速度(TA 增长率均值)要明显低于山东,但是在图5-3中广东快于全行业总体企业成长速度的企业聚集度又高于山东,这种不一致性从反面验证了运用绝对和相对两种方法衡量企业成长异质性的全面性,使得内蒙古企业成长的"快"、山东的"大"和广东的"活"在比较分析中的一致性更显得具有说服力。

　　基于以上分析比较,根据企业成长异质性的三维结构图(图5-1),本部分把三省份企业成长异质性表征形象地用图5-4表示,即内蒙古企业成长在速度维度上的"快"、山东企业成长在规模维度上的"大"和广东企业在活力维度上的"活"。而且在各地企业成长的实际过程中,我们也不难发现这方面的典型案例。内蒙古的蒙牛乳业虽因未在沪深上市

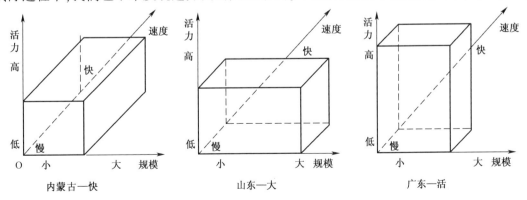

图 5-4　三省份企业成长异质性表征

而不在本节的研究样本范围内,但其超快速的成长已成为内蒙古乃至整个乳业行业的代表;山东的海尔、海信、青啤等大企业集团突出体现了山东企业成长中的规模特点,而广东企业的灵活经营也是有目共睹,这些都从不同角度为本文的研究结论提供了佐证。

三、讨论与启示

在国内外理论研究成果的基础上,结合我国企业成长的实际,通过本节的研究分析对企业可持续成长异质性有了进一步的认识。企业可持续成长是异质性的,表现为企业成长内生演化过程的独特性和不可模仿性。不同地区的不同行业企业成长不同,相同行业的不同地区企业成长也不同,即使同一地区同一行业企业之间的成长在规模、速度和活力等诸多方面也存在差异。但异质性并不意味着随意性和无序性,而是指没有普遍适用于所有企业的最佳成长方式,也不存在永远满足一个企业成长的稳定路径。本节对内蒙古、山东、广东上市公司的研究就反映出三省份企业虽差别迥异但却在总体上呈现出各自的迥异特征,而且这种异质性具有一定的聚集度,既能够反映特定范围内企业成长的某种共同特征,又能体现出差异性和多样性。

从寻找最佳成长方式转向异质性成长规律,意味着要对复杂的企业成长现象进行重新审视。企业成长诸多问题的存在有其客观性甚至合理性,客观性反映出导致这些问题产生的动因和环境不同,从而要对诸多要素进行全面认识和把握以找寻解决方法和途径;而合理性则意味着有些问题可能反映出的是企业成长的异质性,对此不应在某个单一模式下用统一标准"规范"企业成长,而是要接受并积极引导企业的异质性成长。在本节研究中内蒙古的"快"、山东的"大"和广东的"活"是三省份企业成长的异质性体现,但这并不意味着这些企业只需要补齐自身在规模、速度等方面的不足,而是要保持并优化这种异质性成长。

应该说明的是,本节所使用的研究方法还有待进一步细化。例如,一些指标和变量对企业成长质的属性反映有限,而且样本省区和数据量采集还比较单薄,实证分析也需要继续深入和细化。除此之外,企业成长异质性的内外部影响动因还需要从不同层面上进行深入探讨。例如,区域政策和文化对异质性的影响,还需要从企业成长所出的环境角度去研究;企业家也是一个重要变量,需要在企业成长最新背景下对其行为和能力的独特作用加以分析。

为了对企业成长异质性进行更加科学规范的研究,下一步将在对企业成长异质性理论作更为深入梳理和提炼的基础上,完善概念模型、精确实证方法、丰富样本案例,尤其要针对中国企业成长的异质性问题力求在理论和实践角度有所发现和突破。总之,对企业成长异质性的认识有助于拓展研究空间,可以识别出一些有价值的学术问题,对这些问题的深入探讨有可能丰富管理理论的创新。

第三节　知识过滤嵌入下创业与经济增长关系

一、问题的提出

新经济增长理论认为,知识作为一种关键的生产要素,与劳动力和资本一样可以促进区域经济的发展。为此,各国政府普遍采取的相应举措之一就是不断增加研发(R&D)投入,希望据此产生更多的知识、带来创新的产品和服务,从而促进区域经济的增长。这种研发与经济增长之间的线性创新关系在很多情况下成为一些政策制定者的主导思维方式。但是,在具体实践中,高研发投入并不一定带来高经济增长这一"悖论"的一个可能的解释是,高研发投入所创造的新知识,并未完全转化为能够促进经济增长的商业化知识。

那么,又是什么原因导致新知识无法最大化地实现商业化呢? 研究发现,在新知识与商业化知识之间存在"知识过滤(knowledge filter)"的屏障作用,换言之,由于知识过滤的存在,研发投入所创造的知识存量无法最大化地实现商业化。而且,知识过滤的程度也存在差异,当知识存量相同的情况下,知识过滤的程度越高,商业化的新知识越少;即使知识存量水平较低,但当知识过滤程度也较低时,仍有可能会比那些知识存量多但知识过滤程度高的区域创造更多的商业化知识。这也从一个角度解释了为什么低研发投入区域的经济增长率会高于一些高研发投入的区域。

由此可见,如何突破知识过滤的屏障作用成为提高新知识对经济贡献率的关键。最新研究认为,创业是一个决定知识屏障程度的主要力量。例如,Cohen(1990)较早提出,不能仅仅重视研发积累的知识存量,还要开拓创新路径实现知识的充分流动,提升经济主体对新创知识的识别、吸收和开发能力。Acs 和 Audretsch 等(2005)通过对 18 个 OECD 国家 1981~1998 年经济数据分析发现,创业对经济增长具有明显的积极作用,而这种正相关关系与创业者探索该国知识存量(R&D)的溢出效应是密不可分的。Gabr 和 Hoffmann(2006)也提出,突破知识过滤并不能片面地理解为通过专利保护和许可来实现技术转移,而应该从更广泛的创业层面推动知识的商业化。

综上,可以梳理出如下关系链条:研发投入所创造的新知识存量,由于知识过滤的屏障作用,无法完全转化为贡献于经济增长的商业化知识,而创业则在新知识与商业化知识之间发挥着突破知识过滤的屏障的纽带作用。但是,有关这一问题的理论探究和实践验证还刚刚起步,尤其基于中国管理情境的分析更为鲜见,为此,本节将遵循上述逻辑思路,通过相关理论文献的梳理和研究假设的验证,在对中国各省份的数据分析的基础上,构建知识过滤、创业与经济增长之间的关系模型,并从中提炼出有针对性的管理和政策建议。

二、理论假设

知识过滤是新知识固有特性所带来的必然结果。Arrow(1962)发现,知识具有不同于其他传统生产资料(如劳动力和资本)的重要属性——较高的不确定性、非对称性和转移成本。这就容易造成不同的经济主体和决策制定者在识别和评估新知识的预期价值时存在分歧,尤其当新知识所带来的新创意偏离既有企业(incumbent firms)核心竞争力和技术轨道时,这种分歧将更为严重。如此就可能导致这样一个局面:决策制定者最终可能不会去追求新知识的商业化,而其他经济主体会认为这些创意具有潜在价值、应该被开发。因此,新知识的这些本质属性,在广泛的制度、政策和监管背景下,就会导致 Acs 等(2003)所提出的知识过滤问题,即新知识与 Arrow(1962)所界定的经济知识或商业化知识之间存在障碍,知识过滤越严重,在新知识与具有经济效用的商业化知识之间的鸿沟越难逾越。

根据在知识创造体系中的不同作用,知识过滤又分为制度过滤和市场过滤两种类型(图5-5)。制度过滤是指与学术理论研究紧密相关的制度屏障,包括组织结构、大学政策、对待学术商业化的态度以及激励机制等要素,过滤结果是一部分学术机构或企业研发所创造的新知识转化为发明创造。市场过滤则屏障掉了一部分没有经济用途、无法转换为知识产权(如专利等)的新知识,结果是新知识的商业化,亦即通过许可、衍生企业、新创企业或扩张等方式将知识产权商业化。

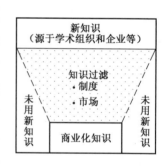

图 5-5 知识过滤示意图

以美国大学为例,Carlsson、Fridh(2002)调查显示,美国大学的学术研究并非都能实现发明创造,即使有披露的发明,也只有一半申请了专利,在这些申请当中又只有一半获得了专利(制度过滤);而这些专利的三分之一进行了特许经营,其中只有 10%~20% 能够获得可观收入(市场过滤)。由此可见,在新知识的创造体系中,因为知识过滤的存在,导致美国大学只有百分之一左右的发明可以成功地走向市场并获取收入。

因此,知识过滤的程度越高,新知识转化为具有经济效用的商业化知识的程度越低,这就弱化了新知识对经济发展的实际效用,降低了知识作为生产要素对经济增长的贡献率。据此,可以提出如下假设:

假设 1(H1):经济增长水平与知识过滤程度呈负相关关系;

假设 1a(H1a):经济增长水平与制度过滤程度呈负相关关系;

假设 1b(H1b):经济增长水平与市场过滤程度呈负相关关系。

为了突破知识过滤的屏障作用,需要一种方法使知识过滤的程度最小化,将知识体系创造的新知识最大化地加以吸收和利用,对此,识别和利用机会、开拓新事业的创业活动是一条重要、有效的路径。由于知识过滤的存在,决策制定者放弃追求的新创意,对企业内部或外部的经济主体而言,可能具有较高的价值预期。在这种情况下,如果认可这些新知识价值的经济主体尝试去创建新企业,就会吸收从决策制定者处"漏出"的新知识。例如,一家既有大企业的实验室或是一所大学开展的一个科研项目,并不一定能在既有组织完全实现商业化,这就恰好提供了产生创业机会的来源,从而导致衍生企业的生成或其他创业方式。由于引发创建新企业决策的知识是由既有组织的研发投入产生的,因此,创业也被视为知识从产生源头到商业化的新组织形式的溢出机制,会提高新知识的流动性,减少知识过滤所屏障的新知识。

研究也表明,包括新企业生成在内的创业活动可能是知识商业化最为有效甚至是唯一可能的途径。在各国经济发展进程中,许多突破性创新成果都是由中小型或新创企业而非既有企业开拓的,而前者往往没有充足的投资用于诸如研发在内的知识生产投入,但是,这些中小型或新创企业之所以在这种束缚下还能够产生创新成果的原因在于,他们对大学科研投入和大企业研发投入所创造的知识进行了有效的探索、吸收和利用。当既有组织未被开发的知识过多时,那么这个组织就会成为衍生企业的温床。尤其当科学家和工程师有关一个新产品或生产过程的想法受到同事质疑时,他们之间的摩擦就会加剧,而这种摩擦以及对更多财务收益的追求就会导致一些人离开原来的组织并促使他们开拓自己的新企业。因此,员工流动和衍生企业等创业活动成为克服摩擦、突破知识屏障的重要力量。据此,可以提出如下假设:

假设 2(H2):知识过滤程度与创业活动水平呈负相关关系;

假设 2a(H2a):制度过滤程度与创业活动水平呈负相关关系;

假设 2b(H2b):市场过滤程度与创业活动水平呈负相关关系。

由上可见,促进经济增长,不能仅仅重视研发积累知识存量,还要开拓创业路径突破知识过滤的屏障,实现知识的充分流动,提升经济主体对新创知识的识别、吸收和开发能力,不断地催生创新成果来推动经济增长。研究发现,创业水平会影响知识的流动和溢出效应,与区域经济增长之间呈现正相关关系。创业活动的兴起是对既有企业的不断挑战,有助于推动更多的企业参与到竞争当中,可以使那些新创企业从新知识的运用中获取更多利润。虽然在当前的知识经济背景下,大学和研发机构被视为经济增长的潜在推动器,但是,事实上,只有当国家有一种良好的创业环境才能将这种潜力发挥和实现。而且,在区域层面上,知识并不是在一定的地理空间内无成本地传播,相反,在地理位置上向知识源头的集聚可以降低获取和吸收知识溢出的成本,从而有利于突破知识过滤、创造和增加知识收益。综上可见,区域范围内的创业活动会影响知识对经济增长的贡献度。据此,可以提出如下假设:

假设3(H3):创业活动对知识过滤与经济增长关系有调节作用;

假设3a(H3a):创业活动对制度过滤与经济增长关系有调节作用;

假设3b(H3b):创业活动对市场过滤与经济增长关系有调节作用。

三、研究方法

(一)样本选择与数据来源

本部分提出的三个假设涉及知识过滤、创业活动和经济增长三个基本变量,而这三个变量都具有较为突出的区域特点。对于知识过滤而言,由于从知识源头溢出的新知识,在地理空间内并不是无成本地传播,相反,向知识源头的集聚反而有可能降低获取和吸收知识溢出的成本,因此,知识过滤的程度会由于区域差异而不同。对于创业活动而言,研究显示不同区域的创业活动表征会有差异,全球创业观察(GEM)中国报告还反映出,即使在中国这一个相同制度环境下,不同省份的创业活动也表现迥异。对于经济增长而言,区域一直以来都是理论研究和实践探索的主要对象。因此,本部分选择中国各省、自治区、直辖市为研究样本,以各省份为研究单位验证三个基本假设。

在数据获取上,本部分以国家统计局发布的《中国统计年鉴》和科技部《中国主要科技指标数据库》为资料来源,前者覆盖了各省份国民经济核算、工业、教育和科技等基本情况,后者则更为详尽地集中了各省份科技活动的具体情况,二者相互补充,为本节研究提供了有关区域经济增长、创业活动和知识过滤的相关数据。

(二)变量的测度

1. 知识过滤(K)

知识过滤是指新知识与商业化知识之间的障碍,转化为商业化知识的新知识越多,知识过滤的程度越低,为此,知识过滤程度可以表示为:知识过滤程度=1-商业化知识/新知识=1-知识转化水平。因此,为了测度知识过滤的两个基本类型——制度过滤(K_1)和市场过滤(K_2),就需要先考量能够反映这两类过滤的知识转化水平。

由于制度过滤侧重的是新知识从学术理论向经济应用转化的环节,关注于制度环境对新知识的选择,而技术市场作为知识交易的重要场所,通过特定的经营方式发挥连接科技与经济的桥梁作用,其对技术的筛选无不受转让、中介、开发、承包等各种规制的影响。因此,本部分选取技术市场成交合同金额(k)用来计算制度过滤水平。由于市场过滤侧重于新知识在实际市场应用当中的商业化水平,较制度过滤更为关注新知识的经济效用情况,为此,本部分选取高技术产业规模以上企业产值(k_2)作为参考指标,因为高技术企业是新知识商业化的现实载体,其产值水平高低在一定程度上代表了新知识创造现实价值的多少。

在上述两个指标的基础上,K_1 和 K_2 的具体计算方式如下所示:

$$K_i = 1 - k_{ij} / \sum k_{ij} \tag{5-2}$$

上述函数将按年度(2003~2007 年)计算,其中,k_{ij} 代表某个年度 j 省份($j \in [1,31]$)k_i($i \in [1,2]$)的具体数值;$k_{ij} / \sum k_{ij}$ 代表 j 省份制度层面($i=1$)或市场层面($i=2$)的知识转化水平,采用比率计算的方式较数值绝对值更具动态性,能反映出各省份知识过滤的相对水平和个体差异性;K_i 即是两类知识过滤的水平。

2. 创业活动(E)

一般认为,创业分为两种基本类型:一是生存导向型创业(E_1),即在没有更好的选择情况下不得不进行的创业;二是机会导向型创业(E_2),即识别和把握机会的创业。为了较全面地分析两种导向创业活动对突破知识过滤的屏障所产生的作用,本部分选择了两个指标:一是用各省份"新增个体户数"测度 E_1,原因在于创业的一个基本内涵是"自我雇佣(self-employed)",同时 GEM 调查发现大部分中国创业是生存型的,而"新增个体户数"能够反映上述两点特征。二是用各省份"研发经费占 GDP 的比重"测度 E_2,该指标不仅能够直接反映了各省份的创新强度,而且也可以较好体现出超前行动和承担风险的程度,兼顾了机会导向创业的几个基本维度。综上两个指标,不仅可以表现创业"0→1"的过程,还可以代表创业"1→∞"的成长诉求,而且也都是国内外实证研究的常用方法。

3. 经济增长(G)

该变量的测度指标为地区生产总值(GDP)(G_1)和地区生产总值增长率(G_2)。G_1 是按市场价格计算的一个省份所有常住单位在一定时期内生产活动的最终成果,这是理论和实践领域衡量区域经济发展水平的最常用指标之一。G_2 则是 GDP 的年增长率,反映的是地区经济的增长速度,是从相对值变化的角度对经济增长的考量。

4. 控制变量(C)

为了保证统计模型的准确性并排除实证结果的其他解释,依据柯布-道格拉斯生产函数,当经济增长作为因变量时,本研究还考察了区域劳动力(L)和资本(I)两个控制变量,前者的测度指标是各省份城镇单位就业人员数,后者则是各省份全社会固定资产投资;当知识过滤作为因变量时,本研究还考察了知识存量(A)作为控制变量,测度指标是用来衡量科技资源的各省份研发人员数。

（三）模型构建

针对本部分前篇提出的理论假设 H1 和 H2，这里相应构建了研究模型 M_1 和 M_2：

$$G = f(C, K) = f[(L, I), (K_1, K_2)] \tag{M_1}$$

$$K = f(C, E) = f[A, (E_1, E_2)] \tag{M_2}$$

假设 3（H3）的调节效应意味着，知识过滤对经济增长的作用受到创业活动的影响。根据 Marsh、Wen 和 Hau（2004）的层次回归分析方法，H3 的验证分如下几步进行：首先，做 G 对 K 和 E 的回归（如函数 M3.1），得测定系数 R_1^2；其次，做 G 对 K、E 和 $K \times E$ 的回归（如函数 M3.2），得测定系数 R_2^2；最后，比较两个测定系数，若 R_2^2 高于 R_1^2，则存在调节效应，反之亦反，而 c 值反映出调节效应的强弱。或者，作 $K \times E$ 的回归系数 c 的检验，若显著，则调节效应显著。另外，由于 K 和 E 分别包括两个子指标：K_1、K_2 和 E_1、E_2，当不同的 K 与 E 组合，M3.1 和 M3.2 各会得到四个不同的 R_1^2 和 R_2^2，因此，需分别比较前后两个测定系数。调节效应关系如图 5-6。

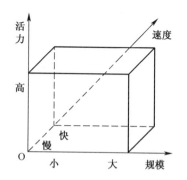

图 5-6　调节效应示意图

$$G = a_1 K + b_1 E \tag{M3.1}$$

$$G = a_2 K + b_2 E + c(K \times E) \tag{M3.2}$$

四、结果分析

关于假设 1（H1）的统计检验结果如表 5-2 左侧 M_1 部分所示。从表中可以看出，在经济增长规模 G_1 和速度 G_2 分别作为因变量的情况下，控制变量 L 和 I 的系数都在 5% 显著水平下通过了 t 检验，这表明资本 I 的增加的确会带来经济增长总量和速度的提升，而劳动力 L 的增加虽然能促进经济增长的规模，但对增速却可能有消极作用。同时，还可以发现，自变量 K_1 和 K_2 对 G_1 和 G_2 的解释作用有所不同。具体而言，当 G_1 作为因变量时，K_1 和 K_2 的系数都在 5% 显著水平下通过了 t 检验（$tk_1 = -3.363$；$tk_2 = -15.973$）；当 G_2 作为因变量时，K_1 和 K_2 都未通过 t 检验。这表明，经济增长的规模水平 G_1 与知识过滤程度 K（包括制度过滤 K_1 和市场过滤 K_2）程度呈负相关关系，即知识过滤程度越高，经济增长水平越低，反之亦反；而经济增长的速度水平 G_2 与知识过滤程度 K（包括制度过滤 K_1 和市场过滤 K_2）程度的关系还需进一步讨论分析。上述结果部分支持了 H1。

表 5-2　假设 1 和假设 2 统计检验结果

	M_1					M_1			
	G_1		G_2			K_1		K_2	
L	0.132* (4.141)	0.103* (5.207)	-0.327* (-3.392)	-0.300* (-3.151)					
I	0.849* (26.242)	0.705* (31.308)	0.641* (6.533)	0.602* (5.537)	A	-0.738* (-11.187)	-0.121* (-2.234)	-0.595* (-9.298)	-0.978* (-12.945)
K_1	-0.082* (-3.363)		0.105 (1.414)		E_1	0.140* (2.118)		-0.202* (-3.159)	
K_2		-0.298* (-15.973)		-0.004 (-.044)	E_2		-0.791* (-14.622)		0.417* (5.518)
R^2	0.916	0.966	0.228	0.218	R^2	0.472	0.774	0.503	0.559
$A-R^2$	0.914	0.966	0.213	0.202	$A-R^2$	0.465	0.771	0.496	0.553
F	548.811	1448.932	14.855	14.003	F	67.858	260.293	76.928	96.255

注:括号中数字为 t 检验值。* 代表 5% 显著水平下通过 t 检验。

关于假设 2(H2)的统计检验结果如表 5-2 右侧 M_2 部分所示。首先,控制变量 A 的系数在 K_1 和 K_2 分别作为因变量的情况下,都在 5% 显著水平下通过了 t 检验,但是其值皆为负值,这也佐证了本节研究的理论前提:由于知识过滤的存在,存量新知识就会遇到商业化的屏障,如果这个障碍的水平保持不变,那么,为了提升输出端——商业化新知识的水平,可以加大输入端——新知识存量的水平,使过滤掉的知识相对减少。这就造成引言中所提出的一种认识误区,即为了获取创新成果去一味地增大研发投入,事实上,还应该把突破点放在转化过程当中的过滤屏障。

其次,从表 5-2 中还可以看出,在 K_1 和 K_2 分别作为因变量的情况下,E_1 和 E_2 的系数都在 5% 显著水平下通过了 t 检验,但系数的正负情况却有不同表现:当 K_1 作为因变量时,E_1 和 E_2 的系数分别为正值和负值($tE_1 = 2.118$;$tE_2 = -14.622$);当 K_2 作为因变量时,系数分别为负和正($tE_1 = -3.159$;$tE_2 = 5.518$)。这表明,知识的制度过滤程度与生存导向创业活动水平呈正相关关系,而与机会导向创业活动水平呈负相关关系;知识的市场过滤程度与生存导向创业活动水平呈负相关关系,而与机会导向创业活动水平呈正相关关系。换言之,当生存导向创业活动水平越高,知识的制度过滤水平就越高,而市场过滤水平则越低;当机会导向创业活动水平越高,知识的制度过滤水平就越低,而市场过滤水平则越高。上述结果也部分支持了 H2,表明创业活动的确会影响知识过滤水平,但是,具体作用还需要针对性的剖析。

关于假设 3(H3)调节效应的统计检验结果如表 5-3 所示。表 5-3 的上半部分是层次回归分析的第一步,表中部是第二步分析,表下部最后两行分别是第二步回归的测定系数与第一步的差值,以及 $K×E$ 系数的检验是否显著的判断,这两个结果用来分析调节效应的存在和水平;M3.1.i 和 M3.2.i、R^2_{1i} 和 R^2_{2i} 以及 $c_i(i=1,2,3,4)$ 分别代表 K_1、K_2 和 E_1、E_2 四种不同组合情况下,四个分两步的回归模型、测定系数以及 $K×E$ 的系数。从表 5-3 可以看出,在四个子模型当中,第二步层次回归的测定系数都大于第一步,这表明知识过滤 K 与经济增长 G 的关系的确受到创业活动 E 的影响;但是从系数 c 的显著情况看,只有机会导向创业活动 E_2,对知识过滤 K(包括制度过滤 K_1 和市场过滤 K_2)与经济增长 G_1 关系具有调节作用。由于采用测定系数 R^2 差值和系数 c 显著情况判断调节效应是两种不同的统计方法,为了更为准确地考察调节效应,应综合考虑两种方法的统计结果,因此,可以对 H3 的分析结果作出如下判断:创业活动对知识过滤与经济增长关系具有调节作用,其中机会导向创业的调节效应更为显著。

表5-3　假设3统计检验结果

	M3.1.1			M3.1.2			M3.1.3			M3.1.4	
	G_1	G_2		G_1	G_2		G_1	G_2		G_1	G_2
K_1	-0.141* (-1.990)	0.005 (0.061)	K_1	-0.187 (-1.143)	0.015 (0.089)	K_2	-0.680* (-11.760)	-0.230* (-2.585)	K_2	-0.759* (-13.908)	-0.253* (-3.103)
E_1	0.465* (6.548)	0.135 (1.648)	E_2	0.050 (0.306)	0.041 (0.244)	E_1	0.173* (2.985)	0.026 (0.291)	E_2	0.009 (0.171)	-0.040 (-0.494)
R^2_{11}	0.261	0.018	R^2_{12}	0.054	0.001	R^2_{13}	0.603	0.059	R^2_{14}	0.580	0.060

	M3.2.1			M3.2.2			M3.2.3			M3.2.4	
	G_1	G_2		G_1	G_2		G_1	G_2		G_1	G_2
K_1	-0.262* (-2.372)	-0.063 (-0.495)	K_1	-1.557* (-6.185)	-0.320 (-1.094)	K_2	-0.717* (-8.795)	-0.298* (-2.375)	K_2	-1.121* (-5.742)	-0.321 (-1.085)
E_1	-1.734 (-1.121)	-1.112 (-0.620)	E_2	-4.381* (-6.416)	-1.041 (-1.314)	E_1	-0.200 (-0.341)	-0.661 (-0.734)	E_2	-4.997* (-1.925)	-0.970 (-0.247)
$K_1×E_1$	2.182 (1.423)	1.237 (0.696)	$K_1×E_2$	3.330* (6.639)	0.813 (1.397)	$K_2×E_1$	0.358 (0.639)	0.661 (0.766)	$K_2×E_2$	4.922* (1.929)	0.914 (0.237)
R^2_{21}	0.271	0.021	R^2_{22}	0.268	0.014	R^2_{23}	0.604	0.063	R^2_{24}	0.590	0.061
$R^2_{21}-R^2_{11}$	0.010	0.003	$R^2_{22}-R^2_{12}$	0.214	0.013	$R^2_{23}-R^2_{13}$	0.001	0.004	$R^2_{24}-R^2_{14}$	0.010	0.001
c_1 显著	否	否	c_2 显著	是	否	c_3 显著	否	否	c_4 显著	是	否

注:括号中数字为 t 检验值。* 代表5%显著水平下通过 t 检验。

综上,可以将 H1、H2 和 H3 的验证结果总结为表 5-4。从中可以看出,前文提出的三大研究假设基本得到验证,但对于知识过滤、创业活动和经济增长三个概念所涵盖的具体变量而言,之间的关系表征又各有不同,为此,需要进一步探寻这些差异的缘由,从中挖掘出更具针对性的命题。

表5-4　假设检验结果

假设	子假设	变量关系	检验结果	假设	子假设	变量关系	检验结果
H1	H1a	$K_1 \rightarrow G_1$	支持(显著)	H3	H3a	E_1 对 $K_1 \rightarrow G_1$ 的调节	支持(不显著)
		$K_1 \rightarrow G_2$	不支持			E_1 对 $K_1 \rightarrow G_2$ 的调节	支持(不显著)
	H1b	$K_2 \rightarrow G_1$	支持(显著)			E_2 对 $K_1 \rightarrow G_1$ 的调节	支持(显著)
		$K_2 \rightarrow G_2$	支持(不显著)			E_2 对 $K_1 \rightarrow G_2$ 的调节	支持(不显著)
H2	H2a	$E_1 \rightarrow K_1$	不支持		H3b	E_1 对 $K_2 \rightarrow G_1$ 的调节	支持(不显著)
		$E_2 \rightarrow K_1$	支持(显著)			E_1 对 $K_2 \rightarrow G_2$ 的调节	支持(不显著)
	H2b	$E_1 \rightarrow K_2$	支持(显著)			E_2 对 $K_2 \rightarrow G_1$ 的调节	支持(显著)
		$E_2 \rightarrow K_2$	不支持			E_2 对 $K_2 \rightarrow G_2$ 的调节	支持(不显著)

五、讨论与建议

根据上述检验结果,不仅能够得到基于三个研究假设的基本结论,而且还能够发现一些具体问题和矛盾焦点,为此,可以从如下三个方面进一步论述。

第一,重视知识过滤对经济增长的不利影响。本研究发现,无论是对知识的制度过滤还是市场过滤,都会对经济增长产生不利影响,这一点在现实中的表现也尤为明显。而且,很多企业并不重视对新技术知识的消化吸收和再创新,我国企业的技术引进与消化吸收费用的比例高于发达国家,"重投入、轻产出"的缺陷导致我国学术机构和企业所占有的新知识被大量过滤,知识转化的不足导致我国的知识创造体系陷入"开发、漏出、再开发、再漏出"的恶性循环,也成为许多企业失去创新动力的直接原因。这种新知识存量不足和知识过滤严重的双重束缚,不仅影响企业的生存发展和竞争优势,而且必然影响到我国产业乃至整个国家的经济与社会发展。对此,传统的知识创造体系应该对转化过程中的知识过滤问题给予关注,并从制度和市场层面进行变革和创新,努力突破横亘在新知识和商业化知识之间的屏障。

第二,促使创业突破知识过滤的屏障。消除知识过滤负面影响,一条有效的路径是打通新知识和商业化知识之间的转化渠道,而创业作为一种资源整合的创新机制,不仅可以整合新知识,还可以通过各种现实载体实现新知识的应用。但是,还应该认识到不同导向的创业活动对知识过滤的影响是不同的。本节发现,生存导向创业活动会降低知识的市场过滤程度,而机会导向创业活动则会降低制度过滤程度。究其原因主要是生存导向创业主体在生存压力驱动下,一般会从市场上尽可能多(而不一定是好)地吸收溢出的知识,例如,一个区域个体经营的活跃,有利于催生集群效应并增大知识吸收率,但不意味着一定能提高知识创新的水平;而机会导向创业主体则关注于好(而不一定是多)的机会,这些创业机会往往由于知识的非对称性和不确定性而被原有经济主体忽视或放弃,却被机会导向创业者识别并最大化利用,例如 IBM 和 GE 在 20 世纪 30 年代曾因"毫无兴趣"而拒绝的复印机发明,被一家生产相纸的公司购买,并由此诞生且迅速成长为当今赫赫有名的施乐公司。对上述两种情境的一个形象比喻是,生存导向创业和机会导向创业对知识过滤的突破,好比苍蝇和蜜蜂(E_2)装进了透明的敞口玻璃瓶(K)当中,谁先飞出来的可能性与瓶口是否与太阳保持一致(K_1 或 K_2)是相关联的,因为它们的活动方式分别是较为无序性的"蝇型路径"(E_1)和目标导向性的"蜂型路径"(E_2)。因此,在认识创业对知识过滤的作用时,要细化到更具体的创业活动和过滤类型,只有这样,才可能找出突破屏障的有效途径。

第三,优化创业对知识过滤与经济增长关系的调节作用。新熊彼特主义者提出,目前经济发展的主要推动力是能够创造实际产出科学知识的日益增长,以及经济体系将这些抽象科学知识转化为具体市场创新的能力。因此,知识才是创业者成功最重要的资源,而拥有丰富知识资源的知识创造主体就应当而且必须成为科学领域乃至整个社会的重要创业者。本节发现创业活动对知识过滤与经济增长关系具有调节作用,而且机会导向创业的调节效应更为显著。这就意味着,为了消除知识过滤对经济增长的负面影响,应当积极利用创业、尤其是机会导向创业的调节作用,通过对既有企业的不断挑战,推动更多的企业参与到区域竞争当中,从而降低知识过滤的屏障效应,提高新知识对经济发展的贡献度。

对此,学术创业是一条有效的路径,可以优化创业所发挥的调节作用,更好地实现知识的商业化。20 世纪 80 年代以来,各国大学组织和学者个体的专利、特许、衍生企业等诸多形式的学术创业逐步兴起,学术创业作为科学转向追求利润的过程已经受到关注和认可。学术创业把学术的全新角色和资源融入既有组织背景下,催生了反映研究者从事工作的一种全新模型,整合学术和创业两个具有不同特性的内涵,代表着学者和学术组织突破资源束缚、识别利用机会以实现个体和组织成长的过程。目前,实践领域也在不断探索学术创业的有效做法,例如,美国最具开创性的《贝耶-多尔法案(Bayh-Dole Act)》和《联邦技术转化法案(Federal Technology Transfer Act)》,极大地激励了大学等学术机构开展更具商业应用价值的创新研究,随后,欧洲和日本的研究者和政府也日益重视大学对于经济发展和成功所发挥的创业作用。再如,建设创业型大学,应用"三螺旋"创新模式促进创业活动,构建富有特色的专利政策体系和技术转移机制,建立大学产业园等措施,通过提高学术创业活动的绩效,都能够不断提升知识对区域经济增长的贡献度。

第四节　基于产学联合的创业与知识贡献度

在实践中,新知识生成后,往往并不能得到充分地开发和利用。换言之,在新知识向商业化知识的转换过程中存在诸多障碍,使新知识难以或无法完全转化为现实成果而为经济增长服务。这些障碍统称为"知识屏障"(knowledge filter)。具体而言,知识屏障包括大学等科研机构在组织结构、制度安排、激励机制、领导政策等方面存在缺陷,阻碍了知识的商业化过程。譬如,一些科研机构忽视甚至抵触知识的商业化,不重视将已有的研究发明成果转化为知识产权或专利,遑论运用许可或新创企业的方式来实现自有知识产权商业化的目的。还有,一些企业开展的研发活动,也存在着知识屏障效应,具体表现为企业难以将新知识转化为商业化的新产品。总之,知识商业化的局限条件越多,知识屏障效应就越明显。

因此,促进经济增长,不能仅仅重视研发活动积累知识存量,还要开拓更多路径突破知识屏障,实现知识的充分流动,提升经济主体对新创知识的识别、吸收和开发能力,不断地催生创新成果来推动经济增长。关于这个问题,一些研究发现,区域的竞争水平和多元化水平会影响知识的流动和溢出效应,与区域经济增长之间呈现正相关关系。对此,可以通过刺激创业和加强产学联合来提高区域的竞争水平和行业多元化水平,因为创业活动的兴起是对既有企业(incumbent firms)的不断挑战,可以推动更多的企业参与到区域竞争当中;而产学联合则有助于向企业提供多样化的技能储备,还可以使那些新创的高科技企业从新技术的运用中获取更多利润。据此,本研究围绕创业和产学联合如何突破知识屏障、促进区域经济增长这一问题,以我国31个省(自治区、直辖市)为研究样本,验证上述几个关键变量之间的作用关系,以期解释和挖掘影响区域经济增长的内在机理。

一、文献综述与理论假设

如上节所述,由于知识屏障的存在,新知识并不一定得到完全的开发和利用。究其原因,主要有以下两个方面,一是由于既有企业在新知识开发当中存在消极性。研究发现,既有企业并不想冒险去整合新的产品或生产过程,他们通常会关注于开发那些企业已有产品项目的可能利润,而对研究和实现新的机会并不十分感兴趣。而且,企业原有的技术配置、实际生产能力以及可使用的高素质人力资本等原因也会影响新知识的开发,甚至专利或商业机密也会成为保护知识产权和防止知识溢出的有力工具。二是由于大学和科研机构在知识商业化方面存在被动性。研究表明,当某项科研活动是由大学等学术组织开展的,那么这些未被开发的知识有可能很难转化为产品或服务。一直以来,大学通常以教学和科研这两项传统使命为重,往往忽视将自身所创造的新知识进行商业化进而服务经济社会发展的"第三使命"。而事实上,"第三使命"正日益受到社会的关注,因为一些新知识只能通过学术研究进行开发和转化,否则就会被搁置和延误。基于上述两个原因,我们不难看出,由于知识屏障的存在,并非所有研发活动创造的新知识都能直接为区域经济增长服务。

研究发现，为了突破知识屏障，利用机会并开拓新事业的创业活动是知识溢出并实现商业化的一条有效路径。目前，理论界出现的"学术创业"主题就是主张学术研究在科学扩散、知识溢出的背景下应当具有创业导向，要努力实现新知识的商业化目标。学术创业是为了开发产生于学术机构的一套智力资本而创建一个新企业，包括起源于大学的技术和知识的衍生，简言之，就是科学转向追求利润的过程。研究也表明，许多突破性创新都是由新创企业而非既有企业开拓的，开创新企业可能是知识商业化最为有效甚至是唯一可能的途径。原因在于知识具有隐性化特征，即知识一般是通过人与人直接的交流传递的，如果在知识的发现和编码之间存在延迟，那么知识流动的基本机制就是人与人之间的交流。而在新创企业中，创业者在将知识商业化之前可能曾供职于某个既有企业或大学，因此，他们可以从以前同事那里充分地继承知识。当一个现有组织未被开发的知识过多时，那么这个组织就会成为衍生企业的温床。尤其当科学家和工程师有关一个新产品或生产过程的想法受到同事质疑时，他们之间的摩擦就会加剧，而这种摩擦以及对更多财务收益的追求就会导致一些人离开原来的组织并促使他们开拓自己的新企业。在技术密集型或知识密集型行业，员工流动和衍生企业等创业活动是突破知识屏障的重要力量，这个现象在激光行业、磁盘驱动器行业和无线通讯技术行业尤为突出。综上可见，创业可以帮助既有企业和包括大学在内的学术研究机构突破知识屏障，更加充分地实现新知识向应用成果的转化并未区域经济建设服务。据此，可以提出如下假设：

假设1：区域创业水平有利于提升知识对区域经济增长的贡献；

假设1a：既有企业的创业水平有利于提升知识对区域经济增长的贡献；

假设1b：学术组织的创业水平有利于提升知识对区域经济增长的贡献。

产学联合被认为是推动知识开发和创意流动的另一条有效途径。产学联合的类型包括在研究人员之间进行正式的信息分享、一对一的研究投资活动、为解决企业特定问题签订研究合同或是为企业开办研究班。研究认为，大学等学术研究机构和企业之间的交流和联系可以提高经济活动的创新性，而且各级政府都在采取措施促进这种研究联盟。据欧盟一项调查显示，欧洲的企业并没有像美国企业一样很好地将大学和其他公共研究机构的知识商业化。因此，公共研究也自然难以转化为具有现实生产性的创新。但是，如果产生的知识是通过产学之间的研究联盟进行转化，那么可以促进技术的转移，并帮助企业开发出新的产品和生产过程。一项针对欧洲的实证研究表明，欧洲最大的企业主要是通过雇佣训练有素的科学家和工程师来获取公共研究的成果，为此他们之间会签订非正式的个人合同，以使研究从公共科研机构中转化出来。而针对美国公共研究对企业研发影响的研究发现，美国知识转移的主导方式是出版物和报告，通常伴随着非正式合同、公共会议或商谈及咨询等。总之,企业通过与大学等学术组织的联合研究可以实现自身吸收能力的拓展和完善,尤其是那些精简研发机构的企业往往会从与大学的结合中获益,因此,产学联合是创造、获取、应用和商业化新知识的有效途径。据此,本节提出:

假设2:区域产学联合水平有利于提升知识对区域经济增长的贡献。

二、研究设计

为了验证上述两大假设,本部分选取了我国各省(自治区、直辖市)的大中型工业企业和高等学校为研究样本,选择依据在于以下两个主要原因:首先,以中国各省市区为单位符合知识溢出与区域差别具有强相关性的特点。研究发现知识溢出在大学和行业等方面都具有区域上的聚集效应,空间毗邻对科学知识的运用而言是非常重要的影响因素。因此,本部分样本选择符合研究惯例,而且对解释分析中国区域发展问题具有现实意义。其次,大中型企业和高等学校可以作为企业组织和学术组织的代表主体。虽然人们经常把创业当作中小企业的专利、将创业等同于白手起家当老板,但国内外越来越多的研究表明,具有适当规模的既有企业最有潜力占据创业主体的领导地位,尤其是创新程度高(如新产品的开发、新流程或新进入行为的导入)、投资风险大或市场竞争风险大的新事业,通常只有一定规模的企业才有能力开创;同时,相比较其他学术组织(如公共科研机构),大学往往更多地被企业视为获取外部生成知识的重要来源。因此,本部分选择不同区域的大中型企业和高等学校作为研究样本具有代表性。

关于研究假设中涉及的几个核心变量,本部分分别从上述统计数据中选取相应指标逐一进行测度。

一是区域经济增长(Y)。该变量的测度指标为地区生产总值(GDP),是按市场价格计算的一个省、自治区或直辖市所有常住单位在一定时期内生产活动的最终成果,这是理论和实践领域衡量区域经济发展水平的最常用指标之一。

二是新知识(K)。该变量的测度指标为研发人员全时当量(RDA),研发活动是指一个省、自治区或直辖市在科学技术领域为增加知识总量以及运用这些知识去创造新的应用进行的系统的、创造性的活动,而人员全时当量则是指全时人员数加非全时人员按工作量折算为全时人员数的总和。国际上通常采用研发活动规模和强度反映一国的科学技术水平,众多研究也证明了研发活动在促进知识生成、识别、吸收和开发方面的积极作用,而研发人员全时当量则是国际上便于比较科技人力投入而制定的可比指标。

三是创业水平(E)。根据研究假设1,本研究从既有企业和学术组织两个视角进行测度,以期更具体地反映出区域创业水平的特点。具体而言,既有企业创业水平的测度指标是各省、自治区或直辖市大中型工业企业研发经费内部支出（RDC）；学术组织创业水平的测度指标是各省、自治区或直辖市高等学校研发经费内部支出中用于试验发展的经费支出（RDU）。选择研发活动作为衡量创业水平的指标是目前国内外文献中的常见做法。例如，关于既有企业创业问题的"公司创业"研究领域的学者经常使用研发来测度公司创业的核心维度——创新；再如前文提到的"学术创业"研究，通常也把大学对非基础研究的投入视作一种创业导向的行为，而高等学校研发活动中的试验发展活动是指利用从基础研究、应用研究和实际经验所获得的现有知识，为产生新的产品、材料和装置，建立新的工艺、系统和服务，以及对已产生和建立的上述各项作实质性的改进而进行的系统性工作，因此，这个指标要比基础研究和应用研究更好地反映出学术组织将知识商业化的创业活动水平。

四是产学联合（R）。测度指标为各省、自治区或直辖市高等学校科技活动经费筹集当中企业资金的百分比（IUR），这个比例越高，说明企业参与高等学校科技活动的程度越高，也表明校企之间的联系越为紧密，因此，这个指标可以较好地反映出产学联系的水平。

五是控制变量（C）。为了保证统计模型的准确性并排除实证结果的其他解释，本部分依据柯布-道格拉斯生产函数（Cobb-Douglas production function）还考察了区域劳动力（L）和资本（I）两个控制变量，前者的测度指标是各省、自治区、直辖市城镇单位就业人员数，后者的是各省、自治区、直辖市全社会固定资产投资。

如前文两大研究假设所主张的，创业和产学联系在突破知识屏障、提升知识对区域经济增长贡献中具有调节作用，换言之，知识与区域经济增长的关系受到创业和产学联合的影响（图5-7）。为了验证两大理论假设，本部分构造了多元回归模型来检验各变量之间的关系，

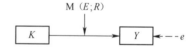

图5-7　调节效应示意图

注：M为调节变量，由E和R分别指代。

具体过程分为以下几步：首先做Y对K和M的回归（见模型1），得测定系数R_1^2；其次做Y对K、M和XM的回归（见模型2），得测定系数R_2^2；再次，进行系数比较，若R_2^2显著高于R_1^2，则存在调节效应，反之亦反；而模型2中的d值反映的则是调节效应的强弱。需要说明的是，因本研究提出了两个调节变量E和R，因此，要分别将这两个不同的调节变量代入函数各自进行分析，所以模型1和模型2可以进一步细化为如下两组共6个子模型。

模型1：$Y = a_1 C + b_1 K + c_1 M(E;R) + e_1$

模型1.1：$\text{GDP} = a_{111}L + a_{112}I + b_{11}\text{RDA} + c_{11}\text{RDC} + e_{11}$

模型1.2：$\text{GDP} = a_{121}L + a_{121}I + b_{12}\text{RDA} + c_{12}\text{RDU} + e_{12}$

模型1.3：$\text{GDP} = a_{131}L + a_{131}I + b_{13}\text{RDA} + c_{13}\text{IUR} + e_{13}$

模型2：$Y = a_2 C + b_2 K + c_2 M(E;R) + d[K \times M(E;R)] + e_2$

模型 2.1：$\text{GDP} = a_{211}L + a_{212}I + b_{21}\text{RDA} + c_{21}\text{RDC} + d_1(\text{RDA} \times \text{RDC}) + e_{21}$

模型 2.2：$\text{GDP} = a_{221}L + a_{222}I + b_{22}\text{RDA} + c_{22}\text{RDU} + d_2(\text{RDA} \times \text{RDU}) + e_{22}$

模型 2.3：$\text{GDP} = a_{231}L + a_{232}I + b_{23}\text{RDA} + c_{23}\text{IUR} + d_3(\text{RDA} \times \text{IUR}) + e_{23}$

三、结果分析与讨论

首先,通过各变量的描述性统计(表5-5)可以看出,各指标最大值和最小值之间存在巨大差距,尤其是在反映创业和产学联合的 E 值和 R 值上差异明显,最小值甚至为0。这也初步反映了当前的一个现实状况,即我国各省(自治区、直辖市)的经济发展水平以及微观经济活动水平(如本节所关注的创业和产学联合)都极不平衡。而这些活动与区域经济增长之间的关系(亦即本研究的两大假设)则需要通过研究模型进一步分析验证。

表5-5　描述性统计

变　量		测度指标	样本数	最小值	最大值	平均值	标准差
Y		GDP(亿元)	93	250	30674	7553.25	6537.554
C		L(万人)	93	17	954	368.00	217.443
		I(亿元)	93	162	11111	2843.46	2320.597
K		RDA(人年)	93	599	199464	49484.92	45913.172
M	E	RDC(万元)	93	0	3363650	536875.18	700993.017
		RDU(万元)	93	0	98280	20955.23	23877.484
	R	IUR(%)	93	0	57	29.74	14.645

表5-6是研究模型1和模型2的多元回归与调节效应分析结果。首先需要说明的是,模型中两个控制变量对区域经济的作用是不可忽视的。表5-6的统计结果显示,两个控制变量 L 和 I 的回归系数基本都通过了 t 检验,且系数都为正,这表明劳动力和投资水平的确会对区域经济增长产生正向影响。但是,正如柯布-道格拉斯生产函数所主张的,生产规模的扩大并不意味着生产效益的增加,还需要知识技术水平的提升。为此,研究重点在于对两大假设的验证分析上。

根据调节效应的分析步骤,从表5-6中可以看出,在做 Y 对 K 和 M 回归的模型1中,三个子模型的所有回归系数都在5%水平下通过了 t 检验,并得出了各自的测定系数 R_1^2,拟合效果令人满意。这也是分析调节效应的第一步。其次,通过模型2的统计结果也可以发现,模型2三个子模型的回归系数 d(即 $K \times M$ 的回归系数)也都在5%水平下通过了 t 检验,而且各自的测定系数 R_2^2 也都高于 R_1^2,即模型2.1、2.2和2.3的 ΔR^2 值都分别高于模型1.1、1.2和1.3的 ΔR^2 值。这就表明,M(包括 E 和 R 两个变量)在 K 对 Y 的作用中具有调节效应,也就验证了节两大研究假设,即创业和产学联合在突破知识屏障、提升知识对区域经济增长贡献中具有调节作用,知识与区域经济增长的关系受到创业和产学联合的影响。为了具体说明各变量之间的关系,本部分从两大假设出发进一步展开分析讨论。

表5-6　多元回归与调节效应分析结果

研究模型			模型1			模型2		
			模型1.1	模型1.2	模型1.3	模型2.1	模型2.2	模型2.3
Y			GDP	GDP	GDP	GDP	GDP	GDP
C		L	0.360** (10.868)	0.186** (3.832)	0.299** (6.360)	0.367** (11.582)	0.049 (0.887)	0.205** (4.095)
		I	0.291** (6.726)	0.634** (14.535)	0.652** (14.912)	0.342** (7.726)	0.610** (15.107)	0.698** (16.481)
K		RDA	−0.062** (−2.100)	0.319** (5.479)	0.124** (3.327)	−0.083** (−2.865)	0.636** (6.941)	0.430** (4.968)
M	E	RDC	0.454** (11.728)			0.259** (3.593)		
	R	RDU		−0.179** (−4.669)			−0.068 (−1.545)	
		IUR			−0.111** (−4.537)			−0.020 (−.621)
$K×M$	$K×E$	RDA×RDC				0.170** (3.158)		
		RDA×RDU					−0.320** (−4.250)	
	$K×R$	RDA×IUR						−0.326** (−3.860)
F			1085.524**	517.164**	511.190**	958.992**	497.549**	476.522**
DW			1.986	1.571	1.577	2.025	1.563	1.524
R^2			0.980	0.959	0.959	0.982	0.966	0.965
$\triangle R^2$			0.979	0.957	0.957	0.981	0.964	0.963

注:括号中数字为 t 检验值。**代表5%显著水平下通过 t 检验。

第一,区域创业水平有利于提升知识对区域经济增长的贡献。统计结果表明,无论是RDC还是RDU,对RDA与GDP的关系具有明显的调节作用。在现实中我们也看到,我国各地政府都十分重视本地区的创业活动,采取各种措施鼓励当地企业和大学开展具有创业导向的研发活动。

第二,产学联合水平有利于提升知识对区域经济增长的贡献。经典的三螺旋模型认为,大学、产业和政府作为经济社会中的三大组织主体是互动的关系,三者交叉、重叠构成了知识经济的发展基础和动力源泉,而大学和产业的触角均已开始伸向先前属于对方的领域。根据表5-6统计结果分析可以看出,反映产学联合水平的测度指标IUR会调节和影响知识与区域经济增长的关系。换言之,高等学校研发活动经费来源中企业资金比例越高,产学联合程度就越高,这种关联模式和组织结构有利于知识的产生和流动,并激发产学双方的反馈互动,从而使产学双方更好地成为促进区域经济发展的源泉。不过,在统计资料中仍然暴露出产学联合水平区域不平衡、产学联合程度有待加强等问题,例如,仍有6个地区的IUR低于10%(个别地区IUR甚至连年为0),而且约一半地区的IUR都低于三分之一,高等学校研发经费的绝大部分都是从政府筹集的。这些问题反映出各地在产学联合方面仍有文章可做,政府在向学术机构施加激励诱因、注重财富创造的同时,还应该从对科学和技术的政策钳制中摆脱出来,引入更为自由的原则,进一步加强创业型大学建设,鼓励产学双方更紧密、多方位的合作。

虽然知识是区域经济增长的重要推动力量,但是知识在生成、流动和商业化的过程中存在由诸多障碍构成的知识屏障,影响了知识溢出和知识转化为实际生产能力的效果。对此,研究发现创业和产学联合有利于经济主体突破知识屏障、更大程度地提高知识对区域经济发展的贡献度。尤其对于正处在创新型国家建设当中的我国而言,如何创造知识并将新知识转换为现实生产力是各地政府面临的一个重要课题。

需要说明的是,由于客观条件所限,本节的研究样本量还需要在后续研究中进一步扩大,以期通过更长时间、更多活动的细致考查来拓展研究的深度,最终形成更具时效性和指导性的研究结论。除了研究方法的完善之外,未来研究还将继续对学术创业、区域创业和三螺旋体系等关键问题进行基于中国国情的理论和实证分析,确保研究的系统性和实践性,这对解释和指导中国的区域经济健康可持续发展问题具有一定的意义。

第六章

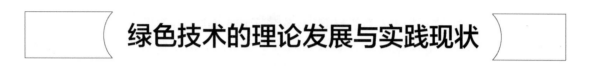

绿色技术的理论发展与实践现状

第一节　绿色技术与创新

一、可持续发展与绿色技术

在 20 世纪 70 年代以前,企业被看作是一个非生命体,企业在生产的时候只需要考虑企业本身的生产与经济环境之间的适合与否,而不十分在意企业是否能够与整个社会环境包括经济、文化、生态等方面相适应。随着全球环境日益突出,殃及全球的温室效应、臭氧层破坏、酸雨为患、生态环境退化、资源枯竭等给人类的生存和发展带来了空前的威胁,可持续发展在提到之初便受到了人们的高度重视。随之而来的便是各国对环境污染的控制以及相关法律法规的制定,从而从政策上带动了绿色技术的发展,使得绿色技术在较短的时间内有了长足的发展。

日趋严峻的环境问题是经济盲目高速发展带来的必然后果,西方发达国家在 20 世纪 60 年代已经开始了对环境问题的关注,并于 1987 年在联合国环境与发展委员会发表的《我们共同的未来》中提出了可持续发展的观念。所谓可持续发展,强调的是加强对自然资源的保护、减少对自然环境的污染,实现人与自然的和谐共处。可持续发展的理念当前已经成为世界各国的共识,各国纷纷出台相应政策,指导本国的可持续发展工作。

走可持续发展的道路、与自然和谐共处,已经成为世界各国的共识。可持续发展是一个系统的工程,需要从多个方面采取多种措施,才能确保可持续发展的实现。随着研究的不断深入,人们也越来越多的发现技术变革在可持续发展道路上的重要性。研究发现,技术是一把双刃剑,技术是造成当今社会环境问题日趋严重的主要因素,但是要解决环境问题也必须依靠技术的力量。科学技术给人们带来巨额财富的同时也给人类发展埋下了巨大的隐患,破坏了人类赖以生存的自然环境。同时科学技术的开发利用可以为我们提供解决环境问题的手段。面对严峻的环境形势,加强绿色技术的开发利用是走好可持续发展的必经之路。

随着全球环境问题的日益突出和人们环保意识的不断加强,我们放弃了一味的追求经济效益的发展模式,转而去寻找既有利于经济发展又有助于环境保护的生产方式,从而提出了可持续发展的概念,其核心思想是:经济发展应建立在社会公正和环境生态可持续的前提下,既满足当代人的需要,又不对后代人满足其需要的能力构成危害,强调的是环境与经济的协调发展,追求的是人与自然的和谐。由此可见,基于环保和节约能耗的技术创新是未来发展的主题,而绿色技术就是在这一主题的基础上,作为可持续发展的技术基础被提出。

当前研究认为,传统技术存在一些明显缺陷。例如,一些技术把目标限定在对自然的控制与索取上,把人类放在了自然的对立面,忘记了人类本身也是自然的一部分。再如,一些技术将自身视为"神话",主张技术决定论,所有的技术进步都是好的,技术本身就可以解决技术发展带来的所有问题。另外,一些技术片面追求经济效益的价值导向等,这些传统技术的缺陷导致了技术异化现象,即技术未能用来实现其为人类服务的正向价值,而成为异己的具有负向价值的"敌对力量"。正是由于对传统技术观的缺陷及其带来的技术异化现象的批判,使人们开始有了"绿色意识",在西方社会也开始了一场"绿色运动",人们认识到必须对技术进行根本上的变革,使技术发展改变原来的轨迹,进行技术的生态转向,其结果就是绿色技术的产生和发展。可持续发展是包括生态、经济和社会这三个子系统的可持续发展在内的复合系统,这三个基本方面的发展能力又取决于科技能力,因此,绿色技术在可持续发展能力体系中处于核心地位。

绿色技术作为一种新兴的技术理念,同时作为可持续发展的基础,其发展一直备受各国政府的关注和大力支持。从20世纪90年代开始,世界各国纷纷推出开发绿色技术的计划。加拿大从1991年开始实施耗资30亿加元、为期5年的绿色产业计划;德国多年前也开始加大了对绿色技术研究方面的投资,居欧洲之首;我国也在1996年制订了《中国跨世纪绿色工程规划》。每年都召开的《联合国气候变化框架公约》缔约方会议暨《京都议定书》缔约方会议(简称"世界气候大会")也充分说明了全世界对环保问题的关注。

在这样的大背景下,企业要想谋求发展,就必须加强企业内部对绿色观念的认可与理解,同时大力提高企业绿色技术的创新能力,在激烈的市场竞争占有一席之地。其中,绿色技术的创新为开发绿色产品、引导绿色消费、开拓未来市场和发展绿色产业创造了机遇,并已成为各国实施可持续发展战略的重要内容。早在1994年7月,美国政府就发布了《面向可持续发展的未来技术》报告,首先指出绿色技术要利于实现国家目标,绿色技术创新的核心是预防而不是治理。绿色技术创新早期成功范例之一就是开发"绿色电视",它具有耗电少、电磁辐射低、使用材料种类少且便于回收利用等特点。同时,由于发达国家制定严苛的环境标准、世界贸易形成绿色壁垒,许多国家都开始实行环境标志制度,这对促进清洁生产技术创新及绿色产品开发均起到了重要作用。德国是率先实行环境标志计划的国家,美国的《污染预防法》、日本的"环境协调型产品计划"、加拿大的"环境优选"等都对促进绿色技术的发展都起到了重要的推动作用。

二、绿色技术的内涵体系

绿色技术(green technology) 又被称作环境友好技术(environmental sound technology,EST) 或生态技术(ecological technology),它发端于 20 世纪六七十年代西方工业化国家的社会生态运动,是对减少环境污染,减少原材料、自然资源和能源使用的技术、工艺或产品的总称。美国环境保护局在 1994 年的科技计划中,把绿色技术分为"浅绿色技术"和"深绿色技术"。"深绿色技术"是指污染治理技术,例如,通过高分子气体离子膜浓缩、回收燃烧废气中的 CO_2,能把 CO_2 浓度浓缩 10 倍,从而能把 CO_2 作为化工原料之用。"浅绿色技术"是指清洁生产以及节约能源和资源等综合利用技术,例如,国际上开发的电动汽车技术、聚氯乙烯新工艺等。

对于绿色技术的概念有代表性的是 Brawn 和 Wield(1994) 的观点,即减少环境污染,减少原材料、自然资源和能源消耗的方法、工艺和产品的总称。这种观点认为,绿色技术具有如下几方面的特征:绿色技术使用时能避免、消除或降低对环境的污染和破坏;绿色技术的开发强调经济系统和生态系统的和谐,要求以可更新、可再生资源作为主要的能源和原材料,力争资源最大限度地转化为产品,同时使生态负效应最小化;绿色技术的创新和应用以提高企业的生态经济综合效益为主要目标,这跟以往的技术创新和应用主要追求经济利益有着本质的区别;绿色技术有助于克服传统技术的异化,在技术伦理上属于人道的技术。

不过,绿色技术作为一个新兴的概念,不同学者的认识也有差异。有学者指出,所谓绿色技术, 就是指有利于改善环境质量的环境可靠性技术,也就是根据环境价值并利用现代科学技术的全部潜力的无污染技术。还有研究将绿色技术的创新分为了绿色产品创新和绿色工艺创新两大类;绿色产品创新是指产品在使用过程中以及在使用后不再危害或少危害人体健康和生态环境的产品,以及易于回收、复用和再生产的产品;绿色工艺创新是指能减少废物和污染物的生产和排放,降低工业活动对环境的威胁以及降低成本、物耗的工艺技术。

关于绿色技术的基本特征，目前形成较为一致的认识是：首先，绿色技术使用时不造成或很少造成环境污染和生态破坏，这是最本质的特征。第二，绿色技术的发展机理主要是以生态学原理和生态经济规律为基础的，它强调经济系统和生态系统的和谐，是以可更新资源为主要能源和原材料，力求做到资源最大限度地转化为产品，同时生态负效应最小的低投入、高产出的一种新型技术系统；而现有传统工业技术基础科学主要集中于物理学方面，是以不可更新资源为主要能源和原材料的。第三，绿色技术不是指某一单项技术，而是一个技术群，或者说是一整套相互关联的技术，不仅包括工业清洁生产、生态农业，也包括生态破坏和污水、废气、固体废物防治技术，以及污染治理生物技术和环境监测高新技术。第四，绿色技术具有高度的战略性，与可持续发展战略密不可分。可持续发展战略是未来整个人类求得生存与发展的唯一可供选择的途径，而实施可持续发展战略必须采用绿色技术，推行清洁生产。

绿色技术从进化层次角度可以分为三类：一是末端治理技术，二是清洁工艺，三是绿色产品。末端治理技术是在生产的最后环节消除生产过程中产生的污染；清洁工艺开始注重在生产过程中合理利用资源、减少污染；绿色产品是从产品设计、研发、生产、销售的全过程来节约能源，预防污染。不同层次的绿色技术体现了"绿色理念"在技术中的不同深入程度，也代表了不同技术经济范式。

三、绿色技术创新

绿色技术创新是将环境保护新知识与绿色技术用于生产经营中，以创造和实现新的经济效益与环境价值的活动。绿色技术创新强调以知识产业为支柱、以高科技产业为主导，将环境保护新知识与绿色技术用于生产经营中，以创造和实现新的经济效益与环境价值的活动。它突出强调绿色产品、绿色工艺与技术的研究开发应用，强调以市场为导向，促进绿色技术成果的转化，强调绿色技术应用与绿色观念、机制创新以及生产组织方式、经营管理模式、营销服务方式等多方面创新的结合。绿色技术创新是从研发到建立高效节能的生产经营系统再到技术创新扩散的动态过程，包涵了清洁能源技术、减量化投入、清洁生产技术和工艺、绿色产出技术、末端污染治理技术、废弃物循环利用等方面。它可以使企业的经济效益与生态效益协调一致，通过获得绿色竞争优势，实现企业自身的可持续发展。

研究指出，绿色技术创新是将环境保护新知识与绿色技术用于生产经营，由绿色技术的新构想，经过研究开发或技术组合，到获得实际应用，并产生经济、社会效益的商业化全过程的活动。它强调绿色产品的工艺、方法的研究开发与应用,强调绿色技术成果的转化,是实现企业的经济效益与生态效益相一致,促进企业可持续发展的重要方法。绿色技术是为了保护自然生态和资源而对环境科学的应用,以消除人类参与导致的负面影响,其目标是确保环境的可持续发展。绿色技术的界定主要有两种方式:从绿色技术创新特征入手,概括主要特征得出定义;从生产过程考虑,对绿色技术创新过程作系统描述。绿色技术创新也称为生态技术创新,属于技术创新的一种。能节约或保护能源和自然资源、减少人类活动的环境负荷从而保护环境的生产设备、生产方法和规程、产品设计以及产品发送的方法。

绿色技术创新就是要解放资源环境,是资源环境压力同经济社会活动相分离,此时创新的目标不仅是生产和服务单位获得利润、取得竞争优势,同时还要使社会获得绿色利润:企业获取的绿色利润表现在随着绿色技术的应用,企业产品和服务的绿色竞争力得到增强,市场占有率扩大,产值提高,利润额增大;政府获取的绿色利润主要体现在国家生态环境质量改善、公民身体健康程度提高、资源尤其是能源使用安全性提高;公众获取的绿色利润是绿色生活空间的增多和增大,从中获取的生态服务数量增多、质量提高,食品安全性、水质状况、空气质量不断得到改善。

绿色技术在逐渐发展的过程中有序的形成了相对固定的三种绿色技术创新:一是绿色工艺创新,主要包括清洁工艺技术创新和末端治理技术创新。清洁工艺技术主要是注重在生产过程中合理利用资源、减少污染,清洁生产意味着对生产过程、产品和服务持续运用整体预防的环境战略,以期增加生态效率并降低人类和环境的风险。无疑地,清洁生产技术属于绿色技术。但绿色技术不能等同于清洁生产技术。二是绿色产品创新,主要包括开发各种可以节约能源、原材料、在使用过程中以及使用后不危害或少危害人体健康、少影响生态环境的产品,以及易于回收利用和再生的产品。三是绿色意识创新,主要是指培养、形成保护环境减少污染的意识的过程,如绿色教育、绿色营销和绿色消费等。

总体而言,绿色技术创新以保护环境、节约资源并且增进至少不降低人的福利为目标的技术创新和管理创新。前者主要包括绿色化的产品、材料、工艺、设备、回收处理、包装等研发制造;后者包括绿色化的企业管理机制、核算、营销及环境评价与管理系统的制定与创造。这意味着既要通过创新实现企业的节能减排,也要提倡通过企业之间的仿生态联系,实现产业生态联系,促进产业布局的合理化和企业的可持续发展。

绿色技术创新与绿色技术研发与扩散紧密相关,但它并不是一个单纯的技术概念,而是包含了绿色技术从思想形成到推向市场并及时反馈的全过程。与技术创新的内涵相一致,绿色技术创新涉及绿色产品创新、绿色过程创新和绿色管理创新三方面内容,是环境责任思想的全程体现,由此形成一条"绿色设计-绿色制造-绿色产品-绿色营销-绿色设计"的可循环的生态链,并通过环境管理系统(environmental management system,EMS)的构建与运作,有效实现企业整个产品生命周期的环境影响最小化,消除或减少污染及浪费,并尽可能地回收利用零件材料。这一绿色技术创新生态链表现出以下特点:强调绿色思想、绿色产品以及绿色工艺与技术的研究开发与应用;强调以绿色市场为导向,促进绿色技术成果的转化;强调机制创新以及生产组织方式、经营管理模式、营销服务方式等多方面创新的结合,以使企业的经济效益与生态效益协调一致,提升责任竞争力,实现企业的可持续发展。

从企业产品生命周期来看,绿色技术创新是将技术创新与企业环境责任相结合,在创新过程的每一阶段加以环境责任考虑,以实现产品生命周期总成本最小化的活动。其实质是减少产品生产和消费过程中产生的、由生态环境传递的外部非经济性。

绿色技术创新在内容上首先要满足三大"绿色"要求,即节约、回用和循环;具体的可分为三种类型:末端技术创新、绿色工艺创新和绿色产品创新。其中,绿色产品创新指开发各种能节约原材料和能源,在使用过程中及使用后不危害或少危害人体健康和生态环境,并且易于回收利用和再生的产品。绿色工艺创新指开发能避免或降低生产过程中污染物产生的"无废工艺"或清洁生产工艺。末端技术创新指开发能尽可能多的使已经产生的污染物转化为对环境无害的物质或使已被破坏的环境能尽早恢复的技术。

按照技术创新的传统划分,绿色技术开发可区分为一次创新和二次创新两大类。绿色技术的一次创新是按照生产活动的目的,在新技术原理构思的基础上,通过广泛吸纳各相关技术体系的新型单元技术构建而成的,对生态环境消极影响甚微,或者有利于恢复和重建生态平衡的全新产业技术系统。现实中这类创新多出现在绿色产品技术系统的开发活动中。绿色技术的二次创新是在不改变原有产业技术系统技术原理的前提下,运用系统分析方法把技术系统还原为相互制约的多项单元技术,并在相关技术体系中分别寻求或研制新的替代技术单元;然后运用系统综合方法,把各替代技术单元组合到新技术系统之中;并运用反馈方法对技术系统结构进行整体优化,使新、旧各技术单元之间相互匹配,形成高效率的新产业技术系统。

与传统的技术创新相比,绿色技术创新主要有以下几个特征:

第一,以可持续发展观点为指导。传统的技术创新观以利润最大化为目标,把"效率"放在关键的位置上,就是要以最小成本获取最大的利润。也就是说,它使得人们在生产过程中最大限度地消耗各种资源(当然也包括各种自然资源),从而达到提高经济效率,促进经济增长的目的。所以,传统的技术创新客观上加速了对自然资源的耗费,造成了生态平衡的破坏,最终可能由经济发展的"内在动力"变为可持续发展的最大阻力。而且随着创新力度的加深,创新目的的单一性程度就越高,兼顾性越差,对生态环境造成的破坏也就越大。而绿色技术创新是以追求经济效益、社会效益和环境效益的统一为原则，追求人与自然的和谐统一，环境保护与经济社会发展相协调。绿色技术创新为开发绿色产品、发展绿色产业、开拓绿色市场、引导绿色消费创造了机遇，成为国家实施可持续发展战略的重要举措。

第二，实现价值的多重性决定创新主体多元化。传统的技术创新观以经济价值为单一取向。它强化了整个社会片面的经济发展观，它突出的是功利主义的价值追求，由于这种价值追求在科技繁荣、技术创新规模急剧扩张的时代不断得到固化和强化，以致相应地削弱了人类在其他方面的价值追求。传统技术创新总是以最大限度地提高经济效益为最终目的，而很少考虑生态环境因素。由于绿色技术创新是以实现经济效益、社会效益和环境效益的协调统一为原则的，因此绿色技术创新实现的是一个价值统一体，要考虑技术价值、经济价值、社会价值，还包括环境价值。与传统技术创新行为主体仅仅是企业不同，绿色技术创新价值多重性决定了绿色技术创新拥有以企业为核心，政府、国际组织、科研院所以及公众等参与并制约企业创新行为的多元行为主体系统。

第三，与系统论和生态学关系密切。与传统的技术创新不同，绿色技术创新与系统论、生态学等学科关系很密切，绿色技术创新是一个由技术、经济、社会、自然有机构成的和谐系统，绿色技术创新的技术运行模式是非线性和循环的。它应用生态学研究成果，通过模拟生物圈物质、能量的运动、循环和再生过程，来研制、开发、设计生产技术与工艺。因此与传统技术创新相比，绿色技术创新的技术的发展要在生态学发展到一定程度的基础上进行，更要注重与生态学的融合性，技术复杂性更高。其对于人才的要求也更高，不仅需要一般的技术研发人员，还需要专门的环保类的技术人员。

第四，注重提高生产要素的产出率。绿色技术创新优化了资源配置和产业结构，提高了经济增长的效率和质量，改变了以"高投入、高消耗、低产出、低效益"为特征的传统经济增长方式的不可持续状况。绿色技术创新能促进经济系统改变传统的发展模式，实现由粗放型、资源型、劳力型经济向集约型、生态型、知识型经济转化，提高资源利用率。

从以上绿色技术创新的特点和性质看，绿色技术创新需要在创新的各个层面和阶段中遵循生态学规律，以可持续的方式使用资源，将环境保护知识和绿色技术融入生产经营活动中，引导创新向降低资源和能源消耗，尽量减少污染和对生态的破坏的方向发展，创造和实现新的生态经济效益与环境价值。因此，绿色技术创新能够降低企业生产对环境造成的外部性，减少资源消耗与环境污染，循环利用废弃物，符合生态规律和经济规律，促使经济发展与生态环境协调发展。绿色技术创新是人类由工业文明走向生态文明的重要标志，也是实现可持续发展的必要条件。

第二节　绿色技术创新与企业价值创造

一、绿色技术对企业管理的影响

在全球环境危机不断加深的持续影响下,可持续发展作为全球人类的共同发展战略,使人们开始反思传统技术的缺陷和其对环境造成的严重后果,从而促进了绿色技术的产生与发展。而企业作为社会的基本生产单位、国民经济的细胞,自然也要在这种新的战略目标以及技术理念下去改变自己已有的生产和管理模式,谋求长远的发展,才不至于被历史所淘汰。社会的生产力主要在企业中得以体现,企业的生产经营活动对自然资源的消耗和对环境的影响便成了衡量整个社会经济与环境能否协调、能否实现持续发展的关键。因此,在可持续发展问题上,企业承担着义不容辞的社会责任,企业的可持续发展综合体现了社会经济的可持续发展,也是社会可持续发展的必要条件。除此之外,就企业自身生存和发展而言,可持续发展道路是必然的选择,一个不注重环境保护的企业,将在这种新的历史潮流中无立足之地,最终无法摆脱被社会淘汰的命运。

绿色技术对企业的影响主要体现在以下几个方面。

一是体现在社会的监督。可持续发展观经过数十年的发展,已从概念走向实践,人类社会已进入生态文明阶段。在这种背景下,作为经济发展主体的企业来说,企业产生的生态效应将使其首先面临来自于社会方面的压力。随着经济的发展,生活水平的提高,人们的环保意识越来越强烈。自然环境的改变和人们由此必须面对的生态环境的恶化问题,使人们在满足自己物质欲望的同时开始更多考虑对环境的负面影响,这在客观上使绿色价值观可以得到广泛的接受。环境问题迫使企业管理者和决策者去研究他们的产品与环境的关系,因此企业必须进行绿色技术创新,满足人们绿色产品的需求。随着人们生活水准的逐步提高以及对生态环境的重视与关注,对无污染或少污染产品的需求与期望增加,重视并发掘这种潜在需求是企业不断发展立于不败之地的关键,争夺市场占有率及迎合消费者成为企业重视环保产品开发的源动力,开发绿色产品成为提高企业竞争力的重要手段。

二是体现在政府的宏观调控。各国政府逐渐加强对环境保护的管理,陆续出台了一系列有关环境保护的法律法规,加大了环境检查的力度,对企业的违规行为予以处罚,情节严重的予以关闭。另一方面,政府还采取各种优惠措施,例如贷款优惠、进出口免税退税等,鼓励企业开发绿色新产品、实施清洁生产等绿色经营行为。除此以外,受政策法规的影响,企业在为新项目融资时,投资人更是将环境影响作为重要的评估指标。因此,在政府的倡导下,越来越多的企业选择绿色经营。在市场经济条件下,对于市场失灵造成的环境损害,使政府认识到没有政府的干预便无法解决企业污染环境和损害自然环境的问题,保护环境已成为国家越来越重要的职能之一。而政府主要也是通过惩罚和激励两种措施干预企业对环境的影响。例如对于违反有关环境法律、法规和达不到环境标准的企业,国家相关机构将视情节轻重,给予警告、限期履行、罚款、暂时停业和关闭等处罚,同时运用排污收费制度、原料和产品收费税制度等经济刺激手段来对上述手段进行一定的补充和辅助等。

三是体现在国际贸易领域。在绿色浪潮风靡世界的今天,各国竞相制定越来越严厉的环保标准,企业要扩大出口、参与国际竞争,不达到所规定的环境标准是行不通的。企业取得了 ISO14000 体系认证,就等于取得了绿色通行证,可以早日进入国际市场和规范企业的环境管理。以绿色技术为基础的一种新的贸易保护措施——“绿色壁垒”正在成为发达国家主要的贸易非关税壁垒,并且呈加快发展态势。由于少数企业技术水平和管理水平不高,出口商品在安全和质量等方面与国际标准和法规要求存在差距,所以在高高筑起的绿色壁垒面前,一些企业付出了极大的代价。有资料显示,绿色壁垒已在很大程度上影响到各行业的发展,例如,纺织业、轻工业、五矿化工业、食品土畜业、机电业、医药保健等行业的外贸出口均受到绿色壁垒的限制,其中技术含量低、劳动力密集、与贸易对象国利益有冲突等行业,受到的影响更大。在全球环境保护浪潮中,一些保护环境的措施往往影响到贸易领域,使得国际贸易受到环境保护浪潮的冲击。一些国家基于环境保护的目的,订立关于环境质量的标准,符合标准的放行,不符合标准的则被拒之门外,对产品的进口逐步实行有利于环境保护的控制,发展中国家同时也注意到了在引进技术与设备时可能带进新的污染源的现象。因此,企业若不发展绿色技术、提倡绿色技术的创新,必将使自身产品出口受阻,并直接影响其在国际市场的运营及盈利。

四是体现在企业形象方面。环保时代的消费者主要有两方面的绿色需求,一个是绿色产品的需求,即不会给消费者健康造成伤害的产品;另一个就是消费者要求企业在生产过程中尽量减少对环境的污染,这主要是由于消费者是环境污染的直接受害者。历史经验证明,消费者会优先选择那些环境形象好的企业的产品,而那些环境污染大的企业就会失去市场,因而当今世界知名企业无不重视自己的环保形象,一些大型企业尤其注重争当本领域的环保领袖,跨国公司通常都会宣布“环保宣言”,制定并实施绿色战略。良好的企业形象是企业成功的关键因素之一,而作为企业形象的识别规范、行为规范、伦理规范是密不可分的整体,一个在社区严重污染环境的企业,在公众中无法树立良好的形象。

二、绿色技术创新与企业转型

绿色技术创新是实现企业可持续发展的必由之路。绿色技术创新强调经济系统与生态系统的和谐,以提高企业的生态经济综合效益为目标。因此,企业通过绿色技术创新,采用使经济和生态环境相协调、具有生态正效应的绿色技术,推行生态化、清洁化的生产方式,可使废弃物得到循环综合利用,把污染物尽可能地削减在源头和生产过程中,克服传统技术创新过分强调经济利益,忽视资源保护和污染治理的缺陷,走出"高投入、高消耗"的传统发展模式,有效疏解企业发展所面临的资源环境压力,实现企业经济增长和生态环境保护之间的良性循环。

绿色技术创新是企业有效应对日益完善的环保法规的需要。目前,我国已经形成了较为系统的环境法律体系。在日益完善的环保法规下,企业要使自己的行为符合环保要求,不受法律处罚,就必须进行绿色技术创新。

绿色技术创新是企业突破绿色壁垒,开拓国际市场的重要手段。面对日益严重的全球性环境污染与生态破坏,国际社会采取了许多措施,其中之一即将环境与贸易挂钩,设置绿色贸易壁垒,通过限制或禁止对环境有害的产品、服务、技术等贸易的方式来促成对环境的保护。许多发达国家还把保护环境作为新的贸易保护主义措施加以利用。因此,为突破绿色贸易壁垒,企业必须进行绿色技术创新,大力采用绿色工艺,生产绿色产品。

绿色技术创新是企业利用市场机会的需要。科技的进步和文明的发展,使得人们追求健康,保护环境的意识不断加强,一种新型的消费观即绿色消费观由此出现。绿色消费观改变了以往人们只关心个人消费,很少关心社会、环境利益的传统消费观,将消费利益和保护人类生存利益结合在一起,抵制那种在生产和消费过程中对环境造成破坏和污染的商品。在我国,绿色消费也已经起步,随着消费者收入水平的提高、健康和环保意识的增强以及政府部门一系列强制性环保措施的出台,我国的绿色消费将有一个长足的发展。面对这个潜在的巨大的绿色消费市场,企业进行绿色技术创新,采用生态工艺和净化技术生产绿色产品,无疑可以使企业获得良好的发展机遇。

绿色技术创新是实现我国经济发展模式转变的客观需要。我国面临着发展经济与保护环境的两难选择。一方面我们需要高速发展经济,非此不能满足13亿人口的生存需求,不能实现我国既定的发展目标;另一方面我国又面临着人口、资源、环境方面的压力,我国人口众多,资源短缺,为多灾害国家之一,工业整体水平落后,能耗高、经济效率低,为追求经济高速发展所付的代价很大。为此,我们必须坚持科学发展观,大力扶持和推动企业实施绿色技术创新。

　　企业实施绿色技术创新,还有利于其社会形象的塑造,获得消费者的认可,提高其市场份额。可以通过提高资源的综合利用效率,节省原材料,进行绿色技术转让等,降低企业的成本,获得创新收益。在传统的企业观念中,企业是一种以盈利为目的的组织,所以企业管理的模式一直是以市场为导向的。作为企业的管理者,更多的会关注市场的变化,并以此为依据去制定相应的决策以满足消费者的需求,最终实现企业的盈利,维持企业的日常运转并保证其发展。而在经济学的范畴中,生态环境的破坏作为一种外部不经济现象存在,并不会给企业的日常运营带来直接的效益损失,不直接涉及企业的日常业务,所以传统的管理模式并不会将绿色管理的理念直接运用到整个企业的管理体系中。对于一些化工类、制造类等生产会对环境造成较大污染的企业,其管理者更多地会选择"先污染,后治理"的处理方式,而不是在污染之前就采取措施以防止污染,有的甚至采取更为极端的"不理睬"的态度,因为这不涉及企业的直接经济效益,更多的是一种社会责任感的体现。这种一味追求经济效益而丧失社会责任感的企业管理理念最终会随着社会环保意识的不断加强、绿色技术的不断进步而被唾弃。

　　绿色技术的发展给企业带来的社会、政府以及国际贸易方面的压力促使企业必须考虑放弃传统的生产技术转而去采用新型的绿色技术,新技术的采用必然会引起管理模式的变更,传统的管理模式已无法满足新技术下的企业正常生产管理的需要,那么新的管理理念——绿色管理的实施在当前的社会背景下就显得必不可少。再者,从企业自身的发展来说,节约资源、降低成本一直是提高企业竞争力的根本所在,绿色技术的使用加上绿色管理的保障则可以有效地实现这一目的,从而保证企业的可持续发展。在企业实现社会效益的同时也实现了经济效益的增长,这种"双赢"的模式将成为企业日后发展的必然趋势。绿色技术的兴起,从许多方面对企业的管理造成了一定的影响,企业的管理者就必须去思考如何适应这种变化,并做出相应的改变、制定相应的政策以保证企业的可持续发展。随着可持续发展思想逐渐被世界各国所接受,"绿色"意识开始向人类的各个领域扩散。绿色技术的产生与发展,必然要求企业改变传统的管理模式,运用全新的管理思想与之相对应,这就促成了绿色管理的诞生。

三、企业绿色管理

　　企业绿色管理意味着企业根据经济社会可持续发展的要求,把生态环境保护观念融入现代企业的生产经营管理之中,从企业经营的各个环节着手来控制污染与节约资源,以实现企业的可持续增长,达到企业经济效益、社会效益、环境保护效益的有机统一。

　　企业绿色管理的基本内容主要有五个方面:一是树立绿色价值观。要想在企业推行绿色管理,树立绿色价值观就是关键所在,企业只有在思想上建立了统一的共识,才能将具体的管理活动付诸于生产实践当中去。二是绿色技术的使用。这是绿色管理的核心内容,是解决企业生产过程中资源耗费和环境污染产生的主要途径,也是企业建立绿色管理体系的关键。三是实行绿色生产全过程。绿色生产全过程不仅指企业某一产品的生产制造过程,还应包括该产品的设计、包装、销售、回收等整个产品的生命周期中的企业绿色经营活动。四是取得绿色认证,如 ISO14000 体系认证。ISO14000 是国际化标准继 ISO9000 之后推出的第二个管理性系列标准,其认证体系是国际贸易中的"绿色通行证"。五是塑造绿色文化。绿色企业文化应当成为企业经营管理的指导思想,并贯穿于企业生产经营的各个方面,塑造立足于企业绿色管理的不断发展绿色文化,是企业绿色经营模式的灵魂。

绿色营销管理是伴随着绿色管理思想的产生而衍生出的相应具体领域的新的管理理念。绿色营销是指企业在充分满足消费者需求,争取适度利润和发展水平的同时,更加注重维护生态平衡,减少环境污染,保护和节约自然资源,实现人类社会长远利益及其发展条件和机会的一种新型营销观念和活动。绿色营销管理将"绿色"或者"生态"因素贯穿企业管理始终的营销组合过程,将环境保护的观念融于企业的经营管理之中,在经营战略制定、目标市场细分与选择、产品的生产销售以及企业管理理念等各个环节中实施有效措施,为消费者提供无污染或者少污染的产品和服务。简而言之,绿色营销管理就是在企业的日常经营管理之中融入环境保护的观念,从而达到卫生安全、维护生态、节能环保的目的。

绿色人力资源管理也是将绿色理念应用到人力资源管理领域所形成的新的管理理念和管理模式,通过采取符合绿色理念的管理手段,实现企业内部员工的心态、人态和生态的三大和谐,从而为企业带来经济效益、社会效益和生态效益相统一的综合效益,实现企业和员工的共同持续发展。

科学在发展,技术在进步,科学技术的发展往往具有决定一个时代发展的作用。从传统的农业到手工业,再到现在的工业以及信息化时代,正是技术的不断进步才使得整个社会日新月异、不断向前,对于企业来说更是如此。企业科学创新能力、技术水平的高低,是企业能否持续发展的先决条件。例如,车间中全自动化的流水线生产必然要比纯手工性的生产效率高出许多,而在激烈的市场竞争中效率低下的企业也必将会被市场所淘汰。所以,绿色技术作为一种新型的技术,无论是提高效率还是节约成本,都必定给企业的发展提供最基础的强大支持。

以一家打印耗材有限公司的清洁生产为例,公司从技术可行性、环境效果、经济效益、实施难易程度以及对生产和产品的影响等几个方面分析,从中选出了喷墨分厂废水处理、激光分厂碳粉灌装车间改造、注塑部水口料的循环利用及设备系统降低中央空调用电量改造四个实施方案。一方面,企业注重提高效率。灌粉车间环境卫生差、生产工艺要求的温湿度难以控制等原因,以致产品不合格比率高,停产等现象经常发生。经对此方案可行性分析后,公司将灌粉车间搬至三号厂房,并安装了2台10匹冷暖空调和2台袋式除尘系统,生产效益得到显著提高,仅生产的激光分体盒产品在改善后生产效率增加了50.7%。另一方面,企业关注成本节约。喷墨分厂在生产过程中会产生洗墨盒的废水,由于该产品本身就是回收产品,因回收渠道的广泛性,使生产过程中产生的废水的水质、水量不稳定,这种废水如不经过处理,会对环境产生污染。随着生产规模的扩大,若继续按照以往交给环保公司处理成本过高,公司决定投资兴建一套废水处理设施,自行处理生产过程中产生的废水。通过此项目的投入使用,为公司节省了大量的费用。可以看出,绿色技术的运用在企业生产技术上给予了非常大的支持,不仅提高了生产效率,同时节约了生产成本,为企业效益的增加及长远的发展做出了重要贡献。

第三节　区域绿色技术产业发展

一、绿色技术产业

绿色技术产业是指积极采用清洁生产技术,采用无害或低害的新工艺、新技术,大力降低原材料和能源消耗,实现少投入、高产出、低污染,尽可能把对环境污染物的排放消除在生产过程之中的产业,是通过运用绿色技术来保护环境的产业的统称。绿色技术在产业中的运用可以涵盖到国民经济的各个产业部门:一是绿色农业,与传统农业相比较,绿色农业旨在生产绿色农产品,其基本条件是环境没有或很少被化学合成物污染,产品符合绿色标准。二是绿色工业,指产品在生产和使用过程中对环境和人基本不产生或较少产生有害物质的工业。三是环保工业,即以废弃物为原料或生产环保设备的工业,当排放的废弃物减少时,环保工业所占比重下降。因此,它与绿色工业呈相反的方向变动。四是绿色服务业。它提供清洁、卫生的服务和产品,包括生态旅游、绿色商业等,该产业的绿色化程度与技术联系较少而主要取决于人们的环保和环保行为。

基于循环经济的绿色产业发展研究认为,以循环经济为准则、以新的产品生命周期为主线,可以勾勒出以可持续发展为目标、以生态环境的保护和资源的综合有效利用为重点的新兴的绿色产业链,即绿色信息产业、绿色宣教产业、绿色资源产业、绿色制造产业、绿色流通产业。其中,前面是由绿色信息产业、绿色宣教产业组成的知识性绿色产业,作为绿色产业链中的支撑产业,下部是由绿色资源产业、绿色制造业、绿色流通业组成的实现供、产、销功能的产业,称之为功能性绿色产业。

　　绿色科技行业重点包括清洁常规能源、可再生能源、电力基础设施、绿色建筑、清洁交通和清洁水。有研究对清洁常规能源的行业定义为:从不可再生的化石燃料中以对自然环境负面影响最小的方式所获得的能源,该领域主要包括清洁煤、清洁石油、清洁气以及核能;可再生能源行业定义为:从天然可再生的渠道获得的能源,该领域主要包括风能、太阳能以及生物质能;电力基础设施的行业定义为:以高效和可靠方式并根据需要从各种发电来源向用户送电的"智能"电网和网络;绿色建筑包括在建筑生命周期的各个阶段,在同等的舒适度与服务的前提下,规划、建造并运营比传统解决方案效率更高、更健康且可持续性更强的解决方案;清洁交通定义为:可提高能效、减少排放、提高资源利用率从而将交通对环境产生的影响降至最低的解决方案,该领域主要包道路、铁路、航空和航运;清洁水的行业定义为节水循环中的一系列活动,如取水、水处理、供水、用水和污水处理,该领域包括水处理、水质检测或监控及有效的终端水处理设备。以上典型绿色科技行业按照产业链分为能源供应、基础设施建设、消费品供应三个阶段。

二、绿色技术产业探索:以中国西北地区为例

　　中国西北地区包括陕西、甘肃、青海、宁夏、新疆等省(自治区),西北地区国土面积约占全国的32%,人口约占全国的7%,人口密度较低。但由于西北地区特殊的自然条件造成人口承载力低下。西北地区的社会发展一直落后于东部地区,加快发展西北地区的经济、消除贫困,对于稳定和平衡发展具有重要意义。

　　西北地区疆域辽阔,但是西北地区的生态环境十分脆弱,在发展生产的过程中,必须树立牢固的环境保护和可持续发展的意识,将环境保护和生态建设发展突出重要地位,正确处理好开发与保护的关系,要吸取中东部地区的发展经验,避免走"先开发,后治理"的老路,保证经济发展与生态保护的协调发展。值得关注的是西北地区作为我国重要的能源供应地蕴含着丰富的煤、石油、天然气等常规能源。除了充足的常规能源,西北地区还拥有丰富的水能、风能、太阳能能等可再生资源以及生物质能等新能源,为西北地区绿色技术产业发展奠定了有力的物质基础。

(一) 能源供应领域

　　西北地区作为我国"西电东送"工程的重要火力发电基地,目前西北地区的电力产业已经形成了集火力发电、风力发电、太阳能发电、煤炭生产、装备制造五大产业板块,建立了煤炭、铁路、火力发电、风电设备制造、光伏发电等多条产业链协同发展的格局。西北地

区风电装机容量从 2008 年的 1610 兆瓦增长到 2017 年的 49788 兆瓦，增长了 31 倍，占全国风电装机容量的比例从 2009 年的 11.13% 持续增加到 2017 年的 25.53%，其中在 2015 年达到顶峰，所占比例达到 27.80%（图 6-1）。

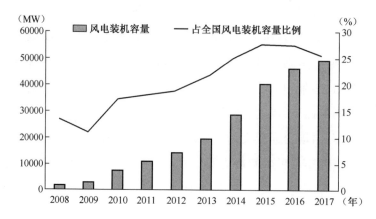

图 6-1　2008~2017 年西北地区风电装机容量及占全国风电总装机容量比例

我国西北地区拥有得天独厚的可再生能源条件。太阳辐射强烈和丰富的土地资源产生了大量太阳能资源，有着建设光伏电站的巨大潜力。西北地区光伏大规模发展起步于 2012 年，继风电之后西北地区又开启了"井喷"式光伏发展之路，光伏装机容量从 2011 年的 71.32 兆瓦增长到 2017 年的 37451 兆瓦，增长了 525 倍，西北地区装机容量占全国光伏装机容量比例逐年提高，在 2013 年达到顶峰 72.35%，2013 年之后由于华北、华东等地区也开始大规模发展光伏发电，西北地区光伏装机占比开始回落。截至 2016 年，中国西北五省区的累计光伏安装容量达 30.9 吉，约占中国总装机容量的 40%；2017 年上半年，风电发电量 342.05×10^9 度，占全网总发电量的 10.31%；利用小时数 813 小时（图6-2）。

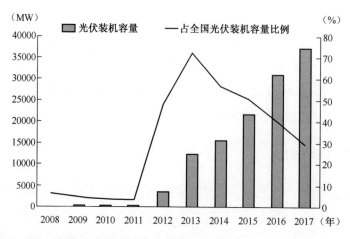

图 6-2　2008~2017 年西北地区光伏装机容量及占全国风电总装机容量比例

（二）基础设施建设领域

一是电网建设。西北电网的负荷中心主要在陕西和甘肃两省,其中甘肃电网位于西北电网的中心位置,是西北电网的枢纽,主网电压等级为 750 千伏与 330 千伏。经过多年的建设与发展,甘肃电网已成为西北电网省际间功率交换的中心,在西北电网及全国电网中处于重要地位。随着 750 千伏武(胜)白(银)输变电工程竣工投产,西北电网 750 千伏"倒 A"型结构已经形成,河西 750 千伏网架结构也将建成,60 万千瓦火电机组并入电网运行,甘肃电网进入高电压、大机组电网行列,甘肃主网向西北电网送电能力大幅度提高。2019 年 7 月西北电网新能源月度利用率四年内首次提升至 95%以上,达到 95.30%,同时,西北电网新能源年累利用率四年来首次提升至 91.12%,这标志着西北电网新能源消纳能力已达国际先进水平。

二是绿色建筑。西北地区绿色建筑的发展以陕西省最为突出,陕西省自 2010 年就已经将"绿色建筑"工作的推动提上日程,到 2011 年所有新建的建筑中绿色建筑的比例已经达到了 5%。同时,陕西省通过举办"绿色建筑培训班"、开展"绿色建筑"推广宣传活动、召开专家座谈会等活动,大力宣传绿色建筑、节能理念,推动当地"绿色建筑"的发展。现在陕西省已经初步形成了绿色、低碳、环保的新绿色建筑理念,共建绿色和谐家园的节能理念已深入人心。据陕西省住房和城乡建设厅统计,2018 年 1~6 月陕西省新增绿色建筑项目 143 个、总建筑面积 1509.76 万平方米。

（三）清洁水领域

我国西北地区是我国水资源最为匮乏的地区,可供开发利用的水资源十分有限,再加上以前在开发过程中不注重水资源保护,导致我国西北地区水资源浪费和水污染现象严重。同时,西北地区的城市基础设施建设相对缓慢,城市排水管网和污水处理设施的建设滞后于城市建设,生活污水处理率低,城市废水处理率远低于全国平均水平。

西北地区在发展过程中,根据自身的气候、地理和经济特点,充分利用西北地区丰富的光热资源和闲置土地,探索能耗、物耗和二次污染最低的污水处理新工艺,走出了西北地区污水处理技术的发展方向。目前,我国西北地区已经在污水处理方面成功运用稳定塘、人工快渗等污水处理技术以及城市污水再生回用技术。但整体而言,西北地区污水处理技术还不成熟,许多地区污水处理率偏低,部分地区仅采用简易氧化塘处理,不能满足当地居民良好的生活环境和城市生态环境需求,水污染治理领域的绿色技术研发与应用还需加强。

三、绿色技术产业发展方向

绿色产业是一个新兴且具有非常巨大潜力的产业,必须认识到绿色产业是可持续发展的核心,充分重视绿色产业的发展与创新对于环境保护工作的重要意义。绿色产业发展的关键在于绿色技术的创新与推广,绿色技术已经不是一种单纯的促进经济发展的手段,它需要的是生态、社会、经济三位一体的共同发展。在实现可持续发展的同时需要我们大力发展绿色技术,这样才能保证绿色产业的壮大,进而保证整个经济和社会生态环境的可持续发展。对于绿色技术产业发展,必须将资源和环境两个因素作为重中之重来考虑,从经济激励和行为规范两方面出发,形成一套完整的绿色经济发展制度体系。

(一)政府宏观调控导向

一方面,通过设立专项基金的形式加大国家对企业绿色技术创新的资金扶持。例如,开征环境税,建立生态环境综合补偿机制。对于有利于节约资源、减少污染的新技术应用企业,加以税收优惠和补贴。完善排污收费制度,提高排污收费标准,实现由超标收费向排污收费的转变,使排污费接近对环境造成的损失费。对资金缺乏但积极进行绿色技术创新的企业,在金融上给以信贷支持。对资源浪费大的产业、企业加收资源税,对节约资源的产业、企业适当减免资源税。对运用清洁生产技术生产的产品、资源综合利用产品、少污染或无污染产品实行优惠政策。

另一方面,建立完善的绿色技术的法律体系。绿色技术的发展需要从环境保护和经济发展的全局出发,制定一个有全局性的能够推进绿色技术发展的法律。通过学习先进国家的经验,逐步构建完备的绿色技术法律制度体系,将发展绿色技术的基本目的、基本原则和基本方向,以法律的形式加以规定,既明确绿色技术在我国社会发展中的战略地位,又明晰政府、企业、个人的权利与义务。对于经济发展与环境保护、经济发展与绿色技术创新工作的推进关系得到正确处理,使绿色技术创新工作的推进做到有法可依。在法律法规的执行方面,要克服环境行政主体之间利益一致,被监督者、被执法者与监督者、执法者一体化的弊端;要进一步明确环境执法的程序,建立相应的环境行政司法制度,加强环境执法的可操作性,使环境执法规范化。

(二)市场机制导向

市场机制是提高资源循环利用的有效机制之一。在市场经济的大环境下,绿色技术的发展离不开市场机制的作用。要培育市场机制,加快建立有利于绿色技术发展的市场机制。在市场机制下,从激励性、制约性和协同性等多方面入手,推进绿色经济制度体系在绿色产业中的建立和完善。

从激励性来看,将绿色技术创新与企业利润挂钩,增强企业绿色技术创新的主动性,使企业主动将绿色原则作为自己技术创新的标准,实现经济发展与环境保护、资源节约的双赢,让绿色技术创新成为企业自觉的行动;根据政府也可以根据绿色技术发展的需要,选择一些合适的经济政策推进绿色技术创新,如减税政策、降息贷款政策等,对符合绿色技术创新的行为进行鼓励。

从制约性来看,加快绿色制度的建立与实施,对各种不利于环境保护和资源节约的行为加以强有力的约束和规范,如"绿色标志制度""政府优先购买制度"等,通过这些政策迫使企业为绿色经济投入成本,去追求更多的利润。对于符合绿色经济发展原则的产品,政府制定优先购买的政策,既可以引导消费者的消费方向,更能激励改革意愿不大的企业加快投入到绿色技术改革的浪潮中,推进绿色经济的发展。

从协同性来看,建立"产学研"的创新战略模式。人才是技术进步的核心,绿色技术的创新工作离不开人才。具有先进的绿色技术创新理念和技术的人才是发展绿色技术的首要条件,要加快培养绿色技术创新型人才。目前,在我国大多数的中小企业和民营企业中,依然缺乏高水平的绿色创新人才,技术力量薄弱、创新能力不足是阻碍绿色经济发展的重要因素。而我国的各个高校和科研机构拥有充足的创新型人才,有良好的知识优势、成果优势和实验条件,是绿色技术创新的主要力量。但由于存在着科研创新成果市场转化率低、市场信息不畅的情况,因此有必要通过紧密合作,建立起"产学研"相结合的绿色技术创新战略模式,既可以将绿色技术创新成果引入市场,又能帮助企业解决向绿色经济转变的难题,实现优势互补,弥补绿色技术开发与应用的脱节,促进绿色经济的进步与发展。

(三) 企业自主导向

首先,加强环保教育和宣传,提高企业管理人员和员工的环保意识。应加强绿色环保方面的宣传,特别是对我国绿色及技术产业发展优惠政策的宣传,调动企业家进行绿色技术创新发展绿色产业的积极性。通过提高全员绿色环保意识,把发展绿色产业引入各个企业的经营决策中去。并通过举办环保知识及技能讲座、培训会、研讨会、交流会的形式,培养大家对于绿色产业发展的前景认识,使他们认识到环保是功在当代、利在千秋的事业,认识到企业绿色技术创新状况关系着经济、环境与社会的协调、可持续发展。

其次,加强对公众进行绿色消费的宣传引导,发挥消费的导向作用。对绿色技术产品的消费需求是推动企业进行绿色技术创新的重要力量。没有了绿色消费、绿色市场,企业的绿色技术创新将失去必要的利益刺激,因而,要大力宣传环保知识,提倡公众消费无污染、少污染、可再生的绿色产品,促进公众自觉形成绿色消费的习惯,推动绿色市场的发育、壮大和成熟。此外,还应发挥社会舆论的监督导向作用。一方面要树立环保企业和个人的榜样,另一方面则要对破坏环境、无视生态文明的组织和个人进行批评、教育,以强化大众的环保意识,使绿色消费融入公众的日常生活,形成一种文化。

第四节　企业绿色技术发展问题与对策

一、现实背景

对于企业的发展来说,良好的市场导向是必不可少的,绿色技术就为企业的发展提供了一个非常广阔的市场,为企业的可持续发展提供了前所未有的机遇。经过改革开放 40 多年的发展,我国经济社会发展取得了举世瞩目的成就,成为了仅次于美国的第二大经济体,并且一直保持良好增长态势。然而,也应当看到生态环境为经济的发展曾付出的代价。

空气污染。温室效应的加剧使得人们越来越关注温室气体的排放,有报告显示,在 2006 年我国人均的温室气体排放量仍然低于发达国家,但总量已经占到了世界的 20%,并且在不少工业领域,我国的能源利用率依然偏低。除了温室气体以外,我国的空气污染物中还包含其他对人类身体健康造成即时危害的物质。有一些小型的颗粒物质可以通过鼻子和喉咙直接进入人体的肺部,如果吸入大量的颗粒物质会导致心脏和肺部的疾病。在同一项研究报告中指出,二氧化硫能破坏人体的呼吸功能,加重心脏负担,而且能形成酸雨,破坏农作物、建筑物、土壤和水。

水资源缺乏。由于人口众多,我国的水资源的消耗量位居世界前列。根据我国国家统计局统计显示,我国的水资源在 2000~2007 年骤减了 10%,一部分原因是气候变化产生的严重干旱而导致的,但更重要的原因是利用不合理。有调查发现,过去农业灌溉对水的利用效率很低,只有 45% 的水实现了有效灌溉,工业用水占了水资源利用的 25%。中国水资源的生产力(1 单位产量所消耗的水资源)、水资源回收率和整体使用效率亟待提升。

土地退化。土地退化和污染也是我国面临的重要环境问题。1957~1990 年,中国耕地面积减少了 3500 万公顷,这个数字相当于丹麦、法国、德国和荷兰耕地面积的总和,沙漠化使中国的耕地面积锐减,特别是在中国的北方地区。由此看出,我国的资源环境已面临十分严峻的形势,为了保证经济的长远、稳定发展,政府部门已经意识到了环境可持续发展的重要性,并制定了一系列的政策、相关法律法规以及财政鼓励和补贴措施,促进了绿色技术市场的发展。例如,国家相关部门通过财政补贴措施来支持绿色技术产业(如金太阳、绿色屋顶、风力涡轮机、生物能源、煤层沼气开采、电动汽车等)的发展。

此外,我国还通过级差自然资源税来管理其众多高能耗企业行为,如采矿、原油和天然气输送管道以及水抽提和与废水相关的处理,以此来降低废弃物排放和管理污染。根据不同的行为调整收费标准也会显著影响绿色科技公司参与到这些相关领域。

综上可以看出,国内严峻的环境形势、良好的政策导向,从不同方向对绿色技术产业的发展产生促进作用,所以,企业大力发展绿色技术,提高绿色技术的创新能力,必将会有极其广阔的市场前景,获得可观的利益,从而保证自己在激烈的市场竞争中立于不败之地,能够长远地发展下去。

二、主要问题

我国依然是世界上最大的发展中国家,绿色技术的发展刻不容缓,亟待企业绿色技术创新能力的提高。但是,一些企业对绿色技术创新仍不够重视,企业在选择技术创新的模式和方向时,由于追求利润最大化、资金投入少、绿色管理不力等往往不会主动选择绿色技术创新,影响了企业的可持续发展。企业实施绿色技术创新所面临的障碍主要有:

企业缺乏绿色意识。多数企业对眼前利益看得过重,对绿色技术创新关注较少,没有从战略高度来看待绿色技术创新扩散和应用。由于我国环境保护起步较晚,无论是消费者还是企业都缺乏对绿色消费的全面认识,绿色消费认识模糊使绿色产品市场秩序混乱,有待形成公平竞争局面,避免企业借绿色之名行污染之实。同时,公众环保意识仍需增强,尤其是在农村,这一方面容易抑制绿色消费的兴起、减少绿色技术的市场需求,另一方面也会削弱公众的环境监督力量。

企业采用绿色技术不足。绿色技术要兼顾生态、资源、环境和社会后果,技术性强,复杂程度高,难度大,风险大,其技术投资和运行费用相当昂贵,这就使得企业不愿意采用绿色技术。同时,绿色技术与企业现有工艺、技术水平不匹配也是阻碍绿色技术创新与推广的另一个因素。因此使得企业采用绿色技术严重不足。绿色技术信息的缺乏,使一些企业难以把握相关技术领域的发展动态和发展趋势,进而会影响我国企业绿色技术率先成果的先进性与技术创新性,也会影响创新和技术引进的质量与水平,造成不必要的资源浪费。市场信息缺乏,使企业难以把握和寻找绿色创新机会,更无法保证创新成果的市场前景,同样造成资源的浪费和创新活动的失败。

企业绿色技术创新的人力和资金缺乏。绿色技术创新需要投入大量资金和高素质的人才。我国绿色技术创新资金仍需提高水平,如果劳动力素质偏低、科技力量薄弱、人才匮乏、资金得不到保障,会使一些企业力不从心,延缓了绿色技术创新扩散与应用的速度。据清华大学经济管理学院研究所主持的对我国上千家企业技术创新活动的调查分析结果显示,我国企业技术创新活动就企业方面而言,存在缺乏资金、缺乏人才、缺乏信息等三个主要方面的障碍。资金缺乏是企业进行绿色技术创新的首要障碍性因素,企业创新资金缺乏使企业技术创新能力不足,企业难以取得较好的技术创新收益,更别说绿色技术创新收益。人才是绿色技术创新活动的核心,这一主要创新资源的缺乏,特别是高水平人才的缺乏,是导致创新失败的重要原因。加之企业中技术人员如果没有绿色意识和可持续发展的意识,研究开发活动只注重产品生命周期的某一特定阶段而非全过程,难以通过绿色技术创新实现产品生命周期成本总和最小化。另外企业的信息能力,包括信息的收集能力和利用能力,对于企业的技术能力也是非常重要的。

企业的绿色管理不力。企业组织结构不合理,创新组织不力,绿色技术开发中心和服务中心尚未建立,技术信息网络机制不健全,这些也会严重阻碍绿色技术创新。企业在进行技术创新等一系列活动时,往往是以企业利润最大化为最高目标,进行边际收益与边际成本的比较分析以指导决策实践。但若市场上存在约束消费者选择绿色产品的因素抑或厂商运用绿色技术提供绿色产品的市场基础不存在,企业在选择技术创新的模式和方向时,在利润最大化的约束下往往不会选择绿色技术创新方式。如果制度安排没有为企业提供正确的预期,不能使选择绿色技术创新模式的企业的要素获取不低于其机会成本的报酬率,也就难以提供与选择传统创新模式的制造商公平竞争的环境。个别突出问题体现在对制造业造成环境污染的问题上仍需更加严明的惩罚措施;再如排污费的收取标准过低,制造商选择交纳排污费的方式的成本远远低于其选择绿色技术创新治理污染的成本,制造商没有对其在制造过程中产生的环境影响问题进行治理的动机。另外,由于采用非绿色技术给消费者提供的产品的负面影响在很大程度上是隐性的,在短期内难以察觉和度量,在客观上也容易限制制度对消费者的保护能力,削弱了对制造商使用绿色技术的约束力。

保障体系有待完善。以环保产业为例,环保投资不足,产业化进程缓慢,况且我国环保产业起步相对较晚,加之国家的经济基础较弱,因此目前的国内环保产业还存在着一些薄弱环节,例如,环保产业规模小、结构不合理,地区发展不平衡,环保产品技术含量低等,限制了绿色技术的转化率和应用推广。另外,利用经济手段进行环境管理的深度和广度不够,仍需切实可行的操作手段使环境成本真正纳入经济活动中,行政命令和经济激励有机结合的优化管理模式还有待继续完善。

三、解决对策

建立健全企业绿色技术创新的外部激励机制。绿色技术创新所带来的经济效益具有外部性，使一些企业会有一种"搭便车"的心理，这不利于中国企业的绿色技术创新。技术创新单靠市场机制的推动是远远不够的，要依靠政府制定法律、颁布政策、资金和技术的大力支持等，包括政府政策法规的强制管理、政府环境管理的经济刺激手段或是国家产业政策和技术政策的客观调节。

建立良好的企业技术创新的内部环境。企业要树立绿色理念，形成有意识的、持续发展的经营理念和创新理论。绿色理念是企业在生产经营过程中形成的对绿色战略的认同感，是企业文化的一个重要内容。企业经营者应树立绿色经营理念，认识到实施绿色战略的必要性和紧迫性。同时对企业员工进行绿色教育，使员工逐步认识到绿色战略的实施关系到企业自身乃至社会的可持续发展，从而在生产经营过程中自觉地树立、维护企业的绿色形象，提高企业绿色技术创新意识。我国绿色技术创新必须加大企业资金投入，这是推进我国企业绿色技术创新的重要对策和措施之一。绿色管理是把绿色理念贯穿于经营管理中，这就要求进行企业管理系统创新，建立一种生态与经济相协调的管理模式，以提高企业生态综合效益，并推动企业绿色技术创新。

完备企业绿色技术创新的社会配套服务体系。技术创新社会服务体系是技术创新体系的重要组成部分。同时应建立技术信息网络和信息传递机制，及时向社会发布有关循环经济的技术、管理和政策等方面的信息，以使企业及时了解国内外循环经济技术创新和扩散的最新发展动态，提高技术创新信息的传递效率和准确性，提高创新效率。同时企业应结合自身实际，利用外界力量合作创新，如与科研机构、高等院校的合作创新。环保部门不仅要加强法规、标准的执行和监督力度，而且要积极起到中介、协调和服务的作用，提高企业绿色技术创新的能力。

绿色技术创新是保护环境、实现企业可持续发展的必然选择。由于前期我国一些企业技术水平低下，缺少绿色技术创新的资金、人才以及激励措施，严重阻碍了企业绿色技术创新的扩散与应用。为了促进企业绿色技术创新，国家积极构建企业绿色技术创新的外部环境，企业自身也要提高绿色技术创新能力，通过与科研机构、高等院校的合作创新，有步骤地推动绿色技术创新在企业中的推广，实现企业的可持续发展。

制定并实施绿色技术创新战略。战略对于企业的发展有着极其重要的意义，战略决定了企业发展的方向以及未来的具体规划，因此说，在绿色技术大力推行的新时期，企业首先必须制定符合企业可持续发展前景的绿色技术创新战略，在企业内部深入绿色发展价值观念,才能在激烈的市场竞争中赢得先机。当然,好的战略也需要有效的执行力,否则只是一纸空文。高效率的实施企业绿色技术创新战略,就需要企业建立以市场机制为基础的绿色技术创新的外部激励机制、内部动力机制等复合机制体系,形成良好的绿色技术创新组织体系和产品开发管理体系。制定并实施绿色技术创新战略是企业运用绿色技术的基础环节,也给绿色技术创新在企业内部的发展提供了思想上的保障。

加大对绿色技术创新的投入。企业中任何理念或者技术的推行都离不开人力、物力和资金的支持。企业应明确认识到当今世界可持续发展已成为各国发展的主题,传统技术正在逐渐退出历史舞台,绿色技术必将成为生产的主流。因此,无论是自主研发还是引进国外先进技术,都需要企业在各个方面坚定不移的有力支持,加大投资力度,保证其在日新月异的新技术市场中不掉队。若只是给绿色技术创新开"空头支票",那么企业就无法逃脱被淘汰的命运。

推行企业绿色管理。绿色技术的发展带来了管理理念的变更,企业在运用绿色技术的同时也要去适应管理方面的变化,推行全新的管理模式,保证管理的有效性和高效性。绿色管理不仅仅是企业运营方面的新管理模式,还包括了绿色营销管理、绿色人力资源管理、绿色财务管理等各个企业管理的具体领域。企业在推行绿色管理的同时也要保证具体管理分支部门的绿色管理的配套实施,否则可能造成一定管理上的混乱。此外,推行绿色管理也有利于促进绿色技术的创新。生态与经济相协调的新的管理模式的建立可以提高企业生态综合效益,促使企业不断开发绿色产品,从而推动了企业绿色创新。

综上所述,目前关于绿色技术对企业发展的影响方面的研究主要是通过社会舆论、政府管理、国际贸易以及企业形象等较为宏观的方面为切入点,综合分析企业在大的社会背景和国际背景下该如何去面对这种新技术的发展所带来的变化。但是后续研究和实践仍需从企业内部的微观环境出发,通过研究绿色技术在企业内部的具体运用,结合外部市场环境的改变,分析在新技术的使用下企业管理模式的改变以及绿色技术对于企业绩效的影响,甚至是对于企业整体绿色文化的塑造,从而给企业的可持续发展提供具体可行的意见及建议。企业是社会经济发展的基础,因此在正确认知绿色技术的基础上,全面、深刻的了解绿色技术对企业内部的管理模式以及绩效的影响,对于企业乃至整个社会的可持续发展都有深远意义。

第七章

知识溢出、学术创业与技术企业创生

第一节　知识溢出与创业机会

一、问题的提出

人们普遍认为,不同区域的创业活动表征会有差异,长期以来的研究也证明创业活动的变化与地理空间之间具有相关性。以全球创业观察(Globe Entrepreneurship Monitor,简称 GEM)为例,从 1999 年开始该项目就重点关注了全球不同国家和地区创业活动的差异,尤其是近几年的 GEM 中国报告还反映出,即使在中国这一个相同制度环境下,不同省份的创业活动也表现迥异,而且创业活跃的地区往往也是经济增长快速的地区。因此,激发和推进本地区的创业活动成为各级政府加快区域经济增长的重要途径,而政府采取种种措施的背后,往往隐含着一个基本假设,即通过改变区域环境可以影响创业活动进而能够加快区域经济增长。

但是,现实情况却并不总是尽如人意,一些政府所采取的包括提供金融支持、制定相关政策、完善基础设施等在内的做法对区域创业活动的作用常常是低效的,换言之,环境、创业与经济增长之间的线性关系似乎并不发挥作用。究其原因,一个根本问题在于忽视了区域环境与创业活动之间还存在一个关键节点和核心纽带——创业机会,不同区域创业活动之所以存在差异的直接根源在于创业机会,而不在于不同区域环境本身。因此,仅仅停留在区域环境构成要素层面的做法是远远不够的,只有激活和迸发区域环境当中的创业机会,才能够有效地催生或强化创业活动,进而服务于区域经济增长。

那么,创业机会从何而来? 一些学者认为,创业在地理空间上的变化具有特定的区域属性,亦即这些发生在不同区域、表征各有不同的创业活动并不是一种自然随意现象,而是某种具有区域属性的特定要素的作用结果,而知识溢出正是这种能够解释创业为什么在区域之间存在差异、揭示创业机会源于何处的特定要素作用机理。基于美国和德国的实证研究发现,创业活动在新知识投入相对较高的区域往往更活跃,因为新企业可以从那些实际上产生新知识的源头溢出的知识中产生;在知识贫瘠的背景下,数量微小的新创意只能产生十分有限的创业机会;而在知识丰富的背景下,新创意则可以通过探索潜在的知识溢出产生创业机会。

因此,知识溢出为理解区域创业提供了一个更为清晰的分析视角,即创业活动可以从新知识的投入中产生,而且在空间上也会集聚在靠近知识源头的地理区域。对此,本研究从知识与创业机会的关系入手,立足知识溢出的基本视角,通过剖析创业机会的知识源头,借助国外理论模型的分析,揭示基于知识溢出的新企业生成机制,从而为促进区域创业活动、提高知识的经济贡献度提供借鉴。

二、创业机会的知识源头

关于创业的内涵,研究普遍认为创业是突破现有资源束缚的情况下对机会的识别和利用,因此,机会对于创业而言是具有本质意义的核心问题,人们通常把创业机会作为认识和实践创业的起点。但是,关于创业机会从何而来的讨论和探究却略显不足,而且仍存在较大分歧,具体表现在对机会到底是外生性还是内生性的判定上。

主张创业机会是外生性的研究主要是关注个体创业者的奥地利学派和熊彼特主义。奥地利学派认为,创业者可以调整市场价格,由于市场总是非均衡的,如果存在不合理的价格,那么就存在获利的机会,因此,机会总是客观存在且随处可见,而对非均衡的警觉性正是创业者区别其他人的特征。但是,对于机会到底从何处产生,该学派却较少涉及,他们认为创业者仅仅是发现知识而不是创造新机会。与此类似,熊彼特主义虽然极为重视创业者的经济作用,但却认为机会的创造并不属于创业者的专职领域,"'找到(find)'或'创造(create)'新的可能性并不是创业者的职能",所以,熊彼特的经济增长理论并没有解释机会从何而来的问题。

主张创业机会是内生性的研究主要是关注企业的交易成本理论和资源基础观。交易成本理论强调了识别存在于企业和市场之间的一般意义的边界条件,认为创新更有可能发生在较小的企业,而较大的企业在制造和创新的分配方面则更为有效。不过,该理论在解释制造企业边界方面更为有效,而对服务型或知识型企业的解释力有限。资源基础观关注企业在获取持续竞争优势中的异质性资产,认为创业有助于理解资源如何被发现并被整合成为能够带来持续竞争优势的更具综合性且独一无二的资源。因此,创业机会经济价值的实现有赖于社会情境、路径依赖或者隐性资产和能力的运用,更可能是从企业这一治理体系当中内生的。

上述两种相互对立的基本主张,可以通过某个纽带进行整合。前者关注的是个体的认知,认为市场朝向均衡的调整过程意味着知识的获取和沟通;后者关注的是企业的决策,认为通过有目的地投资于新知识,机会可以被系统性、内生性地创造出来。据此可以发现,知识是这两种不同认识的共同要素,从而使创业机会的外生性和内生性观点有了联系的节点,即创业机会源于知识,而创业(如新企业创建)则通过识别和利用机会实现了知识的商业化和应用价值最大化。

知识的基本属性决定了其作为创业机会来源的重要地位。相比较土地、劳动力和资本等传统生产要素,知识具有高度的不确定性和非对称性。不确定性是指任何一个新创意的预期价值都是不确定的,其间具有的变化性远非运用传统生产要素可以比攀;非对称性是指不同的经济主体和决策制定者在识别和评估机会时存在分歧,尤其当新创意偏离既有企业核心竞争力和技术轨道时,这种分歧将更为严重。因此,知识本身具有的高不确定性和不对称性意味着任何新创意的预期价值在经济主体之间会存在差异,而且差异程度也各有不同。如此就可能导致这样一个局面:即使决策制定者最终放弃了追求新创意,但企业内部或外部的经济主体仍会对这个创意做出较高的价值预期,从而使认可知识价值的经济主体尝试去创建新企业。由于导致创建新企业决策的知识是由既有企业的投入产生的(如既有企业或是大学的研发活动),因此,新创企业就成为知识从产生知识的源头到实现知识商业化的新组织形式的溢出机制。综上可见,知识是创业机会的重要来源之一,而创业则是知识溢出成为新企业组织形式的渠道。

三、知识溢出与创业机会转化

对于从知识溢出视角理解创业问题,知识和创新的传统观点并没有给予充分的认识。从 20 世纪 70 年代开始,学者们普遍认为区域竞争的比较优势依赖新知识,当时的代表性观点主张,企业的存在首先是外生性的,随后才会投资于研发或者是通过对员工的培训和教育实现人力资本的最大化,并据此从内部创造新知识和创意。基于这种认识,Griliches(1979)构建了经典的企业知识生产函数模型,将知识投入与创新产出建立联系,并运用国家和行业层面的大样本经济统计验证了该模型。但是,在企业层面,知识生产函数模型所反映的知识投入和创新产出之间的联系却并不显著,尤其是当研究样本纳入新企业和小企业时,这种关系变得十分模糊。一种想当然的解释是,由于小企业的研发投资以及其他知识投入都十分有限,所以基于该模型预期小企业的创新产出应该很低。但是,一个不可否认的现实情况却是,小企业在地区经济增长中对创新产出的贡献更为显著。因此,小企业这种低水平知识投入和高水平创新产出之间的矛盾与传统知识生产函数是冲突的。

面对这种冲突,可以基于知识溢出视角进行有效的解释。首先,基于知识溢出的创业挑战了传统的知识生产函数的内在假设——在企业存在是外生性之后才会有内生性的知识投入和创新产出。事实上,经济主体所拥有的知识是外生性的,在从知识当中获取收益的过程中,来自知识生产实体的知识溢出就意味着新企业可以从内部创造出来。换言之,知识溢出使得知识商业化可以通过新企业创建方式实现,这就从内部催生了新企业创建,因此,知识溢出促进了创业机会的出现。一些学者提出,那些中小型或者新创企业通常没有充足的投资用于诸如研发在内的知识生产投入,但是,它们之所以在这种境况下还能够产生创新成果的原因在于,这些小企业或新企业对大学科研投入和大企业研发投入所创造的知识进行了有效探索。

大量证据也表明,既有企业无法最大化地进行知识商业化,而创业正是对这些未被商业化知识的内部响应结果。这在组织层面上表现为知识溢出的传导结果——创建新企业,而且在空间层面也是如此表现,即知识溢出在地理空间上是有边界的,创业活动通常也会围绕知识源头聚集。例如,一些实证研究通过分析不同行业之间新企业创建比率的变化,提炼出不同的潜在知识情境:当这些行业具有较高的新知识投入水平时,这些行业的新企业创建比率就越高;而那些新知识投入水平较低的行业,往往也具有较低的新企业创建率。这一现象正是知识溢出传导作用的结果。

创业的知识溢出理论揭示了创业机会的一个重要源头——新知识和创意,尤其是当出现的新知识和创意没有被充分商业化或者有效开发时。Audretsch 等(1996)将新知识与实际上被商业化的知识即新的经济知识之间存在障碍称为知识过滤(knowledge filter)。例如,当一家大企业的一个实验室研究项目或是一所大学开展的一个科研项目,由于知识过滤的存在,使得新知识和创意不能在既有组织完全实现商业化,这就恰好提供了产生创业机会的知识来源。因此,识别新机会并在现实中通过开办新企业应用机会的这种机制就意味着一种伴随知识过滤效应的知识溢出。需要注意的是,知识和创意的源头——实际投资生产知识的组织,与那些在现实中努力将知识商业化并通过创建新企业实现知识价值的组织是不同的,如果创业者所运用的知识没有在最初创造这些知识的组织中得到充分的开发并获取相应的回报,那么,开办一家新企业的创业行为就会成为知识溢出的一种机制。

从区域层面看,基于知识溢出的创业理论也解释了创业为什么会在一定的地理边界内集聚。区域研究发现,虽然大学是知识溢出的源头,但这并不意味着知识就会在一定的地理空间内无成本地传播,相反,在地理位置上向大学的集聚可以降低获取和吸收知识溢出的成本,从而有利于创造和增加收益。当然,靠近大学在大多数城市意味着靠近城市中心,伴随而来的是生活、住宿和其他方面的高成本,企业还必须向雇员支付较高的工资以匹配他们的生活成本。对此,有学者提出,如果从大学聚集到的基本资源无法满足这些成本的需要,那么,最有效的方式就是在中央区之外选址,向心力还是直指知识创造的源头。在一些国家,政策制定者会影响大学作为创业的推进器和知识溢出的重要源头。例如,德国政府的教育主管部门创建了一片区域,在那里从大学和政府科研试验室衍生出的新企业受到扶持。由于受到政府政策的积极影响,大学可以改变课程体系、研究导向,参与风险合作,从而服务于这些新创企业,使其在创业伊始就具有与那些规模庞大和财力雄厚的竞争对手抗衡的能力。

四、模型构建与分析

为了进一步廓清上文所阐述的基于知识溢出的创业机制,可以参考 Audretsch 和 Acs 等(2005)构建的模型,从区域和个体层面进行深入剖析。

(一)区域层面

Audretsch 等(2006)强调,除了劳动力和资本这两个影响区域经济增长的重要要素之外,知识的生成、流动及其商业化也是推动区域发展的关键要素,正如 Romer 有关经济内生增长的一般生产函数,即:

$$Y = C^\alpha \left(KL_Y\right)^{(1-\alpha)} \tag{7-1}$$

其中,Y 代表经济产出,C 代表资本存量,L_Y 代表从事 Y 生产的劳动力,K 代表知识资本的存量。

对于创业机会的产生具有重要作用的是 K 当中的研发知识 $\bar{K}$,而 $\bar{K}$ 可以表示为:

$$\bar{K} = \bar{\delta} L_K \tag{7-2}$$

其中,L_K 代表从事 K 生产即产生新知识的劳动力(如研发人员),$\bar{\delta}$ 代表创新的发现率,$\bar{\delta}$ 进一步分解为:

$$\bar{\delta} = \delta L_K^{\lambda-1} K^\varphi \tag{7-3}$$

其中,λ 代表研发的 returns to scale in rd,ϕ 代表反映知识溢出程度的指数。将式(7-3)代入式(7-2)中,我们可以得到新知识的创造率:

$$\bar{K} = \bar{\delta} L_K = \left(\delta L_K^{\lambda-1} K^\varphi\right) L_K = \delta L_K^\lambda K^\varphi \tag{7-4}$$

如前文所言,由于知识过滤的存在,新知识与实际上被商业化的知识即新的经济知识(K_c)之间存在障碍,即 $K-K_c>0$,为此,知识过滤可以表示为:

$$\theta = K_c/K , \quad 0 \leqslant K_c \leqslant K \tag{7-5}$$

其中,θ 代表知识溢出的程度,其数值范围为[0,1]。正是由于知识过滤的存在,既有企业无法商业化的知识催生了将这些溢出知识商业化的创业机会,潜在创业者会通过创办新企业等方式实现创业机会。因此,既有企业实际上利用的新经济知识为:

$$\overline{K}_c = \theta \cdot \delta L_K^\lambda K^\varphi \tag{7-6}$$

而剩余部分($1-\theta$)就是能够被新企业利用的创业机会(opp),表示为:

$$\overline{K}_{\mathrm{opp}} = \overline{K} - \overline{K}_c = (1 - \theta) \overline{K} = (1 - \theta) \cdot \delta L_K^\lambda K^\varphi \tag{7-7}$$

综上可见,新知识好比创新函数的核心"输入变量",通过商业化过程转换为新的产品、流程乃至组织形态,进而带来刺激经济增长的"输出结果"。但是,根据式(7-7)可以发现,新知识生成后,往往并得不到充分地开发和利用。换言之,在新知识向商业化知识的转换过程中存在诸多障碍,使新知识难以或无法完全转化为现实成果而为经济增长服务。这些障碍统称为"知识过滤",当知识商业化的局限条件越多,知识过滤的效应就越明显。因此,促进区域经济增长,不能仅仅重视研发积累知识存量,还要开拓创业路径突破知识过滤,实现知识充分流动,提升经济主体对新创知识的识别、吸收和开发能力,不断地催生创新成果来推动经济增长。

(二) 个体层面

由于创业是对机会的识别和诉求过程,因此,创业者的创业决策也是创业机会的函数,而创业机会又源于伴随知识过滤的知识溢出过程。为此,Audretsch 等(2006)首先构建了创业决策的一般性模型,在此基础上依据知识溢出与创业机会的内在联系进行了拓展。如下模型(7-8)是个体创业决策的一般表达式:

$$E = f(\sigma) = f(\pi - \omega) \tag{7-8}$$

其中,E 代表成为创业者的决策,σ 代表创业机会,π 代表开办新企业的预期利润,ω 代表在既有组织(如既有企业)当中工作所获得的期望收益。当创业的预期收益与在既有企业的工作回报之间的差值越大,创业机会对创业决策的影响就越大。

由于资本、劳动力和知识都是基本生产要素,创业机会的来源不仅限于知识,因此,创业决策又可以分解为源于非知识的创业 $\dot{E}$ 和源于知识的创业 $\overline{E}$,分别表示为:

$$\dot{E} = f(\sigma_K) = f[\pi(g_Y) - \omega] \tag{7-9}$$

其中,σ_K 代表源于非知识要素的创业机会,$\pi(g_Y)$ 代表根据一般经济增长情况所预期的创业收益。

$$\overline{E} = f(\sigma_K) = f[\pi(\overline{K}_{opp}) - \omega] \tag{7-10}$$

其中，σ_K 代表源于知识要素的创业机会，$\pi(\overline{K}_{opp})$ 代表基于知识溢出所预期的创业收益，根据模型(7-7)可知，这部分收益受两个要素的影响，一是创造新知识的投资规模 $\overline{K}$，二是知识过滤程度 θ。将式(7-9)和式(7-10)代入式(7-8)可得：

$$E = \dot{E} + \overline{E} = f(\sigma_K) + f(\sigma_K) = f[\pi(g_Y, \overline{K}_{opp}) - \omega] = f[\pi(g_Y, K-, \theta) - \omega] \tag{7-11}$$

综上可见，个体决策成为创业者受到诸多因素的影响，其中既包括资本和劳动力等非知识要素的增长情况，还包括知识存量以及知识溢出情况，更离不开知识过滤的程度。以大学学者创业为例，从 20 世纪下半叶开始，大学服务于社会的职能进一步深化，各国大学纷纷开始进行"创业型革命"，即将过去的教学、科研、决策咨询使命与促进经济社会发展的创业新使命结合起来，使学者的角色从一个培养人才和生产科研成果的社会次要支撑机构向领导性社会主要机构转变，著名的三重螺旋创新模型就反映了新时期"大学-产业-政府"的关系。再如从一个稳定的既有组织(如企业、大学等)通过特定方式孕育出新企业的现象——衍生企业，就是围绕母组织的知识和技术所新建立的企业，其目标是实现大学或既有企业所创造出的知识、技术或其他研究成果的商业应用化的社会转移。

第二节　知识溢出视角下的学术创业

20 世纪 80 年代后，科学与经济、大学与企业的边界发生了大规模变革，越来越多的研究者开始探寻其内在本质和规律。从较早提出科学研究与管理实践具有相似性的"技术科学"(techno-science)概念，到反映科学实践与企业研发存在整合效应的"后学术科学"(post-academic science)概念，再到描述当今学术现状的"学术资本化"(academic capitalism)和"企业科学"(corporate science)概念，研究脉络日渐清晰。近年来，基于以上理论体系并进一步延伸的反映知识资本向创业活动演变的"学术创业"(academic entrepreneurship)问题逐步显现，并引起了研究者的浓厚兴趣，成为在全球范围内创业活动的生动实践。

一、科学扩散功能与学术活动的创业使命

在科学发展的过程中，科学的扩散功能反映了科学理论转移的一般规律，而且与科学规范的普遍性、公有性和无私利性等特征密切相关。一般认为，科学认识的目标在于对自

然现象和经验事实做出解释和预见,但从动态的科学实践活动的角度来看,科学的功能不仅停留在科学理论和成果本身,还渗透在科学发展的整个过程中,突出表现为扩散的特征。在科学理论转移过程中,这种扩散功能以其特有的辐射效果和影响力使科学呈现出加速并持久发展的态势。而且,科学理论的扩散越早越好,理论的扩散对某一理论的变革有放大作用,并可以促使科学革命——推翻旧范式的发生。可见,科学的扩散功能渗透在科学发展的整个过程中,是科学的认识价值与实践价值不断增值的过程。只要是使科学呈现加速发展的趋势,并取得新的成果,都可以视作是科学扩散功能的范畴。

基于科学扩散功能的视角,一种典型的知识扩散方式是知识的溢出。知识溢出是指不同主体之间由于知识存量差异而导致的经济、业务交往活动中知识和技术转移过程;与知识扩散的另一种方式——知识传播不同,知识溢出一般不是主动的、有意识的、自愿的,而是被动的、无意识的、非自愿的,或表现为技术交换中信息的占有。从知识的本质属性看,知识溢出是科学发展的内在要求。可以说,知识一旦被生产出来,生产者就无法决定谁来得到它。也就是生产者无法排斥那些拥有价值知识而不需付费的人,或者排除他人消费的成本高到使排他成为不大可能的事。因此,一个人或一个组织拥有的知识不排除他人和其他组织也同样完整地拥有,知识从本质上来说是可能相互交流学习的,而且使用得越多,越能创造出新的知识,不同的知识交融可以产生新的知识,因而知识溢出可以提高知识资源的配置效率。知识的溢出效应是指知识的接受者或需求者消化吸收所导致的知识创新以及所带动的经济增长等其他影响,主要表现为链锁、模仿、交流、竞争、带动与激励等效应。

作为科学研究和知识集聚的重要机构,大学在实现组织创新、促进区域经济发展、提升国家核心竞争力方面起着越来越重要的作用。著名的三重螺旋创新模型就反映了新时期“大学-产业-政府”的关系,认为经济社会中的三大组织主体——大学、产业和政府三者之间的互动、交叉、重叠构成了知识经济的发展基础和动力源泉,而大学的新角色包含和超越了原先教育与研究的使命,除了知识再生产和系统地进行科学创新的使命外,又增添了经济开发的使命,大学除了起着传统的提供训练有素的人员和基础知识的作用外,还是信息、技术和地区发展的源泉。可以看出,科学的扩散功能为知识的溢出效应提供了条件,同时,知识的溢出推动着大学等学术组织或学者履行自己的创业使命,从而引出了“学术创业”这一崭新的命题。

二、学术创业的内涵体系

科学知识的内在属性和大学组织的客观使命都使学术创业的出现成为必然,而且,对学术创业问题的关注还有其深刻的理论基础。可以说,熊彼特主义的理论起点就指明了学术创业的基本属性。例如,熊彼特所提出的"新组合",并不是单一的、纯粹的发明,而是以知识为基础的、由创业者运用到实践当中的创新,强调的是创业者能够运用还未运用到实体经济中的新知识和新方法来生产新产品,由此使新知识和新方法转化成可以交易的商品。近年来,围绕知识经济发展,一些新熊彼特主义经济学家开始重点关注知识、创新和创业这一类具有重要现实意义的研究主题。他们提出,目前经济发展的主要推动力是能够创造实际产出科学知识的日益增长,以及经济体系将这些抽象科学知识转化为具体市场创新的能力。因此,知识才是创业者成功最重要的资源,而拥有丰富知识资源的大学就应当而且必须成为科学领域乃至整个社会的重要创业者。

同时,熊彼特的创新理论还认为,科学领域与经济领域的创新之间具有密不可分的关系,而且它们的创新原则是完全一致的。熊彼特在《经济周期》说,"这里提出的理论不是一个适用于经济领域的个案,而是在社会生活的各个方面都具有更广泛应用价值的理论体系,包括科学和艺术领域"。经济领域创新和科学领域创新之所以存在这种同质性,其原因在于两种创新的关键力量——创业者所发挥的作用相同,即两个领域的创业者都扮演着引入"新组合"的角色,都是组织内生发展的承担者。熊彼特主义认为,创业功能并不只是存在于某个人或群体,不同环境条件下存在着不同类型的创业者,创业者既不等同于组织的管理(这是经理人的职能),也不是生产方式控制(这是资本家的职能),他的真正作用在于"做新的事或者用新的方式做别人做过的事",无论在经济领域还是科学领域,都有这样一批创业者通过引入"新组合"实现"建立一个独立王国的梦想和愿望",而其动力都来自于对成功的渴望、开创并完成任务的喜悦、设计和管理的快乐以及"获取社会认可的唯一机会"。

虽然科学领域与经济领域的创新之间具有相似性,但大学等学术组织之所以会成为日益重要的创业力量,原因在于学术创业活动与企业创业活动(如企业家个体创业、公司创业等)还是有不同之处,经济领域的创业无法等同或替代学术创业,如果在大学中进行的创业活动与在企业中的完全相同,就不会有那么多研究把学术型组织纳入到创业活动中。尤其是20世纪80年代以来,各国大学组织和学者个体的专利、特许、衍生企业等诸多形式的学术创业逐步兴起,管理学、经济学、社会学等研究领域对此产生了浓厚兴趣,以学术创业为主题的出版物、文献综述日渐增多,案例分析研究也逐步升温。

与许多新兴的研究主题一样,研究者对学术创业的定义还存在分歧,但目前已经形成两种侧重点不同的概念界定。一种对学术创业的概念理解侧重于创业导向,即强调学术创业的商业化结果,把学术创业等同于学术组织或个人创办新企业,代表性的表述如学术创业就是"为了开发产生于学术机构的一套智力资本而创建一个新企业","是一个商业化的开发过程,超越了传统的创新特许,表现为创建一项新事业,包括起源于大学的技术和知识的衍生"。另一种典型认识则是侧重于学术创业的学术导向,即强调学术组织或个体在创业过程中的主体地位,代表性的论述如早期的观点把"学者通过对研究创意或研究导向的产品进行开发并推向市场从而增加个体或机构利润、影响力或者声誉的活动"统称为学术创业;相似的界定还有学术创业就是"在大学正式的基础教学和科研任务之外的所有商业化活动","把研究者的全新角色和资源融入现有组织背景下的整合过程,催生了反映研究者从事工作的一种全新模型";简言之,就是"科学转向追求利润的过程"。

综合这些不同的定义,本研究认为,理解学术创业要整合学术和创业两个具有不同特性的内涵,既要反映出创业的基本点,还要突出学术个体和组织的主体作用。总体上,学术创业是一个广泛外延的概念体系,是指学者和学术组织突破资源束缚、识别利用机会以实现个体和组织成长的过程。从狭义上理解,学术创业是由学者或学术组织所参与的商业上创业活动(如产学合作、基于大学的风险投资基金、以大学为基础的孵化器企业、由学者组建的新创企业、在企业和学术部门具有双重身份的研究者等);而从广义上理解,学者的创业行为还包括对学术生涯的创业型管理,如创建一个新的研究领域或机构,同时可能伴随着商业化战略。总之,学术创业既有学术组织内部的创业活动,还包括与其他外部机构(如企业和政府)之间的作用关系,是一个动态的创业系统。

三、不同创业导向的学术创业活动

(一)内向型学术创业

内向型学术创业的主体是那些在学术组织内部主要从事基础科学研究的学者,他们所从事的创业活动主要是对既有科学实践进行创新,例如提出新的理论或发现,构建新的研究领域或范式,而这类创业目的不是实现技术或商业的用途,只是寻求对科学进步的贡献,实现在同行范围内地位或声誉的最大化。这类学术创业者会遵循各种学术团体颁发的评判机制或规则,通过运用科学发现的先入优势来获取超越竞争对手的优势。可以说,内向型学术创业强调的是默顿学派所主张的"科学的公共性",即构成科学共同体社会结构的规范标准是普遍性、共有性、无私利性和有条理的怀疑性。

同时,内向型学术创业在科学项目的选择机制上具有很强的自我评价特点,虽然对于从事基础科学中具有很强独立性和自主性的调查研究而言,自我评价可能是一种附加的价值,但同时,自我评价也意味着放弃了私人资金、合作经历以及多学科研究的可能。而且,这类创业者并不热衷于将自身的科学发现商业化,因为他们认为学术职业不具有应用的功能。但是,应该注意到,这种基于学术声望的科学竞争和评价机制会在科学进步中导致宏观次优化的结果,例如默顿学派提出的科学中的"马太效应",即科学家的名望越高,越容易获得更好的研究条件,也就可以得到更高的名望。

内向型学术创业的现实例子存在于一些研究型大学当中,为了平衡教学和科研的关系,这些大学的学者通常遵循从学术研究到实际应用的线性创新模式,最常采用的方式就是发表学术成果。从1987年开始,有机构每年对SCI收录的中国科技论文数进行统计比较,以此判别中国学者学术研究水平和科学产出能力,这都是关注内向型学术创业的现实体现。内向型学术创业者把知识视为公共产品,主动把知识外部化(公开出版)并促进知识在全社会的扩散,而他们的收益则是学术声望和个人在学术机构中地位的提升。在这一过程中,创业者通过探索和开发大学资产来从事公共研究。但是,由于"马太效应"的存在,这类创业可能会导致科学资源由部分高知名度学者长期的、低效率的垄断,从而在整体上挫伤科学发明的积极性。

(二) 外向型学术创业

这类学术创业者追求的是具有潜在的或具体市场价值的创新活动,他们的目标是获取发明专利或发明许可,以及/或者开创一家衍生企业或新事业,并在商业化的过程中寻求经济利润的最大化。他们的使命不是为了推动科学的进步,而是为了实现技术的创新;他们的合作伙伴不是科研同行,更多的是技术人员、企业家和技术市场。对他们而言,知识不是一种公共产品,而是私人产品,因此他们扮演的角色则是有意识地延缓知识在整个科学和社会层面的周转率。外向型学术创业往往涵盖多部门,而且大多数情况下,这类创业者获取专利的目的是避免私人机构的"搭便车"行为,更确切地说是防止产生于学术研究项目的科学发现被商业企业无偿占有。

外向型学术创业在实现商业化的同时,还可以带来如下影响。首先,追求科学成果收益性更高、市场化更快的商业化短期利益可能背离经由学术同行认真检测和监督的学术团体运行标准,如果某位创新型学者拥有一项高成长潜力的科学应用项目,那么他有可能不会去遵循传统的学术标准。其次,科学成果具有的知识产权不可避免地降低了知识的产出和扩散周期,而后者却是科学作为学术机构的重要使命。而且,外向型学术创业经常会出现"搭便车"现象,换言之,这类创业使用了公共资产(如大学院系、公共契约、博士生和年轻的研究人员)却没有产出公共产品(如他们只是在私人机构提升了大学年轻研究者的水平)。因此,过于强调外向型学术创业也会导致科学发展的危机,使其成为"反公地悲剧"(tragedy of the anticommons)的始作俑者。保护科学知识并阻止其他人使用,会使科学知识在整个社会层面不能得到充分利用,从而导致资源的浪费。尤其是过于分散的知识产权会放缓研究活动和产品开发的速度,因为知识所有者会互相设置进入障碍。

麻省理工学院(MIT)是外向型学术创业的代表例证。MIT 认为自身必须作为衍生企业的发生器,大学学者应该称为创业者,为地区乃至国家经济发展注入新的增长。MIT 教授的科研和咨询活动中诞生了许多新的公司,在技术研究基础上协助创建公司的全新创业模式要求学者不仅仅是知识的生产者和传播者,更重要的是要作为生产要素参与创业。早在第二次世界大战以前,MIT 的一些研究试验室分化出一些新技术公司,通过它们,MIT 各研究试验室的创新就会由追求利润的公司加以商业化。1980 年美国《贝耶-多尔法案》将无形的科技产权和技术知识产权交给了大学,鼓励教师个人把商业活动纳入自己的角色范围,催生了一大批大学衍生企业。同时,也应该看到这种外向型学术创业的确不可避免地降低了知识的产出和扩散周期,例如 MIT 接受私人公司获得专利排他性许可的要求,曾经为美国第一家公共风险资本公司(ARD)提供了 10 年期限的高压电专利使用权的排他性许可。

(三)中间型学术创业

这类学术创业通过机构间的合作进行创新,从而获取经济或知识资源来支持他们的研究项目或团队,并通过机构间或多学科的联合丰富自己的研究。中间型学术创业的目的是使他们控制的"组织"(如团队、实验室或机构)成长最大化,收益则是获取私人资金和提升自身所在研究组织的声望和规模。这类学术创业者往往善于平衡公共的和私人的资金,寻求能从公共和私人部门得到新的理念、技术和经验。他们尤其对多学科的研究项目感兴趣,因为这样就可以摆脱纯粹学科研究的严格规范。

但是,中间型学术创业也存在问题,因为在公与私不同利益导向的网络中,创业者很难保持一种既能保证科学企业的公共属性、还能实现科学成果的私人垄断的平衡状态。科学和技术研究的紧密联系建立在分布式知识的网络结构基础上,这个网络的一部分可能会对探索传统的"开放科学"(open science)的社会规范产生积极作用,但另一部分也可能会带来市场失灵的问题,即不利于知识合作、转移和开发。如果创业型大学的没有出现,就无法建立合适的制度安排,那么这种创业网络就很容易导致在科学发现的公共属性和私人开发之间产生冲突。

从斯坦福大学建设创业型大学的具体措施中可以看出中间型学术创业的特点。例如,斯坦福大学虽然拥有数额巨大的基金,但却没有在硅谷创办属于大学本身的公司和企业,斯坦福主要是通过与硅谷保持一种长期密切的关系以及时把研究成果转移到硅谷的地区小高科技企业,同时为硅谷提供大量的创新型人才。其中一项做法是通过设立荣誉合作项目(honors cooperative program,HCP)为当地的公司打开教育大门,增强公司和大学之间的联系,使企业的工程师得以保持技术优势和建立专业联系,同时也为斯坦福的研究者提供资助机会。总体上,斯坦福大学把提高教师的学术能力作为学校的导向,科研人员是学校的主角,在这一过程中追求较高的科研成果转化率。这类措施促进了斯坦福大学、加州大学伯克利分校与当地高技术公司之间的互动合作关系,成为硅谷持续成功的实质之所在。但是,最近一项关于美国加州大学伯克利分校与美国著名生物技术公司 Novartis 冲突的案例研究表明,公共知识和私人开发之间的确存在冲突,而且可能会带来不良的后果,即创业网络中的参与者会在一种不稳定的制度安排中寻求工作上的一致或自治的状态。

综上,可以看出三种创业类型的不同导向(图 7-1)。正如对学术创业的两种概念界定,三种学术创业类型的导向也是不同的。外向型学术创业强调的是创业导向,关注的是如何实现商业化的过程;内向型学术创业则侧重学术导向,突出的是科学研究的中心地位;而中间型学术创业则寻求在学术导向和创业导向之间的一种平衡。

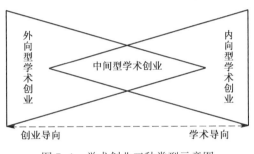

图 7-1　学术创业三种类型示意图

第三节　社会创新系统对学术创业实践的影响

一、学术创业的实践形式

学术创业付诸实践,途径不一而足,但概括起来,主要有以下两种。

(一) 衍生企业

在关于学术创业的研究中,衍生企业是目前文献最为关注的主题之一。衍生(spin-off)企业是指一个稳定的组织(如企业、大学等)通过特定方式孕育出新企业的现象,之所以称作"衍生"是因为这个过程中必定存在某些资源(如知识、人才等)从原来的组织传递到新生的企业。而学术衍生企业则是指通过学术组织如大学的教师或学生连同科技成果一同转移,创办自主的企业,继续推动技术创新或科技成果的转化与产业化,实现大学作为"高科技企业孵化器"的社会功能。评判衍生企业的条件有两个:一是成立一家新公司,而新公司母组织就是学术组织(如大学)或者是大学中的研究中心,因此,衍生企业简单说就是围绕母组织的技术所新建立的企业,其目标是实现大学所创造出的知识、技术或其他研究成果的商业应用化的社会转移。

理论与实证研究表明,学术衍生无论是对学术成果的产业化还是对促进社会经济发展都具有重要价值,已经逐渐成为科技型企业的重要形式和被广泛接受的有效的技术转移方式。以学术衍生企业发展较早的美国为例,经过几十年的发展,源自研究型大学的科技型衍生企业取得了巨大的成功。这些企业往往聚集在某一所或几所研究大学周围,形成高技术企业的密集区域,硅谷和128号公路就是其中杰出的代表,仅麻省理工学院一所研究型大学就有数千家衍生企业。而且,这些公司已经对美国经济增长发挥了巨大贡献。此外,随着知识、信息、人员和资本的快速而无边界流动,学术组织与企业界的联系在美国表现得尤为紧密,有许多大学的包括基础研究在内的研究项目都是由企业界提供资助的,大学与企业的职能如上文三螺旋模型所主张的呈现互相融合的趋势。

(二) 技术许可

除了衍生企业之外,学术创业的途径还包括技术许可的方式,即通过技术转让、技术合作、技术咨询、技术服务等,使大学里具有潜在商业价值的技术被学校以外的企业购买,实现大学作为"高科技辐射源"的社会功能。在技术许可的过程中,学术组织或个人(团队)作为技术拥有者向技术接受者授予使用专利、商标Know-how(知识和技能)、著作权等的权力,而技术授权者向被技术授权者收取相关费用。技术许可实质上是有关技术相关权能(如所有权、使用权、产品销售权、专利申请权等)的契约或合同。其中可从不同的角度对其进行分类,从授权范围的角度可分为普通许可和排他性许可;从许可的内容多少的角度可分为单一的技术许可和捆绑许可;从是否受国家强制力约束的角度可分为一般许可和强制性许可等。技术许可的目的主要是学术组织或个体获得报酬以便对前期的创新投入进行一定的补偿,或者为了获得市场竞争的优势而进行的一种包括构建进入壁垒在内的战略安排。

相比较学术衍生企业,技术许可往往可以较快速获得回报,而且在商业化过程中学术主体不须负担技术商品化所需的资金,同时还可以借助被授权者对于市场较为熟悉的优势,更容易发现和捕捉市场机会。但是,技术许可的同时也会导致学术主体失去对技术的控制权,并且在授权后对于后续活动的涉入程度会逐渐减少,有时技术许可也很难找到合适的被授权者,签订授权协议的难度也较高。而衍生企业则有利于学术组织对日后技术、市场的发展掌握控制权,并且更长远的角度看会创造就业机会和促进区域经济发展。因此,衍生企业和技术许可是两种具有互补性的学术创业途径(图7-2)。

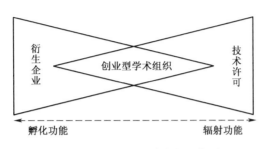

图7-2　学术创业两种途径示意图

　　在上述两种途径的实施过程中,整个学术创业系统的中心是创业型的学术组织(如创业型大学)。本研究认为,学术创业是由这些创业型大学产生技术进步,并通过中介环节(如技术转移机构以及孕育新企业的孵化器或科技园)推动技术扩散过程。随着与企业的关联性不断增强,大学体系的边界不断延伸,其活动范围则超越象牙塔之外,目的则是把发明转化为创新,以此来提升大学组织的收益回报并产生更多更好的社会价值。同时,大学又处于一个更广泛的创新网络环境背景下,所以一些诸如政策决策等的外部环境反馈要素就会不断影响大学参与创业活动的过程和方式。以正在进行创新型国家建设的中国为例,我们看到,近年来的科技政策和文化环境开始转变,逐渐允许并鼓励大学的创业活动,大学体系内部也通过自组织的方式实现大学使命朝向创业型转变,而在外部也积极通过与企业和产业系统的紧密合作来拓展大学的传统职能,实现为经济发展领域服务的使命,从而对科学领域乃至社会领域的决策产生重要的影响。可以说,正因为创业型大学乃至整个学术创业的重要价值,我们才看到了当今日益增多的学术创业实践以及研究领域针对这一问题的深入探索。

二、知识创新系统与企业学术创业

　　知识创新日益成为增强企业竞争力、提高产业发展水平和促进区域经济发展的重要生产资源。大学作为国家知识创新体系的主体和国家知识创新的重要来源,在经历了两次学术革命后,已发展成为领导性社会的主要机构,通过知识商业化的过程直接推动了国家和地区的经济发展。这一过程的核心是大学的技术转移过程,目前主要有两种方式:一是许可证方式,即通过技术转让、技术合作、技术咨询、技术服务等,使大学里具有潜在商业价值的技术被学校以外的企业购买,实现大学作为"高科技辐射源"的社会功能;二是衍生企业模式,即指一个稳定的组织通过某种方式,孕育催生出新企业的现象,是从大学、科研院所等母体组织分离新建的公司,继续推动技术创新或科技成果的转化与产业化,实现大学作为"高科技企业孵化器"的社会功能。衍生企业通常是以科技成果产业化为初衷的高科技企业,其产生和发展需要一定的创新网络作为支撑。作为最初技术提供者的母体组织不仅通过技术转让等方式获得一次性的收益,而且还通过所拥有的公司股权而享有分红、股权增值等长期权益;此外还要承担公司亏损,股权减值等潜在的风险。

知识创新系统是由与知识创新和技术创新相关的机构和组织构成的网络,知识创新三螺旋模型是描述新知识生产在创造财富与经济增长中的主要特征的重要模型之一。三螺旋模型的启发性在于,一方面三螺旋框架从不同的维度对知识型创新系统进行分析;另一方面,三螺旋模型框架基于创新参与者的不同角色进行描述。

三螺旋模型由大学、产业和政府三种类型的机构所构成,并且三者的角色相互渗透,偏离自己传统角色越多的组织,就成为创新的主体。在一定条件下,大学可以扮演企业的角色,帮助其在培育新技术的机构中形成衍生企业;而政府一方面在政策上表现出对学术机构进行激励诱因,另一方面政府超出了公共管理等传统的职能,通过资助项目、改变管理环境或者主持建设科技园等方式向企业的角色渗透,更加注重财富的积累,来支持企业的发展;而企业也开始通过开展培训或者高水平的研究来扮演大学的角色。此外还存在着促进三者进行交互的中介机构,如科技园、技术转移办公室和合同办公室等。

三螺旋模型的创立就是为了揭示创新的动态性,以及知识开发与传播结构之间的复杂网络。三螺旋模型的基本思想标志着创新政策从传统的线性关系向拥有众多创新参与者的动态网络模型的转变,即它是有别于传统线性模型的一种螺线形创新模型,在知识资本化不同阶段捕捉包含公共、私人以及学术层面的制度设置中的多元重叠关系。Etzkowitz认为,"大学-产业界-政府"这三个领域重叠成的三螺旋结构将逐渐成为国家、区域与跨国创新系统的核心(而非外围)。

根据三螺旋模型,三者的互动关系越紧密,越有益于创新活动的产生。企业的所有者形式中,股份制企业有助于大学与产业界的长期交流与互动;由政府主导的中介组织(科技园)有助于大学与政府的互动。但三螺旋模型的一般性解释受到了一些学者的质疑。Jong-Hak Eun认为三螺旋模型的核心思想在于新兴产业中的知识的本质不同于传统的产业,而且发展中国家有些工业企业的研发能力强于大学的研发能力,所以大学在三螺旋模型中的地位远不如模型中所强调的那么突出。大学的内部资源、产业界的吸收能力、中介组织的存在以及大学对衍生企业的偏好都会影响大学衍生企业的出现,他认为产业界的低吸收能力、不发达的中介组织都有利于衍生企业的出现。

企业层面的学术创业活动,一种典型的表现形式是大学衍生企业。学界现有的研究从不同的理论角度对大学衍生企业进行了研究,例如在大学和产业的知识或技术转移理论方面,有的学者探讨了大学技术转移的技术授权与衍生企业的两种方式以及二者的优缺点,有的学者在借鉴西方学者对研究型大学技术转移模式的理论基础上,构建了我国的多元化技术转移模式,有的学者从产学官联盟的角度构建了知识产权转移创新平台;在衍生企业模式研究方面,有的学者按照母体组织与衍生企业的关系把衍生企业分为两种类型,并以衍生过程的要素组合模式为视角对衍生企业进行了研究,有的学者在调研的基础上对研究性大学的科技型企业的衍生模式进行了分类,提出了六种模式,并对比了各种模式的优劣势;有的学者研究了研究性大学科技衍生活动的影响因素;有的学者以案例研究为方法,研究了衍生企业的创业生态系统。

三、学术创业发展展望

区域边界内的创业活动之所以存在差别,直接原因不在于区域本身,而在于区域内对创业活动起决定作用的创业机会存在差别。在影响创业机会的诸多要素中,知识具有举足轻重的地位,尤其是在区域范围内,知识存量不仅是创业机会的源头之一,而且由于知识本身具有高度不确定性和非对称性等属性,使知识溢出、知识过滤等效应的存在会影响知识存量应用价值的实现,进而对创业机会产生积极或消极的作用,最终造成不同区域之间创业活动的差异。因此,为了提高区域创业程度和成功率,应当从知识溢出视角审视如下两个关键问题:

一是如何突破知识过滤的屏障。由于知识过滤的存在,使新知识向商业化知识的转换过程中存在诸多障碍,导致新知识难以或无法完全转化为现实成果而为经济增长服务。知识过滤的屏障源于组织结构、制度安排、激励机制、领导政策等诸多方面存在缺陷,譬如一些科研机构忽视甚至抵触知识的商业化,不重视将已有的研究发明成果转化为知识产权或专利;还有一些既有企业开展的研发活动难以将新知识转化为商业化的新产品。因此,促进经济增长,不能仅仅重视研发积累知识存量,还要开拓更多路径突破知识过滤的屏障,实现知识的充分流动,提升经济主体对新创知识的识别、吸收和开发能力,不断地催生创新成果来推动经济增长。对此,可以通过刺激创业和加强产学联合来提高区域的竞争水平和行业多元化水平,因为创业活动的兴起是对既有企业的不断挑战,可以推动更多的企业参与到区域竞争当中;而产学联合则有助于向企业提供多样化的技能储备,还可以使那些新创的高科技企业从新技术的运用中获取更多利润。

二是如何促进学术创业以实现知识商业化的最大化。20世纪80年代以来,各国大学组织和学者个体的专利、特许、衍生企业等诸多形式的学术创业逐步兴起,虽然对学术创业的定义还存在分歧,但是,学术创业作为科学转向追求利润的过程已经受到关注和认可。新熊彼特主义者提出,目前经济发展的主要推动力是能够创造实际产出科学知识的日益增长,以及经济体系将这些抽象科学知识转化为具体市场创新的能力。因此,知识才是创业者成功最重要的资源,而拥有丰富知识资源的大学就应当而且必须成为科学领域乃至整个社会的重要创业者。学术创业把学术的全新角色和资源融入既有组织背景下,催生了反映研究者从事工作的一种全新模型,整合学术和创业两个具有不同特性的内涵,代表着学者和学术组织突破资源束缚、识别利用机会以实现个体和组织成长的过程。为了更有效地促进学术创业,可以提高学术个体或团队创业决策时预期收入与现状之间的差额,而影响这一差额的要素包括制度环境和学术组织本身许多环节。目前,实践领域也在不断探索学术创业的有效做法,例如建设创业型大学,应用三螺旋创新模式促进创业活动,构建富有特色的专利政策体系和技术转移机制,建立大学产业园等,通过提高学术创业活动的绩效,不断增加知识对区域经济增长的贡献度。

近年来,我国学者也开始在理论和政策领域对学术创业问题进行分析和研究,目前成果主要集中于学术创业的具体表现形式(例如大学衍生企业、产学联盟、学者型创业者等),相比较国外研究,国内研究在主题内容上还较为分散、研究方法上仍侧重定性分析。从实践层面看,我国学术创业活动还存在不少问题,例如学术组织强调基础研究而忽视科研成果的市场应用性、学术创业参与方在价值认同和价值取向上存在本质差异并缺乏有效沟通、整个社会缺少促进学术创业的中介组织网络,等等。

可以说,学术创业问题对于我国管理理论及实践领域而言,都具有较大的探索空间。尤其是我国在创新型国家建设过程中,迫切需要建立产学研相结合的技术创新体系,这就使得探究学术创业内涵本质和现实路径具有重要的现实价值。1993 年通过的《中华人民共和国科学技术进步法》、1996 年通过的《中华人民共和国促进科技成果转化法》以及科技部等部门发布的《关于促进科技成果转化的若干规定》都体现了政府鼓励科研机构、高等学校及其科技人员研究开发高新技术,转化科技成果,发展高新技术产业的政策支持。此外,政府对大学的财政投入的下调,以及大学(科研院)科技成果转化通道不畅促使衍生企业成为我国大学经济效益的新增长点。

未来学术创业研究将呈现如下两个趋势,一个是学术创业理论框架的不断完善,例如有学者提出知识溢出理论可以很好地解释创业机会这一核心问题,并据此构建了学术创业的知识溢出理论体系,从而充实了学术创业研究的理论基础;还有学者则建议从创业型学者、创业型大学、中介机构(如 UTTO 等)、创业环境网络等五个由微观到宏观的层面来开展学术创业研究,从而为后续研究提供了较完备分析架构。另一个趋势是研究方法的规范性,例如目前学术创业研究文献已经开始显现实证研究的特点,通过大样本数据或统计方法分析和验证学术创业的具体问题(如大学衍生企业的绩效、学者创业的决策模型、经济领域创业与学术领域创业的比较等),并得出了一些有价值的结论。上述发展趋势也为我国学术创业研究指出了具体的努力方向。

新经济形势下的竞争焦点在于知识的竞争,科学研究的最新理论成果和发达国家的发展经验表明,基于知识的学术创业能够成为提高自主创新能力的关键路径。目前,实践领域也在不断探索学术创业的有效做法,例如建设创业型大学,使大学与企业、政府的地位逐渐平等化,从"边缘"位置转向"主要"位置;应用三螺旋创新模式促进创业活动、推动区域经济增长;构建富有特色的专利政策体系和技术转移机制,提高科研成果转化率;完善风险投资,为各种学术创业活动(如大学衍生企业等)提供资金;建立大学产业园、孵化器以及技术转移机构,丰富大学科研模式,完善学术评价体系、增强原始创新能力,加强产学研战略联盟等。通过这些做法将学者、学术组织和学术环境形成一个互动的创业系统,以期提高学术创业活动的绩效和经济贡献度,最终从知识层面促进整个社会的进步和发展。

第四节　基于大学衍生企业的探索性案例研究

一、研究设计

现有对中国衍生企业的研究文献大多都是把中国衍生企业作为一个整体进行研究,对于中国衍生企业绩效与创新网络的构成、衍生模式的关系却没有较多的文献。本节以三螺旋模型为分析框架,通过探索性的案例研究,试图寻找出何种知识创新系统能够支撑我国大学衍生企业领导者的持续增长,明确该系统中的构成主体和技术转移方式的特点,进而提出促进衍生企业形成与持续发展的政策建议。

以 Yin 为代表的西方学者早在通过案例研究的方法取得了大量的研究成果,他关于案例研究方法的著作使得这种研究方法更具系统性和科学性。案例研究方法适用于对现象的理解,寻找新的概念和思路乃至理论创建。Tellis 根据研究目的与研究设计的差异将案例研究分为探索性(exploratory)、解释性(explanatory)和描述性(descriptive)3 类。探索性案例研究是在案例分析之前并没有明确的理论假设,而要按按时间顺序追溯相互关联的各种事件以找出它们之间的联系,最终以提出可供进一步研究的恰当的假设和命题;解释性案例研究一般在案例分析之前就已经建立了若干竞争性的理论假设,比较适合进行因果分析;描述性案例分析主要为某一理论的成立提供实证支持,通常用于教学而非研究。Yin 提出案例分析的材料可以分为单一案例（single case），也可以是多重案例（multiple cases），前者主要用于挑战某一理论，后者则主要用于理论的构建。多重案例可以在一定程度上克服案例研究的结论难以推广，外部效度欠缺的问题。盛男和王重鸣认为多重案例研究的最佳案例数为 3~7 个，文中采用 3 个案例作为分析素材。

为此，借助三螺旋模型通过三个维度来描述大学衍生企业的知识创新系统，一是大学的知识溢出水平，杨德林认为大学科技研发能力越强，知识溢出效应越强，所以我们通过大学的科研实力，即通过大学的科技成果排名来体现第一个维度；二是衍生企业的自身特性，包括企业的所有制形式和资本的构成；三是政府对于创新系统的影响力，即科技园、技术转移办公室以及技术市场中政府的作用。分析因素包括母体组织（大学、研究所）的科技实力，衍生企业的所有制形式与资本构成，科技园、技术转移办公室、技术市场中政府的影响力。我国大学衍生企业发展迅速，其中一些较早成为行业内具有领先地位和带动作用的企业。本部分选取北大方正集团、清华同方股份和东软集团作为研究样本，试图通过对这三家企业的成长历程和创业环境的分析，寻找到最有益于大学衍生企业衍生活动产生和成长的环境及关键因素。

二、案例分析

（一）北大方正集团

1. 案例背景

北大方正集团（Peking University Founder Group Corp.）由北京大学 1986 年投资创办，王选院士为方正集团技术决策者、奠基人，其发明的汉字激光照排技术奠定了方正集团起家之业。方正集团拥有并创造了对中国 IT、医疗医药产业发展至关重要的核心技术，吸引多家国际资本注入，目前已成为中国电子信息产业前五强的大型集团，业务领域涵盖 IT、医疗医药、房地产、金融、大宗商品贸易等产业。

方正集团拥有六家上市公司，是诠释"创新"理念的典范企业之一。2018 年，方正集团总收入 1333 亿元、总资产 3606 亿元、净资产 655 亿元。方正集团拥有 IT、医疗、产业金融、产城融合等业务板块，35000 余名员工，遍布国内重要城市，并在海外市场开拓方面成绩显著。2019 年，方正集团在"中国企业 500 强"中排名第 138 名。2019 年 9 月 1 日，2019 中国服务业企业 500 强榜单在济南发布，北大方正集团有限公司排名第 60 位。

2. 案例解释

（1）大学科研实力。北大拥有 31 个国家级研究机构、93 个省部级研究机构和 19 个校地校企共建机构,北大获得教育部科技奖一等奖总数为高校第一。据 2018 年 12 月北大官网信息显示,北大凭借每年承担的国家重大专项、科技支撑项目、863、973、自然科学基金等各类研究项目,产生出一批适合产业化合作的科技成果,形成了具有北大特色的科技成果项目库,内容涵盖了电子与信息技术、工业制造与机电、能源与环保技术、生物工程技术与医药、化工与新材料等类别。北大每年的科技合作超过 500 项,形成了一批具有自主知识产权、促进行业发展的成果,并且以北大原创技术为基础孵化了多家高新技术企业。

(2)资本构成。方正集团有限公司最初是北京大学全资所有的全民所有制企业,北京大学全资的北京北大资产经营有限公司持股 70%、管理层(北京招润投资管理有限公司)持股 30%。

(3)技术转移路径——专利许可型。如三螺旋模型所揭示的,在大学知识创新系统具有三个行为主体,大学和产业界围绕着技术转移而组成密切的关联。

方正集团的技术实力后盾是王选领导下的计算所、国家重点实验室、国家工程研究中心等单位。方正和他们的关系不是科研机构和生产企业在组织上的嫁接,也不是简单的技术合作和转化关系,而是适应市场经济需求的、经济利益和功能上的真正结合的机制,是一种相互依存、共存共荣的有机联系。北大方正集团在其创业伊始,北京大学计算机科学技术研究所王选为了把其主持开发的具有世界领先水平的中文激光照排系统推向市场,计算所开始以"技术转让"的方式开展合作生产。但这种合作模式的不稳定的因素使得北京大学决定向北京大学新技术公司(即北大方正集团的前身)转让研究所的技术。北京大学新技术公司与计算机科学技术研究所紧密合作,由新技术公司负责技术服务、销售和培训,而研究所负责开发新技术,"有市场头脑的科学家"和"有科学头脑的企业家"组合在了一起,企业和研究所人员的角色开始互相渗透。

(二)清华同方股份

1. 案例背景

1997 年,在清华大学和清华企业集团的筹划下,清华大学所属的清华人工环境工程和信息技术等 5 家校办优秀公司共同组建了清华同方股份有限公司,并在上海证券市场成功上市,募集资金 3.5 亿元。同方股份立足于信息、能源环境两大产业,形成了应用信息系统、计算机系统、数字电视系统和能源环境四大本部的组织架构,构筑了以计算机、信息系统、安防系统、数字电视系统、军工系统、互联网应用与服务、环保、建筑节能等八个主干产业为核心的发展格局,孵化培育了计算机、威视、环境、微电子、知网等十多个优质产业公司,走出了一条高科技企业发展之路。2019 年 7 月 18 日,中国电子信息百强企业名单发布,同方股份有限公司位列第 46 位。

2. 案例解释

(1)大学科研实力。目前清华大学在运行的校级科研机构共421个,截至2016年年底,清华大学累计获国家级科技三大奖共529项,省部级科学技术奖2487项。2017年,清华大学国内申请专利总数2636项,国外申请总数492项;国内授权总数2019项,国外授权总数380项;有效维持专利管理约9200件,对专利申请前、申请中、授权后、维持中、运营中等进行全过程管理及归档保存;计算机软件著作权登记327项,集成电路布图设计1项。

(2)企业特征。大学衍生企业创立初期,企业的主体基本是学校的教授或某个专业课题组,公司往往是独资企业,公司的经营行为有的是由科研开发人员所共同决定。随着市场的规范化,受国家政策的指导,相互独立的大学衍生企业在学校科研处的指导下开始组建集团企业。之后,随着大学科研成果的不断开发,集团企业实力的扩大,大学开始以资本为纽带整合全校的经营性资产,建立现代化的公司经营管理体系,技术转移+资本投入的运营模式成为已有衍生企业继续发展的战略选择,而股份制就成为这种战略选择的实现方式。同方股份的发展历史就经历了这样的一个过程,现在的所有制形式是股份制企业。同方股份有限公司的早期控股股东是清华控股有限公司,其所持有的股份性质为国有股。其行政主管部门为教育部,其持有的国有股权管理最终隶属于财政部,公司的实际控制人为财政部。

(3)中介组织:清华科技园——开放式。政府通过参与清华科技园的建设和管理而体现出在知识创新系统中的作用。科技部、教育部和北京市科委通过在基础设施建设、人才引进、财税管理等方面给予科技园一定的优惠政策以促进入园企业良性发展。同样,清华科技园一直积极加强与政府的联系,园区通过充分发挥与企业贴近的优势,协助政府制定相关产业政策,并反馈政策落实的效果,引导政府资源向清华科技园倾斜。

例如,中关村管委会与清华大学合办留学人员创业园、提供风险投资配套资金;海淀区政府将政府服务平台衍生到清华科技园、与清华科技园合办海淀资本中心;市发改委、共促局、科委、知识产权局、人事局等部门都以不同方式支持了海淀科技园的发展,对如同方有限责任公司这样的入驻企业提供了政策的扶持。这种由政府和企业来参与的科技园是开放式的。

(4)技术转移路径——整体移植孵化型。清华同方上市后,企业以高科技企业孵化器作为其技术创新的核心,为大学技术转移服务。通常而言,企业的技术创新模式通常有两种形式:内生(自主研究与开发)和外生(技术转移、吸纳或兼并创新企业)。由于"外生模式"通常面临交易费用问题和技术转移的特殊性,内生模式已成为企业获取技术源的主导方式。同方股份依靠母体组织清华大学而获得创新的知识和技术,由于同方股份与清华大学的紧密关系,清华股份从清华大学获取技术知识时,减少了外生方式的技术搜索、谈判等交易与组织费用。

清华同方能够不断成长的原因在于其科技成果孵化器的定位。孵化器整合了大学、产业和政府提供的 3 种资源,能够整合政府政策资源、大学创新资源和产业资本、社会资源,为新企业提供孵化商品和服务,良性运转的动力系统。有效地把三螺旋模型的三方捆绑在一起,能使知识(技术)不断地为已有企业进行技术的更新或使创新的技术(知识)直接转变为新的衍生企业参与到社会经济体制中。

清华同方在建立初始,就抛弃了原有校办企业产品经营式的运作方式,而将自己定位为连接知识创新源与知识应用终端的孵化器,以实现科技链与产业链的对接。清华同方把母体组织清华大学作为自己的虚拟研发资源总部,而成立的研发中心以科技成果转化通道,主要承担着识别清华大学的技术流中可以在大学外部的现有公司中实现市场化,使之转化为现实的生产力的工作。在把某一个技术确定为目标项目后,就围绕该技术成果成立创新小组(或研究室),通过创新小组的运作与组织,不断完善技术,同时使其市场能力不断增强,队伍不断扩大。

在项目孵化成功后,如果项目足以形成一种新兴业务领域,则以创新小组为组织基础,新的子企业、分公司或控股公司为组织形式组成新的衍生企业。根据埃斯科维茨的定义,该种技术转移模式属于技术转移的正向线性模型。

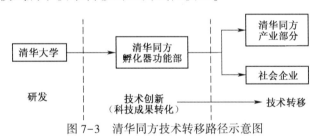

图 7-3　清华同方技术转移路径示意图

清华大学科技园作为孵化器的一种形式,整合了创新过程中的几乎所有服务功能,是大学、产业和政府三者互动的产物,是三螺旋衍生组织结构中的高级阶段。

(三) 东软集团

1. 案例背景

东软集团的前身是成立于 1988 年的东北大学"计算机系计算机网络工程研究室"。1991 年,东软集团创立于中国东北大学,是东北大学科技产业集团有限公司的合资公司;1996 年,东软集团在上海证券交易所上市,东北大学是控股股东,所持股份为总股本的17.62%。公司主营业务包括行业解决方案、产品工程解决方案及相关软件产品、平台及服务等,发展成为中国最大的离岸软件外包提供商。公司拥有员工 16000 余名,在中国建立了 8 个区域总部,16 个软件开发与技术支持中心,6 个软件研发基地,在 40 多个城市建立营销与服务网络,在大连、南海、成都和沈阳分别建立 3 所东软信息学院和 1 所生物医学与信息工程学院;在美国、日本以及欧洲设有子公司。2018 年 12 月 5 日,荣获第八届香港国际金融论坛暨中国证券金紫荆奖最佳投资者关系管理上市公司。

2. 案例解释

(1)大学科研实力。2011~2017 年,东北大学承担各类科技项目 6387 项,获各类科技奖励 279 项,其中国家级奖励 14 项,省部级一等奖 58 项;获得国家专利 1499 项,其中发明专利 1127 项;被三大检索收录的论文共 14644 篇。

(2)企业特征。东软集团是股份制企业,其控股股东是东北大学科技产业集团有限公司,所持有的股份性质为国有股。其行政主管部门为教育部,持有的国有股权管理最终隶属于财政部,公司的实际控制人为财政部。1993 年东软进行股份制改造,成立了"沈阳东大阿尔派软件股份有限公司",并于 1996 年成功登陆上海证券交易所,成为中国首家上市的软件公司和第一家上市校办企业。为了强化上市公司的出资人地位,于 1998 年成立了母公司"东软集团有限公司",并逐步吸收宝钢集团、阿尔派、东芝、Intel、飞利浦等战略投资者,实现了股权多元化。2007 年东软集团启动整体上市计划,再次开创了校办企业金融创新的先河。2008 年整体上市方案获得证监会通过,东软集团与上市公司"东软股份"合二为一,东北大学所持股票市值约为 40 亿元,比初始投资增值在百倍以上。

(3)中介组织:东大软件园——封闭式。东软集团投巨资兴建的占地达 810 亩的东大软件园于 1996 年启用,并被国家授予中国自主版权的"火炬软件产业基地"。东方软件集团董事长刘积仁总结其运作模式认为,东大软件园属于纯企业行为的封闭式软件园,完全从企业自身发展的需要出发,这样的封闭性带来了好处是:首先是投资得到了好的回报,企业在这个园区里面按一个统一的目标实施资源互补,东软投资的企业项目完全是互补的关系,没有互相竞争,综合资源能够得到最佳的利用;其次东大软件园通过风险基金来支持进入软件园的企业,为进入软件园区内的企业创造一种环境,东软集团以风险基金的方式投资,同时也对企业进行诊断,分析清楚存在的市场问题、技术问题还是人才问题,同时参与其管理。

(4)技术转移——知识产权入股型。公司通过成立"东软研究园"来加强基础技术研究,推动技术创新。研究园对外积极开展与东北大学的研发合作,对内积极进行技术成果转化,并逐步形成了公司自有技术体系,基于此构建了公司解决方案的公共技术平台。

三、讨论与启示

通过以上案例的探讨可以看出,三所绩效突出的大学衍生企业的产生和发展各有特

色,其特点总结如表7-1所示:

表7-1　方正、同方和东软集团知识创新系统特点比较

	大学科研实力排名	企业特点		中介组织			技术转移方式
		企业排名	企业形式	形式	特点	参与主体	
方正集团	2	1	全民所有制	—	—	—	专利许可性
同方股份	1	2	股份制	清华大学科技园	开放式	政府企业	整体移植孵化型
东软集团	21	4	股份制	东软科技园	封闭式	企业	知识产权入股型

大学的科研实力以及科研价值是衍生企业产生的必要条件。科技实力较强的大学在衍生企业活动中取得大的成果,大学知识的价值与大学溢出的知识呈现正相关。原因在于:第一,科研实力强的大学能获得更多的研究成果,拥有更加优秀的人员以及与其科技实力相呼应的社会声望;第二,科技贡献力越强的大学所创造的知识与产业界所具有的知识的差异性越大,对产业界而言更具有价值,因而一方面产业界的企业或者现存的衍生企业更愿意与具有较强科研能力的大学建立联盟关系而促进技术和知识的商业化过程,另一方面大学研究者通过所掌握的异质性技术和知识通过建立新企业的方式而实现知识产业化的过程。所以,母体组织的科技实力越强,企业的衍生活动越活跃,与产业界的沟通越多。此外,大学的自身定位也是衍生企业成长的保证,在当今科学技术迅速发展的形势下,大学应从研究型大学向创业型大学过度,把科技成果转化和高新技术产业化发展与教学科研列于同等重要的地位,大学只有充分发挥其科技、人才优势,以孵化高新技术产业作为其服务社会的坚实支撑点,才能不断推进先进生产力的发展,才能立足社会。这说明,大学在加强研发投入力度的基础上应建立专门的知识产权转移机构,建立健全的知识产权成果转化机制和渠道,以便促进衍生企业的产生以及衍生企业成立后与母体组织建立持续而高效的成果转化渠道。

政府在提升衍生企业的资本实力和科技研发实力上发挥重要作用。三个案例中的企业的所有制形式虽然存在区别,但是企业资本构成的主体都是政府,政府通过资本间接地参与企业的经营过程。此外,大学科技园是大学、产业界与政府完美结合体现。政府通过政策和财政方面的支持为大学科技园提供完善的政策服务,对其空间建设尤其是土地的征用、置换和科技园周边基础设施的建设给予支持。政府为科技园企业孵化器建设和入园企业的孵化给予风险基金支持。政府通过产业技术研发资金对从事新产品开发的企业进行财政补贴和优惠扶持,调动了企业开发新产品的积极性,确保了新产品的持续快速增长。政府通过以上两条途径促进着大学与企业的互动。这说明,政府应该为建立科技园、

孵化器等知识和技术的转移环境提供资金和税收方面的支持；在科技园和孵化器的战略定位上，政府更应关注于构建提升企业技术和知识转化途径的政策，通过政策的引导促进企业和大学在基础研究、产业转化和风险投资等方面形成良性循环的"三螺旋"创新链，通过技术的持续创新力来促进大学衍生企业持续增长的动力。

第八章

绿色技术与价值创造

第一节　绿色技术的转移过程

一、现实背景

科技迅猛发展的今天,技术进步在创造改变人们生活的同时,也给自然环境带来了巨大的压力。如何减少资源消耗、减少环境污染、实现可持续发展,成为21世纪企业关注的焦点。技术是把双刃剑,它既有可能破坏环境,也是实现可持续发展的重要手段。近年来,有利于减少能源消耗、实现可持续发展的绿色技术得到迅速发展,众多高新技术企业不断寻求着将绿色技术转化为强大生产力的方法和模式。技术转移在地区间、行业间的合作交流中扮演着越来越重要的角色,成为促进企业技术进步、经济发展的重要力量。因此,如何实现绿色技术的扩散和转移成为实现可持续发展的关键。

高校是绿色技术的重要发源地。21世纪以来,随着高校功能从人才培养到社会服务的转变,绿色技术越来越多地从高校转移至企业,良好的产学研合作成为实现绿色技术转移的重要因素。而在绿色技术由高校至企业的转移过程中,也存在着效率较低、扩散速度较慢,各合作形式发展不均,高校专利技术直接转让困难等问题。

我国的大学技术转移工作最早起步于20世纪80年代。在国家有关政策的引导下,经过多年的发展,大学的技术转移得到较快的发展。近年来,我国大学的技术转移工作已初见成效,国家已认定了清华大学、上海交通大学、西安交通大学、华东理工大学、华中科技大学、四川大学、大连理工大学等多所大学建立国家技术转移中心,在国家创新体系的建设中应充分发挥大学的基础和生力军作用。

目前世界上大学技术转移较为先进的国家的创新综合指数明显高于其他国家,科技进步贡献率在70%以上,研发投入占GDP的比例一般在2%以上,对外技术依存度指标一般在30%以下。大学是知识生产和技术创新的重要源头,是国家创新系统的重要组成部分,为此,研究大学技术转移以服务于经济发展,已成为各地方、各部门都非常关注的一个焦点,对国家实施自主创新战略也将具有重要的参考价值。

北京市技术转移服务业从总体上来看,其发展是健康的和蓬勃向上的,为北京市的优势科技资源转化为竞争力作出了重要贡献。近年来,北京市大学技术转移的研发队伍不断壮大,研发投入达到新的水平,自主创新能力不断提高,科技实力显著增强。为集成各方优势创新资源,加强协同创新能力建设,推动技术转移跨越式发展,使大学技术转移成为建设创新型国家战略布局重要途径,北京市采取了以下主要发展方式:

火炬计划。火炬计划是一项发展中国家高新技术产业的指导性计划,于1988年8月开始实施。其宗旨是实施科教兴国战略,贯彻执行改革开放的总方针,发挥我国科技力量的优势和潜力,以市场为导向,促进高新技术成果商品化、高新技术商品产业化和高新技术产业国际化。火炬计划实施以来,探索出了一条中国特色的高新技术产业化道路,为我国转变经济增长方式、实现经济社会又好又快发展作出了重大贡献。北京技术交易促进中心、清华大学国家技术转移中心、中国工程物理研究院技术转移中心等均被评为火炬计划实施的先进服务机构。火炬计划产业化环境建设项目的政策支持为北京市大学技术转移更快更好的发展起到了较好的引导作用。

中科院北京国家技术转移中心成立。《国家中长期科技与技术发展规划纲要》提出:要完善技术转移机制,促进企业之间、企业与高等院校和科研院所之间的知识流动和技术转移。2003年3月,中科院北京国家技术转移中心成立,其目的在于有效推动中科院北京市研究所与全国各地方、企业之间的知识流动和技术转移,建立有效的产学研合作机制,利用高新技术改造提升传统产业,推动高新技术产业的快速发展,促进地方的产业结构升级,为国民经济发展注入新的活力。2018年10月9日,国家统计局、科学技术部和财政部联合发布《2017年全国科技经费投入统计公报》。公报显示,2017年我国研究与试验发展经费投入总量超1.76万亿元,同比增长12.3%,增速较上年提高1.7个百分点;研发经费投入强度(研发经费与国民生产总值的比值)达到2.13%,再创历史新高。

二、基本概念

技术转移(technology transfer)最初于1964年第一届联合国贸易发展会议,作为解决南北问题的一个重要战略被提出并讨论。当时,联合国支援发展中国家的报告指出,发展中国家的自立发展无疑要依赖于来自发达国家的知识和技术转移,但机械式的技术转移做法是不可取的。目前,技术转移一词已从早期的无意识行为、后进国家的政府行为、发达国家为了打破南北僵局的策略工具以及跨国公司的扩大海外投资的先遣队等内涵,演变为今天世界范围内不同行业、不同规模的企业、研究机构以及政府都关注并广泛参与的战略性选择。

联合国《国际技术转移行动守则草案》把技术转移定义为:"关于制造产品、应用生产方法或提供服务的系统知识的转移,但不包括货物的单纯买卖或租赁。"该定义明确了技术转移的标的是"软件"技术,而不是单纯的不带有任何"软件"的"硬件"技术。但是,该定义没有专门对"转移"做出具体的解释。

美国学者 H. Brooks 较早提出技术转移是科学和技术通过人类活动而被传播的过程。按照国际上对技术转移研究的看法,技术转移可以表述为基于某种技术类型、代表着某种技术水平的一个知识簇的扩散过程。国内一些学者认为,技术转移是指不同主体(技术供方和受方)间有组织的传递活动,是一种技术要素的流动过程,包括国家、地区、部门、行业、企业之间的转移,研究机构向生产单位的转移等。而大学技术转移则是将大学中的技术产品化、商业化、产业化、最终实现其市场价值的过程,其对象是产生于大学中的技术。

一般意义上,技术转移是指技术从供方向受方移动的过程,这个过程直到受方掌握该技术才结束。该过程可以发生在不同地域之间,也可以发生在不同领域之间。通过对技术转移过程进行分解,把其划分为以下三个阶段:实验室阶段、产品化阶段(常被称为"中试"阶段)、产业化阶段(图 8-1)。

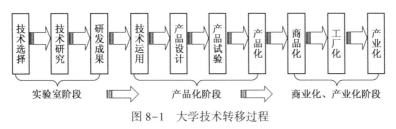

图 8-1　大学技术转移过程

实验室阶段,由技术选择、技术研究、研发成果三个环节组成。科学研究可根据不同标准和需要进行分类,最常用的是按照过程可分为基础研究、应用研究和开发研究。大学技术转移的起点,就是各大学通过基础研究和应用研究之后形成具有可供转化的开发研究成果。具体来说,研发成果包括产品技术、生产技术、管理技术三种形式,这三种形式又体现为专利设计、图纸、论证报告、技术专有、试产品、管理方案、营销策划等。研发成果区别于基础研究以及应用研究的一个重要特质,就是它的可转化性。

产品化阶段,由技术运用、技术设计、技术试验和产品化四个环节构成。产品化阶段也就是从科研成果转化到商品生产的中间研究阶段,常被称为"中试",它是实验室的开发研究与批量生产之间的重要连接环节,也是整个转化机制的核心环节。在产品化阶段,研发成果的技术条件和商品化条件是检验的重点,这两大条件的检验是同时进行的。在这一过程中,研发成果在技术上的先进程度和可行程度得到衡量,其商业价值的大小得到估量,更重要的是,科技和经济"两张皮"在这一阶段达到整合。有研究表明,技术转移过程中最薄弱的环节就是"中试"环节的薄弱,这直接导致了技术转移的低效率。

商业化、产业化阶段,由商品化、工厂化、产业化三个环节构成。这个阶段是技术转移过程的终点。所谓商业化,是指一项科学技术真正地被运用于生产过程或经营管理过程,达到正常生产规模,并真正在市场上进行销售;而产业化,则指的是该产品的生产形成了一个有较大规模的"厂商群",甚至形成新兴产业或行业。

大学技术转移过程的三个阶段相互联系、缺一不可的,实验室、产品化、商业化及产业化三个阶段相互连接、有机统一。实验室阶段,是整个转移过程的基础,它提供可供转化的备选对象;产品化阶段是实验室阶段和商品化、产业化阶段的中介,它衔接了技术与经济"两张皮";商品化、产业化阶段是整个转移过程的终点,它使科技成果真正转化为现实生产力,从而实现了科研成果转化的目的。

在整个大学技术转移过程中,实验室阶段和商业化及产业化阶段分居技术转移过程的起点和终点,产品化阶段是这个过程的中间衔接段,可以说,这个环节是整个过程的关键,没有"中试"环节的链接,技术转移不可能得以顺畅进行。

技术转移模式是指由技术转移体系内各主体的结构、技术转移方式以及主体之间相互关系而组成的特有的、典型的范例。由于技术转移是一个复杂的过程,因此技术转移模式也是多层面和多元的。按照商业化与否,可以分为商业性和非商业性技术转移。商业性的技术转移方式包括技术转让、技术开发、技术咨询与技术服务等形式。非商业性的技术转移方式包括发表著作论文、人才培养、技术交流等形式。

按照技术功能,又可分为工艺和产品技术转移。一般来说,在产业技术系统内部,并存着工艺技术形态和产品技术形态两大系统,而每种技术形态又包含若干相关性极强的单元技术,它们共同构成社会生产活动的技术基础。当技术侧重于影响生产流程,具有提高效率和扩张产量作用时,就是工艺技术转移。而当技术侧重于影响生产过程的结果,有助于提升产品的技术含量及功能拓展时,则是产品技术转移。

从技术转移的方向,将技术转移方式分为垂直型和水平型技术转移。前者是指技术从研究者到发展者再到生产者的传递,它沿着发明、创新和发展阶段不断进步,并且经过每一阶段就更加商业化。后者是指一项已成熟的技术从一个运作环境到另一个运作环境的转移,技术已经被商业化,转移的目的是扩散。

近年来,国内外学界一直比较关注大学的技术转移理论和实践研究,而且取得了一些研究成果。西方早期技术转移理论研究,主要集中在有关大学技术转移的模式和制度安排等方面,一些学者在新形势下大学向企业的技术转移提出了"新转移主义"。"新转移主义"的特征是:研究型大学技术转移的密度大大提高,高技术领域的技术转移成为常态,而且技术转移规模不断扩大,出现了多组织、跨学科的技术转移行为;政府凭借其直接或间接的政策手段,广泛介入大学技术转移过程。

三、绿色技术转移与知识联盟

绿色技术也称环境友好技术,这一概念的提出可追溯至 20 世纪 60 年代,由于环境公害的出现,一些发达国家制定了控制环境污染的法规,推动了末端技术的创新与发展。绿色技术的界定和技术与生态的关系有关,即保护生态、有利于实现可持续发展的技术为绿色技术,反之为非绿色技术。因此,绿色技术具有保护自然环境、节约成本、实现经济效益和社会效益相统一的特点。

绿色技术概念有着丰富的内涵,众多学者从不同角度对其进行了分析和研究。普遍共识是,绿色技术是有助于减少生产与消费的边际外部成本的可持续利用的技术,如节约资源、避免或减少环境污染的技术。还有学者从生命周期的角度阐述了绿色技术,认为绿色技术是一个动态的概念,从短期看,绿色技术是使产品生命周期总的外部成本最少化;从长期看,绿色技术是使产品生命周期总成本最少化,即其最终目的是实现产品生命周期内部成本与外部成本总和最少化。

随着经济的发展和技术进步,技术转移对企业发展的驱动作用日益突显。国际技术研究领域将技术转移的含义概括为,技术转移是指科学技术通过人、物、信息等载体在国家之间、地区之间、行业之间的输出与输入的活动过程。技术转移共包含三方面内容,即技术转移部门、被转移的技术、技术转移方式。绿色技术转移指绿色技术在国家、地区、行业间的输入、输出过程。与传统意义上的技术转移不同的是,绿色技术转移较多考虑环境质量提高和资源永续利用。

高校是绿色技术产生的摇篮,产学研合作是绿色技术转移的重要过程。产学研合作即是指企业、科研院所和高等学校之间的合作,通常指以企业为技术需求方,与以科研院所或高等学校为技术供给方之间的合作。市场需求的驱动带来产学研合作的外部动力;企业不断增强的科技创新意识和对利益最大化的追求形成产学研合作的内部动力机制。内、外部动力的共同作用促进了产学研合作的产生。良好的产学研合作将大学、研究机构与产业界密切结合,将大学和研究机构的研究成果转移到企业,实现从科研成果到社会生产力的转化。

众多学者对现有的产学研合作模式进行了归纳总结。从合作目的来看,企业与高校间的产学研合作主要有人才培养型、研究开发型、生产经营型和主体综合型四种模式;从主导者的角度,产学研合作可分为政府主导型、企业主导型、学校主导型和校企联合共建模式。在校企联合共建模式下,企业与高校间的产学研合作主要通过共建研究中心、研究所和实验室;建立科技园区和高校企业等形式实现。

随着国内大学技术转移活动的不断增多,国内学者对大学技术转移理论的研究也逐步深入,主要研究领域包括大学向企业转移技术的机制、产学研合作等;大学技术转移模式和制度安排等方面。20世纪80年代后期,大学技术转移模式得到了一定关注,美国学者甘地最早采用数理分析的方法,对大学向企业的技术转移模式进行了精致的数理分析。1991年,德伯森等人又提出了网络化的技术转移模式。加拿大学者尼斯和美国学者扬斯·李指出合作研究特别是委托研究是大学向企业转移技术的重要模式。同时国内学界也逐步开始关注大学技术转移这一领域的研究,在关于技术转移模式研究方面有了一些初步的尝试,例如对美国高等院校技术转移模式的成功经验进行总结和分析研究;提出了大学技术转移的具体路径,指出应该在高等学校中组建技术转移中心并进行了详细论证,具体分析了国内外技术转移的机制等,对大学科技转移的具体模式,进行了实际调查和研究。

在大学的技术转移过程中,按照大学与企业在技术转移过程中的参与程度不同,将技术转移模式粗略地分为三种:外向型、内向型、合作型(图8-2)。

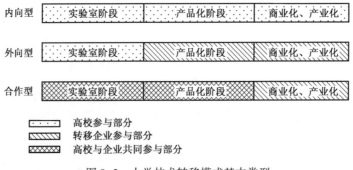

图8-2 大学技术转移模式基本类型

内向型。在这种技术转移模式下,技术转移的三个阶段均由大学完成,表现为大学衍生企业应用技术直接创造效益。大学衍生企业,按照比较宽泛涵义的界定,是指由大学投资兴办或持股比例为第一大股东的企业,包括以大学的科技成果投入的生产制造型企业和以大学的智力投入的中介或服务性的企业。

外向型。在这种技术转移模式下,技术转移的第一个阶段,即实验室阶段由大学独立完成,而产品化和商业化及产业化阶段则由企业来实现,具体表现为大学将自己的研发成果通过技术市场直接转移给企业,技术的供需方是一种交易关系。就国际上这种形式的技术转移实践来看,多表现为专利转让,通过这种方式转移和扩散的技术逐年增多。

合作型。在这种技术转移模式下,技术转移的前两个阶段由大学和由企业合作完成,最后一个商品化、产业化阶段由企业独立完成。在这种合作模式下,双方从技术开发阶段就交流切磋、合作研究,共同完成技术开发和生产过程,有时双方甚至建立长期合作关系,如建立联合技术开发中心、研究所等,更为直接的方式则是双方共同组建企业,这种合作方式越来越受到企业和大学的欢迎。

对前人的研究进行梳理之后可以发现,技术转移已成为推动经济发展的重要动力,高技术产品成为世界贸易发展的主导力量。科学技术国际化,国际科技合作与交流不断加强,从数量和质量上都已进入新的发展阶段。

但是我国在技术转移上也出现过一些问题,如转移速度较慢,技术与经济的衔接程度较低,技术成熟度不高,转移后需要的配套服务跟不上,缺乏中介组织介入等。另外,大学对技术转移的投入不足,科研激励机制与利益分配机制尚不健全,对技术成果的标准化评价体系也有待完善。因此,从整体上说大学的技术转移发展水平受到了制约。

技术转移一直是企业和大学之间的"瓶颈",这一问题不解决将会严重影响企业技术需求和大学科研成果的转化,甚至会影响到国民经济的整体发展水平。因此,对于大学技术转移的路径研究是非常必要的,它将会对大学和企业之间建立良性互动的技术转移关系产生积极而深远的影响。大学的技术转移怎样与企业结合,如何使中国大学的技术转移平衡发展,如何与国际接轨以及相互影响和作用,这些都需要在数据研究和调研的基础上进一步探索,从而得出结论。

四、发展对策

(一)增加科学研究投入

首先,加大财政经费投入,重点支持一批国家级的技术转移示范机构,营造技术转移事业发展的良好环境。其次,加快建立以企业为主体、以市场为导向、产学研结合的技术创新体系,是提高自主创新能力的关键环节,特别要引导和支持创新要素向企业集聚,促进科技成果向现实生产力转化。

努力发挥大学科研机构的知识创新源头的作用,将公共财政投入所形成的科研成果和研发能力向社会转移;发挥企业的技术创新主体作用,支持企业技术转移的组织创新和模式创新,推动企业以产业链集成创新为目标,形成各种形式的创新集群和技术联盟;充分发挥技术转移服务机构的纽带作用,探索和创新服务模式,在创新链条的各个环节提供全程的技术转移服务;加强技术转移各主体的多项互动,实现优势互补。

(二)健全技术转移的法律保障体系

根据我国的国情,进一步完善我国的知识产权法律体系,全面修订专利法、著作权法、商标法、反不正当竞争法等,利用法律、法规来保护知识产权,调整技术转移中的各种关系。技术转移的核心是知识产权的保护和应用,因此,除了进一步完善我国的知识产权法律体系外,还应制定一系列知识产权保护和应用的规章和制度。一是加强政府科技计划项目的知识产权管理,明确政府科技计划项目形成的知识产权的要求,要把获取专利、转移和扩散技术的业绩作为考核承担研究项目资格的重要指标和验收项目的重要内容;二是建立科技部系统知识产权托管中心,管理政府科技计划项目形成的知识产权。

(三)制定专利保护和应用战略

要制定不同层面的专利保护和应用战略,包括宏观层面的国家知识产权战略,中观层面的区域专利保护和应用战略,微观层面的企业、研发机构、高等院校专利保护和应用战略。

国家层面的专利保护和应用战略要以提高国际竞争力为主要目标,制定有利于专利技术转移的政策和法规,建立和完善专利投融资体系和风险投资机制,健全专利技术转移的激励机制,营造有利于专利技术转移、产业化的机制和环境。

区域层面的专利保护和应用战略,应以提高区域竞争力为主要目标,结合区域经济特点和拥有的科技资源优势,以国家专利保护和应用战略为原则,制定区域的配套政策措施,加强为社会公众和企业提供知识产权保护服务的能力,大力促进专利技术转移。

企业、研发机构和大学则要以自身的发展为目标,制定自身战略,促进自身的发展。科学地界定职务成果与非职务成果,依法规范科技人员在从事知识、技术创新活动中应当享有的权利,最大限度调动调动科技开发人员积极性和创造性,激励和保护科研机构、高新技术企业组织研究开发和技术创新的积极性。

(四)发展技术转移中介机构体系

一是努力发展技术服务机构,既要广泛接触技术源,了解机构和高校拥有的技术,又要密切关注市场,建立与各类型企业尤其是中小企业的关系网络;搭建专利技术转移信息服务平台,建立专利技术产权托管中心,受各级科技管理部门委托,管理政府科技计划项目形成的知识产权。二是发展高校科技成果转化机构,大学应根据自身的科研优势,招聘一批不仅具有相关科研领域知识背景,又具有企业工作经验的专业人员;同时,加强对技术成果的全面评估,为企业提供技术咨询、人员培训等方面服务,帮助企业尽快实现规模化商品生产。三是积极发展国内的技术产权交易市场,推动技术成果产业化。

(五) 构建新型技术转移体系

为适应实施自主创新战略和建设创新型国家的要求,亟须构建以企业创新需求为导向,以大学和科研院所为源头,以技术转移服务机构为纽带,产学研相结合的新型技术转移体系。例如,发挥大学科研机构的知识创新源头的作用,将公共财政投入所形成的科研成果和研发能力向社会转移;发挥企业的技术创新主体作用,支持企业技术转移的组织创新和模式创新,推动企业以产业链集成创新为目标,形成各种形式的创新集群和技术联盟;充分发挥技术转移服务机构的纽带作用,探索和创新服务模式,在创新链条的各个环节提供全程的技术转移服务;加强技术转移各主体的多项互动,实现优势互补。

(六) 利用网络的各项功能加强外部合作

随着网络与现代通讯技术的发展,知识经济成为 21 世纪经济发展主流,这些为技术转移机构的发展带来了巨大的市场机遇。当前,已有许多技术转移和知识产权管理的软件系统和平台,使客户能够对自己拥有的知识产权进行更好的掌控。图 8-3 反映了斯坦福大学技术许可办公室(OTL)模式,受到广泛认可,具有参考价值。作为发展中国家,更应该拓宽技术创新领域,加快技术转移步伐,加强网络搜索的功能,建立专业化信息库,并在信息检索、处理方面做文章,实施差异化战略,并加强网络安全方面的管理。

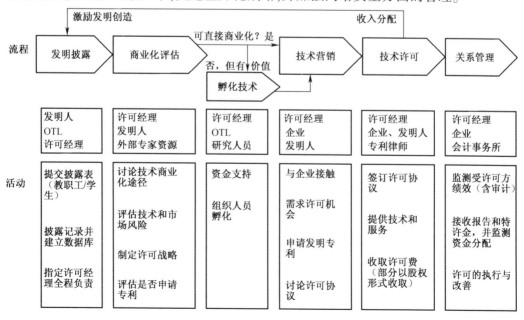

图 8-3　OTL 技术许可流程图

第二节　绿色技术的创新价值

一、绿色技术创新推动资源型产业转型

（一）问题提出

目前关于绿色技术创新及其影响因素的研究不少,但现有研究更多的是集中在企业层面,主要探讨的是企业绿色技术创新的影响因素,而聚焦于资源型产业的研究则相对匮乏。依赖于自然资源的资源型产业在当今绿色发展背景下迫切需要转型,而绿色技术创新正是其转型的核心路径。因此,影响资源型产业绿色技术创新的因素究竟有哪些,各因素又是如何作用于绿色技术创新的? 这些问题就成为值得深入研究的课题,这对我国资源型产业转变发展模式、提升绿色技术创新能力有着重要的指导意义。为此,本部分聚焦于资源型产业,指出影响资源型产业绿色技术创新的因素,提出促进资源型产业绿色技术创新能力提升的相关建议。

资源型产业肩负着国家工业化进展所需要的能源、矿产品等基础性原材料供应,是国民经济发展难以割舍的重要组成部分。在当今绿色发展背景下,资源型产业必须跟进时代步伐,加快转型升级。绿色技术创新作为资源型产业转型升级的关键路径,是一项复杂的系统工程,它不是由单个独立的变量影响或决定的,而是由多个因素通过不同方式在特定区域与历史条件下共同发挥作用,因此需要综合考虑绿色技术创新过程的多方面因素。纵观已有研究,发现以下因素被普遍用于解释绿色技术创新:高频出现在各项研究中的是研发投入,包括资金投入和科技人员投入;其次是环境规制,近年来已成为大部分学者的研究热点;第三是市场因素、企业内部因素、行业规模等。本研究在梳理相关文献的基础上,结合资源型产业的固有特点,选取政策因素、市场因素、认知因素、金融因素作为解释变量进行研究。

（二）政策因素与资源型产业的绿色技术创新

政策因素通常表现为政府对绿色技术创新的鼓励支持与补助、环境法律法规的强制等。虽然政府并不直接参与绿色技术创新,但政策是国家社会前进的方向指引,引领产业发展的方向。另一方面,绿色技术创新有别于一般性的技术创新,虽然通过技术创新创造新产品可获取效益,但这种创新成果和技术极易被他人所用,不能使创新者获取全部效

益；同时绿色技术创新还有特殊的环境外部性，对环境保护有着重要的作用，因此不能像对待一般技术创新仅仅给予部分支持，而是需要政府通过优惠补助、税收政策、环境管制等手段来督促企业进行绿色技术创新。政策因素对绿色技术创新的作用主要表现在两个方面：一是弥补市场失灵，二是增强企业绿色技术创新的内生动力。绿色技术创新需要较高投入，周期性长且风险高，如果没有政策引导、资金补助、环境强制等手段，企业是不会主动投入充足的资本和人力的，自然导致整个行业的绿色技术创新能力难以提升。

（三）市场因素与资源型产业绿色技术创新

企业开展生产经营的最终目标就是追求更多的利润，企业只有顺应市场需求占据充足的市场份额，才能获取更多的利润。因此，企业会对诸如供求、价格等市场信息进行搜集调查，并在整个行业间进行对比分析，基于自身利益做出回应，这种企业间的竞争相互刺激，从而带动整个行业在绿色技术创新方面的努力，以此提高绿色技术创新能力。市场因素中包含的市场需求、销售绩效、市场竞争等能为绿色技术创新指引方向，如果一个企业能顺应市场需求生产出消费者所青睐的产品，那么在销售利润提高的同时也能促进企业进行绿色技术创新；一个产业若能顺应市场需求，则产业也会不断发展壮大。反之，如果企业或产业违背市场需求，则带来的不仅仅是人、财、物的损耗，更多的是技术和知识经验的浪费，不利于绿色技术创新的开展。张敦杰曾通过对绿色技术创新理论的梳理，具体分析了影响绿色技术创新的因素有科技发展、市场竞争与合作、消费需求等，并强调消费需求对绿色技术创新的影响非常明显；研究中提到，市场利润和竞争是激励企业开展绿色技术创新的主要因素。

（四）认知因素与资源型产业的绿色技术创新

认知因素是指公众对绿色技术创新的认知水平和环保意识的强弱程度。企业生产的最终消费者是大众人群，因此大众对绿色技术创新的认知有着不可忽视的关键作用。一般公众的环保意识越强，对绿色技术创新的认知水平越高，出于环境因素与健康因素的双重考虑，公众对绿色产品的需求也会更加旺盛，间接会促进企业加快绿色技术创新能力的提升。因此，促进公众提高对绿色技术创新的认知水平，充分刺激公众的参与，能有效为绿色技术创新奠定群众基础。此外，公众具有一定的社会监督作用，公众对绿色技术创新的认知水平越高，监督作用会更强，对破坏环境、不利于绿色技术创新的行为，公众可通过多种方式进行曝光，这在很大程度上可促进资源型产业产生绿色技术创新行为。

（五）对策建议

政策支持和保障。绿色技术创新的实施需要大量的人、财、物投入，资源型产业凭借其基础性地位很难自主投入大量资源实施绿色技术创新,因此需要政府加以引导。制定和完善环保政策,加强环境规制力度。环境规制能有效抑制企业及相关产业开展不利于环境保护方面的行为,是促进技术创新与转型的重要工具。通过环境规制,实施与资源型产业特点和污染排放强度相匹配的环境政策,从制度上积极引导其增加技术创新投资,同时加强环保立法和执法,加大对破坏生态环境行为的惩罚力度,遏制非绿色技术创新的发展。同时,政府应提供一定的优惠补助和资金支持,通过直接拨款、资金投入、政府购买等行为鼓励资源型产业开展绿色技术创新,对有利于保护环境节约资源的环境友好型企业给予适当的税收优惠和资金鼓励,引导整个资源型产业转变发展方式,积极促进绿色技术创新的开展。

倡导绿色消费,培养绿色意识。在资源型产业倡导和鼓励企业、公众进行绿色消费,形成绿色消费氛围,可增加绿色产品消费的需求,这种需求随着社会经济的发展而不断变化,当变化达到一定程度时,就会影响到企业乃至整个行业的销售收入水平和利润,同时这种需求也提供了新的市场机会,能发挥绿色消费的导向作用,引导企业和行业进行绿色技术创新。同时,倡导绿色消费需要加强对公众环保意识的宣传和教育,通过教育不断提高公众对绿色相关知识的认知。当绿色环保技术逐渐被公众所熟悉时就会产生一种新的需求,公众的传统消费理念也会有所转变,希望使用无污染、低排放的产品,从而推动绿色消费市场的不断壮大。

建立绿色技术创新融资机制。这会使得绿色技术创新的开展能得到更加便捷的融资贷款渠道。技术创新离不开资本市场的支持,只有得到充足的资金和设备支持,才有条件进行研究与创新。一方面鼓励企业通过社会融资、贷款等多种方式进行科技创新融资,在此过程中政府可给予适当的利息补贴和担保等优惠;另一方面,作为信贷资金的执行部门,各金融机构要增强在绿色发展中的作用,优先考虑符合绿色发展和有利于绿色技术创新企业的资金需求,通过多种方式鼓励资源型产业中各企业加大对技术创新的投入。

二、创新创业的绿色价值

(一)创业内嵌绿色属性

研究发现,能力性资源导向的创业活动对环境可持续发展产生的影响,较生产性资源导向的创业活动更为显著,究其原因,在于创业通过对不同类型资源的获取和整合,会带来不同的外部效应。生产性资源包括工厂、设备、土地和其他资本物资等,虽然对创业必不可少,但是,创业者占有这些生产性资源越多,往往意味着向环境索取的资源越多。而且,生产性资源具有透明性,在防止竞争对手复制方面比较脆弱,所以,生产性资源主导的创业活动容易借助复制途径产生,也容易因此而失败。可见,这类创业活动容易给外部环境带来较大的压力甚至损失。

相比较而言,能力性资源是一种包括团队工作、组织文化、员工之间的信任等在内的看不见的资产,具有复杂性和专有性,不容易被竞争对手复制,被资源基础理论的学者视为可持续竞争优势的来源。而且,这类资源重视企业资源之间的相互作用,关注创业者对资源的管理配置,是企业异质性的根源。因此,能力性资源主导的创业活动,着眼于从组织内部挖掘创业机会、突破成长障碍,对外部环境中自然资源的需求迫切性较弱,从而更具绿色属性。

(二)实现创业的绿色价值

基于上述认识可以看出,实现环境可持续发展,并非是既有企业的专属任务,创业者或创业期企业也是"绿化"环境的主力军,不拘泥于已有资源、关注机会识别和利用的创业活动,既可以推动经济增长,也有利于环境优化。与其只从经济体末端的成熟企业着手进行绿色管理,不如双管齐下,"亡羊补牢"兼顾"未雨绸缪",加强对经济体初端的创业活动的引导。20世纪90年代开始,针对绿色创业问题的研究日益增多,一些学者围绕"环境创业""生态创业""可持续创业"等绿色创业概念展开研究,环境和可持续发展目前已经逐步开始与一些创业主题发生融合。现在学者普遍认为绿色创业对经济和社会体系可持续发展具有至关重要的作用,其价值不仅仅在于它为那些识别和应用环境机会的快速反应且超前行动的创业者提供新的机会,更重要的是,绿色创业还有可能成为一股社会力量。

(三)优化知识和技术创新的调色作用

无论是市场过滤还是制度过滤,知识和技术都会对创业与环境之间的关系产生调节作用,换言之,知识和技术创新在创业创造绿色价值的过程中,发挥着"调色板"的作用。究其原因,在于创业的绿色价值通常以先进的技术性为基础,在可持续发展根基上建立新的事业并使其处于先锋的典范作用。在经济环境和政府政策的影响下,绿色创业者不断地开发新技术,以满足顾客和环境的要求,在技术上的领先使得企业在产业的领先成为可能,从而获得在行业上的发展。因此,知识过滤调节的创业对象,通常是拥有先进专利技术的企业。

新熊彼特主义者提出,目前经济发展的主要推动力是能够创造实际产出科学知识的日益增长,以及经济体系将这些抽象科学知识转化为具体市场创新的能力。这一观点,也适用于环境可持续发展领域,知识应当成为实现环境可持续性的最重要资源。这就意味着,为了提高创业对环境可持续发展的贡献度,应当积极利用好知识过滤的调节作用,不仅针对既有企业,而且引导更多创业者参与到绿色革命当中。

必须承认,创业初期的企业存在阻碍进行绿色化的因素。例如,创业者和企业本身在创业初期对于可持续并没有太大的重视,大多是在创业过程之中或者经济机会的推动之下,才开始对绿色环保进行分析和实施,这种理念上的不重视是阻碍绿色创业的一个方面,而企业本身在创业初期的社会和经济实力,也使得企业进行绿色环保体系的建设产生困难。这会产生一种淡化"绿色"的负向过滤作用。为此,应当借助创业活动,突破新知识与商业化知识之间的屏障。

由于既有企业无法最大化地进行知识商业化,而绿色创业正是对这些未被商业化的绿色知识的内部响应结果,这在组织层面上表现为知识溢出的传导结果——创建新企业。识别绿色机会并在现实中通过开办新企业应用机会的机制意味着一种伴随知识过滤效应的知识溢出。当政府决策、企业研发或大学试验的一个环境保护科研项目时,由于知识过滤存在,可以使新知识和创意实现不同程度或发展方向的商业化,通过调节知识过滤水平和方向,来影响新企业或内创业活动是否具有绿色属性以及绿色水平。从创业内部环境看,应加强研发力度,使创业通过知识的市场过滤增加绿色属性,在自身产品服务符合市场的基础之上,探求迎合环境可持续发展之路。从创业外部环境看,应完善制度建设,使创业通过知识的制度过滤实现绿色化,如政府应加强对于绿色技术创新的重视和政策上的支持,积极创造适合绿色创业者生存和发展的环境等。

可持续价值篇

第九章

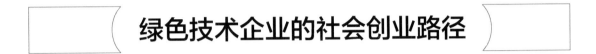

绿色技术企业的社会创业路径

第一节　可持续导向社会创业与新企业演进

一、可持续发展与突破性的创新

可持续创业的研究缘起于人们对可持续发展的认识。可持续发展的概念将自然系统的承载能力和面对人性的社会挑战联系在一起。早在20世纪70年代，可持续性就被用来描述经济在基本生态支持系统下的平衡状态。传统上，生态学家已经指出"增长的极限"，并要求"稳定状态的经济"来解决环境问题。可持续发展的辩论是基于这样的假设，即社会需要管理三种类型的资本（经济、社会、自然）。这三种资本可能是不可替代的，并且它们的消耗大多是不可逆转的。

学者们普遍强调，经济资本不一定能替代自然资本。例如，森林提供造纸的原材料（这是容易替代的），但它们也保持生物多样性和吸收二氧化碳。自然和社会资本恶化的另一个问题在于它们的部分不可逆转性，而且自然和社会资本的枯竭可能有非线性的后果。例如，湖水中的营养物质为湖中的生物提供生存条件，然而，一旦藻类密度过高，湖泊的生态平衡就会瞬间被破坏。

自然资本和社会资本的退化具有严重的后果，就引发了一个重要问题：为什么不采取更系统的行动来解决问题？Cohen和Winn提出市场失灵的多种类型作为可能的解释：首先，尽管自然资本或社会资本枯竭的好处被私有化，成本却往往被外部化。其次，很多时候，自然资本也易被社会低估，因为人们没有充分意识到由此引起的实际成本。信息不对称被确定为第三个造成自然和社会资本枯竭的原因。同时，许多企业并不是可持续创业企业。由于社会中可持续发展意识的增强,Cohen 和 Winn 认为市场失灵有可能减少。例如,他们希望社会在标榜其经济价值的同时,也逐渐重视自然和社会资源的价值。因此,企业不得不将以前一直由社会来承担的成本内部化,这种变化被称为行业的可持续发展转型。

许多现象表明,世界的发展并没有很好地契合可持续发展的理念,全球气候变化和自然资源的加速枯竭便是其中的两方面。全球可持续发展所面临的严峻挑战,使得人们越来越意识到,增量解决方案将不足以维持自然资本和社会资本的临界水平。2010 年英国石油公司引发的墨西哥湾漏油事件,正是企业片面追求经济利益最大化所造成的生态负外部性影响的典型案例。不断发生的环境污染事件表明,企业原有的以破坏生态环境为代价的经营模式与人们生态诉求之间的矛盾正在加剧,而解决这一矛盾的方法是兼顾经济利益与环境保护的新的企业运营模式——可持续创业。近年来,可持续创业作为一种现象和一类研究课题受到广泛的关注。一方面可以看到,小型企业的可持续创业活动尤为活跃,他们的迅速成长对社会的发展有着不可忽视的影响。虽然小型企业的创业行为相当重要,但对整个产业的贡献则具有一定的局限性。另一方面,大型企业自身的发展也充满着机遇与挑战。随着经济的快速增长,自然资源的消耗日益加剧,环境污染日趋严重,经济发展与环境保护之间的矛盾不断激化,这些问题引起企业家们对原有的发展理念和发展模式的反思。

可持续发展与创新的关系推动了可持续创业理论的发展。可持续发展驱动突破性创新这一观念已经变得很普遍。可持续创业已经作为"突破性学科创新""创造性的突破之源"以及"下一次工业革命的开始"被提出,强调通过环境创新推进新市场的建立。在 Fussler 的一本很有影响力的、关于生态创新的书中,他指出大部分企业并没有积极地将可持续创业作为一种创造市场份额的策略。然而,他不认为这种"缺乏创新"在未来会持续下去。在运用了大量个案研究后,他认为,创新性的公司能够成功推动生态创新盈利,不是通过遵循目前客户的需求,而是通过创造未来的市场空间。不少学者也提出,企业可以积极转变市场结构从而使它们更有利于生态创新。

Schaltegger 和 Wagner 较早指出,促进行业转型的野心,是可持续创业的一个决定性元素,这意味着可持续创业企业不仅只将可持续性作为核心业务的重点,更在于促进超出生态层面的大众市场的转型。在可持续创业的社会层面,"企业社会创新"这一概念由 Kanter 首次引入,她认为企业应该利用社会问题作为学习实验室,来确定未满足的需求和提出创造新市场的方案。她举例说明,Bankboston 努力建立一个社区银行,而这家银行最终演变成了银行业的一个新市场。联合利华首席执行官将企业的社会创新定义为寻找新产品或服务的方法,这些新产品或服务不仅是满足消费者对于美食和干净衣服的功能需求,还有他们作为公民的更大愿望。

企业社会创新的一个重要方面是聚焦低收入市场。在这样的背景下,Prahalad 和 Hart 谈论到金字塔底层(BOP)即低收入市场的潜力。BOP 的前提是,通过聚焦低收入人群(例如那些处于财富金字塔底部的人)未满足的需求,企业可以开拓有利可图的市场,同时也帮助低收入人群解决一些他们最迫切的需求。Prahalad 最著名的假设是,BOP 市场必须付出"贫困溢价",这意味着许多穷人必须比他们的中层或上层阶级同胞支付更多来获取产品或服务。通过运用 BOP 思想,跨国公司也许能够更好地定位他们的设计以及完善分销渠道,以便降低贫困溢价。

二、可持续创业理论的兴起

可持续创业理论是随着创业理论与社会企业理论两者的逐步融合而发展起来的。20 世纪 90 年代前期,有关创业和社会组织的研究经历了一段时间的独立发展。90 年代中后期,随着可持续发展价值观的逐步形成以及绿色市场的出现,新兴绿色市场所带来的经济利润成了连接创业与社会组织的纽带。正如 Hartman 和 Stafford(1997)研究提出,可持续化并不会成为企业的负担,而更可能为企业的发展提供广泛的资源及广阔的空间。在生态导向和市场导向的双重作用下,可持续创业在 20 世纪末便应运而生。

企业的基本目的就是获得利益的最大化和股东权益最大化。但是,企业在创立和发展的过程中都要考虑可持续性,可持续创业包含的范畴很广,包括社会创新、环境创新。尽管可持续发展的社会层面和环境层面是密不可分的,但是大部分关于可持续创业的学术文献中只涉及了其中一方。早期研究将环境创新作为工作的核心集中在生态创新的主题,这些主题催生了清洁技术创业的分支学科。后来的研究涉及了针对社会进步的创新(例如卫生、教育、社区发展)。社会创新概念更多带有社会目的的产品或工艺创新也用来指"开创和提高社会企业的过程"。

可持续创业的内涵体系仍然在形成当中。Dean 和 McMullen 将可持续创业定义为"发现、评估和利用经济机会的过程,而那些机会出现在破坏可持续性的市场失灵中,包括那些与环境相关的市场失灵",他们的定义重点在市场失灵。同时,Cohen 和 Winn 也强调机会发掘的重要性,当他们假定可持续创业的研究在探讨"如何将机会变为未来的产品,同时由谁以及伴随什么样经济、社会和环境效应来发现、创造和开发产品或服务。"可持续创业可以被看作是市场经济非均衡状态下的创新过程,核心是在一个市场失衡的经济环境下探索和挖掘新的经济机会,引导社会各个产业向一个社会友好型、更加可持续发展的状态转变的过程。

作为一种全新的创业方式，可持续创业不同于传统创业，可持续创业型企业也不同于传统的企业。具体而言，可持续创业是一种兼具社会创新和环境创新的创业模式。最初一批学者把环境保护方面的创新作为可持续创业研究的重点，对生态技术方面的进步做出了巨大的贡献，但这些技术往往需要高成本支撑。Fussler（1996）在《生态创新》一书中指出，大多数企业都不愿尝试将资金投入可持续创新的研发，并采用若干个案例进行分析，结果表明可持续创业能够创造绿色市场潜力，创新型企业可以从中赚取利润，而不需要依赖在位大型消费需求市场展开可持续创新营销。Schaltegger 和 Wagner（2008）明确提出，促进一个产业的可持续化发展应被纳入可持续创业的定义中，这表明可持续创业型的公司不仅要把可持续发展融入其主营业务中，与此同时要把可持续创业从生态利基扩展到大众化市场中。

虽然现今关于可持续创业的研究已有一定的成果，但已有的可持续创业研究成果往往集中在可持续创业的定义、分类、动因分析等偏重理论的方面，深入到个别企业的可持续创业行为的研究还较少，而对这些不同组织规模的企业的可持续创业行为进行对比和分析，不仅可以为企业走可持续创业道路提供参考依据，更有利于政府正确引导行业走向可持续化。

当前，可持续创业研究主要关注三个主题。首先是可持续创业者主题。Hockerts、Wüstenhagen（2010）基于新熊彼特主义的主张研究了可持续创业者如何识别和利用市场失衡机会，以及推动环境和社会向更加可持续状态转型的作用。Parrish 和 Foxon（2009）将可持续创业者视为运用商业手段提高环境质量的"环保资本家"。Gliedt 和 Parker（2007）以及 Zahra 等（2008）的研究都把可持续创业者定位在特定公共产品创新的"金字塔"底层。其次是可持续创业组织主题。当前研究普遍认为，可持续创业的组织主体，既涉及非营利机构创造性的商业运作，也关注企业通过创造性地满足多重需求提升营利空间和竞争能力；不仅包括成熟企业出于绿色化目的而进行的内创业，也包括绿色新组织的创生（Dixon、Clifford，2007）。Meek 等（2010）研究发现，不同国家背景下，营利性组织和非营利组织对可持续创业的贡献具有差异，不同企业成长阶段的可持续创业导向差别明显。York、Venkataraman（2010）基于理论推演，提出在不确定性和创新性等方面，新创企业与在位企业存在差异，例如，如果一个行业中的环境创新有可能导致既有产品被取代，那么，新创企业比既有企业更有可能引入这种创新。其三，可持续创业制度主题。制度理论一直被用来剖析可持续发展问题（Chohen、Winn，2007）。Meek 等（2010）以美国各州为对象的实证检验表明，一个区域的可持续发展导向、环境责任消费甚至家庭内部的相互依赖，都是驱动当地可持续创业的重要社会规范。Shepherd、Patzelt（2011）研究发现创业者有多种途径影响制度变革，例如通过研究项目或技术报告等供政府决策者参考等，这些行为从环境友好制度、社区制度以及制度平衡方面,有助于实现可持续创业的目标。

三、可持续创业与行业生命周期

行业生命周期,又称为产业生命周期,源自产品生命周期的研究,较早提出这一概念的是 Gort 和 Klepper。行业生命周期的曲线形状和产品生命周期的曲线形状呈现 S 形,经过起步期、成长期、成熟期和衰退期(或蜕变期)四个阶段。

在行业的起步期,当出现某种新技术、新材料、新服务或者新的需求等刺激条件时,少数企业开始尝试进入以这些刺激条件为基础的新行业。该阶段最显著的特点是:进入该行业的企业相对较少;技术和服务还不完善,没有形成行业标准;由于大家都是新进入者,行业进入壁垒低;有潜在的顾客群体,顾客群体与企业一样对这个全新的行业掌握的信息较少,都处于尝试阶段。

在行业的成长期,技术、服务与产品质量趋于完善和稳定,行业标准逐步形成,市场需求急剧增加,顾客群体趋于理性与成熟;加入该行业的企业增加,产品的种类和数量也大幅增加,竞争强度增大,价格比较敏感;由于先入优势的形成,行业壁垒增高。

在行业的成熟期,行业标准已经形成,技术稳定,新产品开发困难;行业增长率和市场需求增长率降低;经过成长期的竞争与兼并,行业内企业的数量减少,企业的规模增大,一般最终只剩下少数几家实力强的企业,

在行业衰退期或蜕变期,市场需求下降,行业呈负增长;产品品种减少,竞争企业因行业利润减少而逐步退出,剩下少数几家满足市场的需求。蜕变期是指在衰退期,行业经过技术变革,在原来行业的基础上有了提升,适应了市场环境变化,满足了新的市场需求。本阶段的某些特点与行业的起步期有些类似,即有新材料、新技术或新的服务形式的出现,从而满足新的市场需要,但区别是蜕变是在已有行业的基础上进行提升,而起步期是一个全新的领域。

处于不同行业生命周期的企业行为存在着显著的差异,如企业战略、企业能力、组织结构、投资与风险、企业重组与并购、竞争行为等(表9-1)。

表9-1 行业生命周期特征

特 征	起步期	成长期	成熟期	衰退期
消费者数量	少	增 加	稳 定	减 少
产 量	低	增 加	稳 定	减 少
市场增长率	较高	很高	不高,趋于稳定	降低,负值
利 润	较低,甚至为负	增 加	最 高	降 低

（续）

特　征	起步期	成长期	成熟期	衰退期
竞　争	对手数量少， 不激烈	对手数量增加， 开始激烈	对手数量最多， 竞争最激烈	对手数量减少，竞争 激烈程度降低
企业规模	较　小	扩　大	最　大	降低或增加
产品品种	单　一	增　加	稳　定，较多	减　少
技　术	不稳定	趋于稳定	稳　定	落　后
行业进入壁垒	低	提　高	最　高	部分企业退出

　　关于企业规模与可持续创业关系的研究受到了许多学者的关注。是稳步前行的大型企业倾向于进行企业内部可持续创业，还是朝气蓬勃的小型初创企业更勇于可持续创业？在更宽泛的企业创新行为研究领域，企业规模与企业创新行为之间的关系已成为一个经典的研究课题。通过对近20项的研究成果进行内容分析，Damanpour（1992）认为企业规模与创新行为呈正相关关系，即相对于市场占有率很低的初创企业，大型企业更具有创新性，因为占据市场主导地位的大型企业拥有雄厚的经济实力，这允许他们投入大量资金进行更高层次的创新研发。另一个同样流行的观点认为企业规模与创新行为之间呈负相关关系，原因在于小型企业相对于大型企业臃肿官僚的组织机构更具灵活性且易于变通。Kai Hockerts、Rolf Wüstenhagen 发表的文章则提出，初创企业和市场在位大型企业在可持续创业中面临着不同的机遇与挑战，且在促进产业向可持续发展转型的过程中各自发挥着不同的作用。

　　当越来越多的新兴企业走可持续发展道路开拓绿色市场时，各个产业在与日俱增的环境压力下也必须走向可持续发展。这些初创企业通常会向人们展示其产品及生产工艺的可持续性，去吸引那些秉承生态价值观的消费者。大型企业一般会担心他们已有产品的市场份额被挤占或是其已有投资贬值等问题而不敢尝试，初创公司则没有这方面的顾虑。另外，由于初创企业的身份是新进入者，作为问题的解决者的他们比那些作为问题制造者的在位大型企业更值得信任。因此，在企业发展初期，新创企业比市场在位大型企业更有可能从事可持续发展的创业。

　　但这类新兴企业通常较难扩大自身业务、占据大众消费市场。Schumacher 指出，在某些情况下，他们甚至没有拓宽市场的野心，而仅仅满足于保持在他们现有的生态利基上。这是因为可持续发展型的初创企业往往更注重保持企业一贯的可持续价值标准，以满足其顾客群对高质量、无污染的产品的需求。在秉承生态可持续发展理念的创业者经营下，Lockie 认为新兴企业往往不会选择降低企业产品或生产工艺标准的做法来吸引更多的客户。这些小型企业意识到，作为行业的新进入者与在位大型企业进行市场竞争，他们的创新产品或生产工艺可能很容易被大型企业复制和改造。大型企业利用自身市场地位，通过其完善的分销网络将迅速占领整个市场,从而可能导致那些可持续发展型的初创企业的市场迅速萎缩直至走向灭亡。因此可持续发展的初创企业更倾向于在一定的生态利基上发展,不致吸引在位大型企业争夺利益,随着时间的推移初创企业将不断创新,从而提高可持续发展的绩效。

不过,面对初创企业如雨后春笋般出现并争夺市场份额,越来越多的大型企业意识到,立足长远发展走可持续创业之路迫在眉睫。在产业向可持续发展转型的早期阶段,市场在位大型企业通常采用渐进式的工艺创新,例如更新企业信息系统和管理系统以适应企业内部可持续发展的要求。这些拥有一定的业务能力和稳定组织结构的大型企业往往会局限于其传统开发模式,开拓可持续发展的创新业务对他们来说并不容易。

虽然市场老牌企业在可持续产品创新方面可能落后于那些可持续发展型初创企业,但他们具有得天独厚的优势实施企业工艺创新。先进的生产设备和生产工艺有助于降低生产成本、提高企业的劳动生产率,同时可以提高企业的产品质量,并能更好地推动产品创新成果的产业化、商品化,实现产品创新效益。因此,从某种程度上,市场老牌企业在促进产业向可持续发展中具有举足轻重的作用。同时,基于其强大的市场主导效应、财务资源和生产工艺能力,市场的老牌企业一旦下决心实施企业内部的可持续创业,他们便能够发挥其优势迅速迎头赶上。这些老牌企业可能首先复制初创企业的创新技术,加以改进后在适当的时机推出市场,占据产品市场份额。一些在位大型企业也在持续关注那些不断发展的新兴创业公司,并趁机收购那些具有发展潜力的初创公司。有研究认为,不同于初创企业基于生态目标而进行可持续创业,这些市场巨头们通常是在企业盈利目标的驱使下开始关注绿色市场并展开可持续创业。

Hockerts、Wüstenhagen认为小型初创企业与大型企业在一个行业的可持续发展转型中发挥着各自的作用,并通过建立概念化模型指出一个产业向可持续发展转型需要经历的几个不同阶段。

在第一阶段,可持续发展型的初创公司向市场推出可持续性发展的创新产品。Schaltegger(2002)在他的生态企业类型学中称这些兼具生态目标和盈利目标的创业者是环保创业先锋。在这一阶段,这些可持续创业先锋通常处于低市场份额、高环境和社会绩效的状态,只有在少数特殊情况下某些初创企业能在短期迅速成长。市场中的在位大型企业的产品一般具有高市场份额,但他们对环境效益和社会效益的贡献却非常少。当这些可持续创业先锋们拉开可持续变革的序幕时,他们同时面临着产品被在位大型企业模仿甚至企业被吞并的威胁。

在第二阶段,随着市场向可持续发展的持续转型,具有生命力的初创企业存活下来。可持续初创企业开始进入高速发展的时代,这些初创型企业的背后是更务实且更专业的投资者在支持。他们将早期环保先锋的产品创新成果和市场老牌企业工艺创新上的优点结合起来。这些进化后的可持续发展初创企业,能更好地解读市场竞争环境,因此他们能够以更专业的经营方式来不断促进自身发展。他们并不满足于前辈们所恪守的"小而精"的创业原则,相反,他们有一个更明确的发展目标:实现利润增长和扩大市场份额,并与在位大型大型企业一较高下。

在第三阶段,也是最后一个阶段,可持续创业模式逐渐成熟并开始延伸到大众市场中,在位大型大型企业受到来自初创企业的威胁,开始向绿色市场进军。和那些市场老牌企业相比,正在发展中的大型企业更多是在利润的趋势下加入可持续创业的行列,因此他们在带动工艺创新的同时也推动着产品供应链的良性循环。

第二节　新能源汽车企业可持续创业路径比较

一、研究设计

全球各大主要汽车厂商在稳定发展传统汽车产业的同时,争先恐后地在新能源汽车产业领域争取自己的立足之地,新能源汽车产业得到了快速发展并日益成为人们研究讨论的焦点。新能源汽车主要是指除汽油、柴油发动机之外所有其他能源汽车,包括燃料电池汽车、混合动力汽车、氢能源动力汽车和太阳能汽车等,其废气排放量比较低甚至是没有废气排放。根据我国于 2009 年 7 月 1 日开始实施的《新能源汽车生产企业及产品准入管理规则》的定义,新能源汽车是指采用非常规的车用燃料作为动力来源(或使用常规的车用燃料、采用新型车载动力装置),综合车辆的动力控制和驱动方面的先进技术,形成的技术原理先进,具有新技术、新结构的汽车。新能源汽车包括混合动力汽车、纯电动汽车(BEV,包括太阳能汽车)、燃料电池电动汽车(FCEV)、氢发动机汽车和其他新能源(如高效储能器、二甲醚)汽车等各类别产品。

通过深入的案例调研和系统的资料分析,能做到更加充分地贴近现实,并能够将案例中生动的故事转化成理论元素。企业的可持续创业行为研究具有复杂性和动态性的特点,因此需要系统地从整体上把握问题的本质和全貌,以增强对问题的全方位的理解,这个任务往往是定量研究方法所不能承担的。例如,问卷调查法是管理学常用研究方法,但是,这种方法往往预先将问题加以简单化和标准化,然后通过大量样本的数理统计分析得出结果,这种方法较难应付复杂性和动态性的问题,它容易限制观察的视角,使得研究者丧失对信息的敏感性。因此,本研究决定采取具有较高代表性的新能源汽车行业的探索性案例研究来研究企业的可持续创业行为。

经过对已有文献的梳理,本研究在 Hockerts、Wüstenhagen 构建的市场占有率、环境和社会绩效交叉模型的基础上,选取企业规模、机会竞争、协同进化这三个维度研究企业的可持续创业行为并建立概念模型(图 9-1)。

在模型中,本研究将企业规模界定为同一产业中的初创企业和在位大型企业。这样的界定一方面有利于缩小研究对象,另一方面有利于案例企业的甄选。本研究提出两种不同组织规模的企业从事可持续创业。初创企业指的是在某一特定行业中作为新进入者且有一个相对较小的市场份额的小企业。在可持续发展的背景下,在众多小企业中,特别指出的是那些旨在提供的不仅是经济价值,而且是社会和环境价值的企业,即具有较高可持续效绩的初创企业。在位大型企业,往往指的是在行业中具有较高资质且占有相对较高的市场占有率的在位大型企业。由于不可避免地存在数据可得性和可靠性方面的问题,样本单位选择在一定程度上受制于企业的实际情况。基于企业规模、性质、所属产业等因素的考虑,最终确定选取的初创企业和在位大型企业分别为比亚迪股份有限公司和奇瑞汽车有限公司。

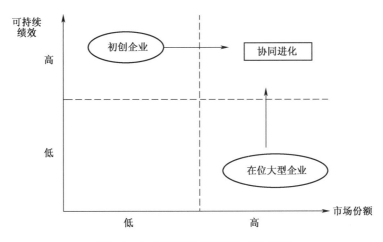

图 9-1　企业可持续创业行为概念模型

机会竞争则指在绿色市场的竞争中,初创企业和在位大型企业所采取的不同可持续创业举措。一方面,初创企业勇于可持续创新,具有较高的可持续效绩,即社会、环境和经济效绩,但他们的经营通常局限于现有的生态利基上无法得到扩展;另一方面,在位大型企业具有高市场占有率,却面临可持续创新瓶颈。初创企业和在位大型企业各自通过可持续创业行为竞争绿色市场中潜在的经济机会。

协同进化指初创企业和在位大型企业的机会竞争共同推动产业走上可持续发展道路。在产业可持续发展初期阶段,初创企业推出可持续创新产品,但由于其市场占有率低,无法扩大市场;在产业可持续发展的成长阶段,初创企业获得资金支持得以快速发展,在位大型企业受到来自初创企业的威胁,开始企业内部的可持续创业或是企业间联手进军绿色市场;在产业可持续发展的成熟阶段,产业进入可持续发展的良性循环,在产业内竞争趋于动态平衡,市场趋于饱和, 新的初创企业开始研发未来的可持续发展创新技术,新一轮的竞争开始。

基于企业规模、机会竞争、共同协作三个维度,本研究对案例企业进行案例描述及案例解释,总结初创企业和在位大型企业的可持续创业行为的优势及劣势,并分析其对产业走向可持续发展的推动作用。

二、案例比较分析

(一)比亚迪股份有限公司

1. 案例描述

比亚迪股份有限公司(以下简称比亚迪)由王传福于 1995 年创立,是一家香港上市的高新技术民营企业。目前,比亚迪已在广东、北京、陕西、上海等地建有多处生产基地,并在美国、欧洲、韩国、印度等地设有分公司或办事处,员工总数已超过 13 万人。2002 年 7 月 31 日,比亚迪在香港主板发行上市;2007 年,比亚迪电子(国际)有限公司在香港主板上市;2008 年 9 月 27 日,美国著名投资者巴菲特向比亚迪投资 2.3 亿美元,拥有其 10% 的股份,扩大了比亚迪品牌的世界影响力。比亚迪拥有 IT 和汽车两大产业群,作为全球领先的二次充电电池制造商,IT 及电子零部件产业已覆盖手机所有核心零部件及组装业务,镍电池、手机用锂电池、手机按键在全球的市场份额曾达到第一位。

2003 年,比亚迪收购西安秦川汽车有限责任公司,表明比亚迪从此进入汽车制造及销售领域,开始比亚迪民族自主品牌汽车的发展征程。比亚迪汽车坚持自主品牌、自主研发、自主发展的创新模式,以"造世界水平的好车"为产品目标,以"打造民族的世界级汽车品牌"为产业目标,立志振兴民族汽车产业。后来,比亚迪建成西安、北京、深圳、上海四大产业基地,在整车制造、模具开发、车型研发等方面都达到了国际领先水平,产业格局日渐完善。北京模具制造中心,也已形成专业化、规模化的模具产业格局,为世界知名汽车品牌制造整车模具。其汽车产品包括各种高、中、低端系列燃油轿车,以及汽车模具、汽车零部件、双模电动汽车及纯电动汽车等,代表车型包括 F3、F3R、F6、F0、S8 等传统高品质燃油汽车,以及领先全球的 F3DM、F6DM 双模电动汽车和纯电动汽车 E6 等。

2008 年 12 月 15 日,比亚迪首款双模电动汽车 F3DM 在深圳率先上市。这是比亚迪历时 5 年自主研发、具有完全自主知识产权的双模电动车。它运用了全球最先进的电动和油电混合两种驱动系统,纯电动模式实现了零排放,混合动力的排放标准也远远优越于欧Ⅳ标准。这对中国汽车行业的发展具有里程碑的意义。F3DM 不仅确立了比亚迪在新能源车开发领域的领导地位,而且也把中国推向了世界新能源汽车开发的前端。

2009 年 1 月 11 日,比亚迪首款纯电动汽车 E6 现身底特律北美国际车展。E6 纯电动汽车是比亚迪继 F3DM 混合动力车之后推出的又一款新能源汽车,也是比亚迪首款纯电动汽车。在核心技术方面,E6 在国产电动车中拥有相当大的技术优势。E6 采用绿色环保动力电池作为电力驱动,不仅不会对环境产生任何污染,而且其含有的化学物质可以在自然环境中分解,能够很好地解决二次回收利用问题,做到了真正意义的"零排放"。新电池经过高温、高压、撞击等试验测试,安全性能较好,车身结构采用前后贯通式纵梁,具有良好的碰撞安全性能。E6 单次充电综合行驶里程可达 300 公里,这个数字创造了世界纯电动汽车续航里程最长的纪录,基本可以满足出租车在市区单日行驶里程,且百公里耗电量为 21.5 度,相比传统能源汽车可以节省近 60% 的使用费用。

与此同时,比亚迪加快了和其他企业的合作步伐。2010 年 3 月 2 日,比亚迪与德国戴姆勒就电动车及其零部件合作订立谅解备忘录,并计划联合奔驰共同打造全新的电动车品牌。比亚迪和奔驰计划打造一个介于奔驰和比亚迪之间的全新品牌。研发的核心系统将由比亚迪完成,安全、造型等设计则由奔驰完成。比亚迪电动汽车在赢得国际大型行业合作伙伴方面再次获得重大进展。

比亚迪不但紧抓国内新能源汽车的市场,同时把目光也投向了欧美市场,比亚迪通过日内瓦车展平台向外界介绍全球首款纯电动汽车比亚迪 E6,坚持让产品"走出去"。在比亚迪 E6 可持续创新产品中,E6 技术是占有领先位置的,而且也顺利通过荷兰认证机构 ROW 的单车认证测试,成为中国首款在欧洲正式上牌的纯电动汽车。

2. 案例解释

在电池生产行业中,比亚迪属于行业中的佼佼者,拥有雄厚的财力、人力、技术资源,但在新能源汽车行业则属于新兴企业,因此在案例中将比亚迪定位为初创企业。比亚迪总裁王传福认为,能源短缺、二氧化碳排放、环境污染是目前全球面临最大的三个问题,而传统燃油汽车的大量使用是引发这些问题的重要诱因之一。比亚迪始终认为发展电动汽车将为这一问题的解决找到最好的途径。在这种大环境下,发展电动汽车是颠覆传统汽车发展格局千载难逢的机遇。2008 年 9 月底"股神"巴菲特投资比亚迪这一举动,更能表明电动汽车行业所具有的广阔前景。

2003 年比亚迪收购陕西秦川汽车进军汽车行业之时曾引起一片质疑。人们不相信电池大王能驰骋汽车领域。之后仅过两年比亚迪就凭借自身的电池技术优势开发出装备锂电池的福莱尔电动车,后来 E6 纯电动汽车成为世界瞩目的业内引领者之一。比亚迪作为业内的后来者,在短短的几年时间内就赢得了市场的首肯,并以百分之百的增长速度扩展。人们不禁纷纷寻找其成长的动因。"我们从不对技术感到害怕。别人有,我们敢做;别人没有,我们敢想。我们始终在做一道证明题,证明技术是可以改变生活、改变世界的。我们想用电池技术加汽车技术,打造出电动车技术,用电动车的技术实现人类绿色的梦想。"这是王传福在接受杂志采访时说的一段话。比亚迪的竞争优势之一便是其敢于尝试突破式创新,开辟可持续发展之路。

在新能源汽车的可持续创业机会竞争中,比亚迪选择不同于其他企业的创新方式,通过技术上的模仿和创新解决产品问题,采用大量非专利技术应用到汽车外形上,并迅速拥有自己的核心技术。比亚迪新能源汽车选择向自身具有优势的方向发展,跳过混动动力汽车的开发,通过公司先进的电池技术重点开发纯电动汽车。比亚迪这种另辟蹊径的可持续创业路径选择不仅降低了企业间的市场争夺,而且其在纯电动汽车方向占有技术优势,企业能够拥有自身的核心技术占据生态利基。同时公司制定垂直整合战略将产业链整合起来,汽车生产的上下游重要零部件由公司自己制造,省去向上下游企业采购的环节,一定程度上降低了生产成本。这种创新的可持续创业模式是比亚迪新能源汽车迅速发展的关键因素。

2010年比亚迪与世界上最老的汽车公司戴姆勒公司的合作,是中国汽车企业第一次凭借自己在核心技术上的优势,获得了与跨国汽车巨头平等合作的机会,此次合作具有"划时代意义"。比亚迪处于可持续创业的初级阶段,规模上、技术上都相对处在落后阶段,企业通过对成熟的大型汽车企业的依赖来加快企业发展步伐。合作的成功不仅意味着企业竞争能力的提升,同时企业间的共同协作将促进新能源产业步入可持续发展的正轨。

比亚迪可持续创业之路同时面临着巨大的挑战。一方面,比亚迪的电动车面临量产困境。比亚迪当时一位高管透露,截至2010年年底,比亚迪累计销售新能源汽车仅418辆,销售收入4300万元。比亚迪的F3DM双模电动车和E6纯电动车早期实际上还处在示范运营阶段个产量。王传福自己曾经表示,不算研发费用,F3DM每卖掉一辆,亏本两万元。几乎所有从事电动汽车及动力电池研发生产的受访人士都反复强调一个观点:造出一辆电动汽车并不难,难的是造出成批量、低成本、又能保证安全性的电动车。业内人士称,动力电池可能占电动汽车整车重量的一半,成本也占到一半,据推算,E6总共需要1600多块电池。比亚迪需要解决的是,要让1600块电池保持同样的工作效率和质量,并用比较低的成本生产出来。另一方面,由于消费环境不成熟,比亚迪电动车当时在全国的推广举步维艰。虽然政府通过加大力度对新能源汽车生产企业的补贴等政策扶持产业发展,但由于新能源技术不成熟使得消费者对电动车的认可度低,加上缺乏电动车充电站等配套设施,打开大众消费市场一度十分困难,产销瓶颈制约其快速成长。

(二)奇瑞汽车股份有限公司

1. 案例描述

奇瑞汽车股份有限公司于1997年1月8日注册成立。公司于1997年3月18日动工建设,1999年12月18日,第一辆奇瑞轿车下线。奇瑞公司旗下在位大型奇瑞、瑞麒、威麟以及开瑞四个子品牌,产品覆盖乘用车、商用车、微型车领域。奇瑞以"安全、节能、环保"为产品诉求,先后通过ISO9001、德国莱茵公司ISO/TS16949等国际质量体系认证。

奇瑞公司自成立以来,一直坚持以"聚集优秀人力资本,追求世界领先技术,拥有自主知识产权,打造国际知名品牌,开拓全球汽车市场,跻身汽车列强之林"作为企业的奋斗目标。九年间奇瑞公司实现了快速发展:从2001年"风云"车正式上市开始,到2002年奇瑞成功挤进国内轿车行业销量前八名;2005年,奇瑞总共销售18.9万辆轿车,年增长率达118%,全国轿车市场占有率达6.7%,成为该年度国内自主品牌中销量最大的汽车企业,也成为中国自主汽车品牌的排头兵。

奇瑞新能源汽车技术有限公司于2010年4月正式成立,其前身为奇瑞汽车股份有限公司新能源汽车项目组。奇瑞汽车股份有限公司在创立之初就把"更安全、更节能、更环保"的产品理念融入到公司发展过程中,早在2001年,奇瑞公司就正式成立了"清洁能源汽车专项组",专职负责混合动力汽车、替代燃料汽车等清洁能源汽车前沿技术的研究与开发。

奇瑞公司自2000年开始从事新能源汽车的研发,通过自主创新,奇瑞新能源汽车事业经历了几个重要的发展阶段;从2001年到2005年,公司以国家863项目为载体,联合国内顶尖的高校及科研院所,承担并完成了多项国家863电动汽车重大专项研发课题,在短短3年左右的时间内,完成ISG中度混合动力和纯电动汽车的原理性样车研发。2005年至2008年,以科技部批准组建的"国家节能环保汽车工程技术研究中心"为依托,基本完成了新能源汽车的产业化研发,建立了完善的节能与新能源汽车研发体系。同时,新能源汽车专用的整车附件系统具备了批量生产的能力。第一款A5-BSG混合动力汽车于2008年批量上市,在芜湖、大连等城市作为出租车用车。中度混合动力(ISG)汽车已进入小批量生产阶段,目前被多个新能源汽车示范试点城市作为出租、公务用车的首选车型。2010年3月份第一批经济型纯电动轿车交付用户使用和奇瑞新能源汽车技术有限公司成立,标志着奇瑞新能源汽车事业翻开了崭新的篇章。

2009年3月26日,中国领先的新能源供应商天能动力国际有限公司(天能动力)宣布与奇瑞新能源汽车技术有限公司(奇瑞新能源)达成战略合作协议。根据协议,天能动力将为奇瑞新能源的新能源电动汽车研发和生产动力电池,奇瑞新能源也承诺优先在其新能源汽车产品中使用天能动力的产品。这一次的合作，弥补奇瑞新能源汽车在电池技术上的劣势，为企业的长远发展铺路。

2. 案例解释

如果企业占有先发优势获取了这一市场份额，则占据行业发展的主导位置。因此在众多小企业进行新能源汽车创业的同时，许多传统汽车企业也纷纷加入新能源汽车研发的行列当中来。不同于比亚迪的突破式创新模式，奇瑞采取稳步前进的渐进式可持续创新发展道路。作为当时国内自主品牌的领头羊，奇瑞从 2001 年便开始关注新能源汽车，成立专门的研发小组。基于其传统汽车的背景，混合动力汽车成为奇瑞研究的首选方向。

奇瑞拥有非常丰富的小车平台产品，并且在小车领域这个特定的消费群体中已经形成了品牌优势。由于小车非常适合向由新能源作动力或辅助动力方向转变，加之奇瑞拥有较好的整车平台、比较注重实用技术、独到的自主研发体系以及良好的供应链开发和管理体系，这已使奇瑞在新能源汽车行业中具有了明显的竞争优势。同时，奇瑞混合动力车实现从概念化到产业化的突破，具备了小批量生产的能力。

奇瑞也在不遗余力地发展新能源汽车，但其发展步伐明显落后。经过将近十年的研发，奇瑞仅仅推出了 A3 ISG、A5 ISG 两款中度混合动力新能源汽车。当比亚迪推出纯电动汽车 E6 时，奇瑞在电动车研发方面则无明显进展。创新的技术瓶颈是奇瑞开辟绿色市场、可持续创业之路上的一大难题。比亚迪电动汽车的突破给奇瑞的发展带来巨大的压力，在这种竞争势态下，奇瑞不得不加紧步伐推出电动汽车，以保住其市场地位。奇瑞选择同中国领先的新能源供应商天能动力进行战略合作便证明了这一点。奇瑞通过与天能动力在新能源电动汽车相关的电池技术方面进行合作，推出了 M1 EV 及 QQ EV 两款电动汽车。2009 年，天能动力与奇瑞新能源在新能源电动汽车领域展开全面合作，合作的内容包括新能源电动汽车相关的技术合作、市场推广合作以及售后服务业务的合作。天能动力与奇瑞新能源的合作，是中国新能源动力电池的领导者与中国自主品牌汽车的领导者的一次强强联手，他们发挥各自领域的优势能够获得更高的市场占有率。这种协同合作也间接推进了中国新能源电动汽车的良性快速发展。

三、分析结论

（一）初创企业的机会竞争

通过案例解释可知，行业新加入者即初创企业，在可持续创业方面的优势明显：首先，初创企业创新能力强，不拘泥于原有行业发展定式，从而更容易开发出不同以往的绿色市场并能够迅速领跑市场。比亚迪作为汽车行业的新加入者,跳过传统汽车行业选择在混合动力汽车领域开发的模式,直指电动汽车市场。作为汽车行业的初创企业,选择这种发展路径不仅能避开激烈的市场竞争,同时更有可能成为市场领导者。其次,新加入者作为新领域的开拓者,其具有的发展潜力更受长期投资者青睐,因此可持续创业的初创企业通常能够获得可靠的投资者的支持,如比亚迪在 2008 年获得股神巴菲特的投资,表明电动汽车市场不可估量的发展潜力。

同时初创企业的可持续创业也面临着诸多挑战。比亚迪的量产困境和市场销售业绩不佳同样是众多可持续创业者所要面对的难题。一方面,创新技术在不成熟的开发阶段生产成本往往很高,因此企业无法达到批量生产,实现规模经济效益。比亚迪 F3DM 混合动力汽车使用的 DM 系统是比亚迪公司经过 5 年的创新与积累自主开发的一种全新的技术。整套 DM 系统的成本费用为 5 万元,成本占到整车一半。虽然比亚迪以能有效减低成本的"比亚迪方式"闻名于业界,但是面对 F3DM 和 E6 如此高的成本,比亚迪当时并没有有效减低这二者成本的方法,这也成为比亚迪新能源汽车发展的阻碍。另一方面,除少数的环保人士或偏向可持续发展型产品的消费群外,大众对创新产品通常抱有观望态度,可持续创业者的产品认可度低,因此如何将产品推入大众市场是可持续创业者的发展瓶颈之一。比亚迪 F3DM 自 2008 年末上市以来,由于各种原因一直只针对政府机关、银行等集团客户销售,直至 2010 年 3 月 29 日才开始针对个人消费者启动销售进程。作为新生事物的新能源汽车的出现对于当时的消费者而言存在一定的认知和肯定问题,由于新能源汽车相对高昂的价格,充电设施的不完善,加之消费者对新能源汽车技术尚未完全信任等原因,消费者对新能源汽车的接受度而言可能依然保守。

(二)在位大型企业的机会竞争

行业中在位大型的老牌企业具有得天独厚的优势进行可持续创业。这些大中型企业经过多年的积累,拥有特定的消费群体并形成品牌规模,创新产品更容易得到认可,因此在一定程度上更容易将可持续创新产品推入大众市场。同时,在位大型大中型企业的工艺流程更为成熟,较新创企业具有更强的生产能力及整合能力,即具有硬实力。当初创企业推出可持续导向的创新产品时,在位大型企业能够迅速复制并成倍扩张。奇瑞拥有丰富的小车产品,占有一定的市场份额,再加上其拥有良好的供应链系统、整车平台及管理体系,这些条件为奇瑞新能源汽车的发展奠定了扎实的基础,但奇瑞同时面临着创新瓶颈。在位大型大中型企业虽然善于改进工艺流程、进行渐进式创新,但在其传统发展定式的影响下却很难突破关键创新技术。奇瑞一直致力于新能源汽车的研发,但当时仅仅推出几款混合动力车型,在电动车及燃料电池电动汽车的关键技术上未有重大突破。因此在位大型大中型企业如何提高企业的可持续创新力对企业今后的可持续发展至关重要。

（三）初创企业与在位大型企业的协同进化

无论是初创企业还是在位大型的大中型企业,他们的可持续创业举措对产业的可持续良性发展起到了不同的作用。在产业可持续发展的初期阶段,初创企业向市场推出可持续发展导向的创新产品或管理制度,但由于其规模、技术、生产能力上都处于落后阶段,这些初创企业的产品往往无法扩大到大众市场。因此初创企业会选择通过对成熟企业的依赖实现企业的成长。在产业可持续发展的成长阶段,初创企业将技术创新优势与成熟企业在工艺创新方面的长处结合起来,以更专业的方式经营企业,并从原有的生态利基开始向大众市场扩张。在位大型企业受到来自初创企业的竞争威胁,开始开拓这片绿色市场。一部分企业开始投入资金研发可持续导向的创新技术,一部分企业选择与不同领域占优势的企业合作。企业间的合作能够弥补企业自身薄弱的部分,两者相互促进,发挥各自的优势将可持续导向的创新产品推广到大众市场。同时企业间的合作能够增加产业内信息、技术的交流,避免技术研发的重叠,促进产业良性竞争。在产业可持续发展的成熟阶段,初创企业开始逐渐成长为大中型企业,可持续创业企业在资源和产品制造,开发等方面趋同,企业间相互竞争激烈。在市场竞争达到动态平衡时,企业能获得的利益也接近饱和,因此企业需要把注意力集中在现有成熟技术的应用以及对未来新技术的开发上,新一轮的可持续创业竞争开始。综上总结列出案例分析见表9-2。

表9-2　基于组织规模的案例分析

案例企业	组织规模	机会竞争	协同进化
比亚迪	初创企业	优势:技术创新优势,开拓新兴绿色市场;易获得投资者的支持 劣势:成本高,无法量产;产品认可度低,难以推广到大众市场	初期阶段:初创企业促进产业内的技术革新,开启产业可持续发展之路 成长阶段:初创产业刺激在位大型企业进行产品研发。在位大型企业间强强联手,优势互补,将可持续导向的创新产品扩大到大众市场,促进产业向可持续发展转型
奇瑞	中小型企业	优势:品牌优势;具备硬实力。拥有自主的研发体系和整车平台,良好的供应链系统和管理体系 劣势:创新瓶颈	成熟阶段:产业内竞争达到动态平衡,利益最大化,新一轮可持续创业竞争开始

四、对策建议

通过探索性案例分析,可以总结出初创企业和在位大型企业在可持续创业过程中的优势及其面临的不同挑战,同时能看出初创企业和大型企业在促进产业可持续发展的过程中发挥的不同作用。在资料搜集和文献整理过程中发现,由于我国绿色市场的开发尚处于新兴阶段,企业的可持续创业行为及产业的绿色化仍需国家政策的大力引导与扶持,为此,从我国政府政策对绿色产业引导作用的角度提出相关建议。

(一)存在的问题

从政府层面看,一是绿色产业的发展亟待完善法规。不可否认,一些企业盲目加入到绿色产业的开发当中来,使得创新技术研发方式容易出现重复研发、低水平重复投资等问题,不利于绿色产业的良性发展。同时,部分企业并没有分析自身条件以及在行业中所处的位置,贸然进入绿色产业发展,把目光放局限在当前利益,缺少企业中长期规划,整个行业的发展存在良莠不齐现象。二是配套基础设施不完备。政府积极推行绿色产业的发展,通过实施一系列优惠政策鼓励购买环保产品,但作为消费条件的配套基础设施的建设仍需夯实。以新能源汽车为例,新能源汽车与传统汽车最大的不同是其购买之后的充电设施,而我国目前能够提供新能源汽车充电的设施还存在数量少且覆盖面小等问题,因而不能充分满足用户的使用需求。如果相应的配套设施不完备,新能源汽车的销售就会举步维艰,消费者同样也不会购买,如此以往将会形成恶性循环。

从企业层面看,首先是技术瓶颈。企业的可持续创业关键在于可持续创新技术上的突破,拥有核心技术是企业长远立足的根本。从总体上看,技术创新成果转化为现实生产力的能力依然较弱,一些企业自主创新能力差,个别产业的主体设备和技术主要依靠进口。企业无法突破技术难题就无法进一步发展。新能源产业而言,目前的新能源汽车主要是混合动力和纯电动汽车,其中电池技术瓶颈仍未完全突破,依然是新能源汽车推广最大的问题所在。其次是成本相对较高。创新技术在初期研发阶段需要投入高额研发费用,且其发展前景不明,企业承担着技术无法实现的投资风险。同时由于许多企业不能实现技术瓶颈的突破,这使得产品无法达到量产水平,生产成本和销售成本因而居高不下。以当年的比亚迪为例,消费者购买比亚迪 F3DM 插电式混合动力汽车,享受 5 万元最高补贴后售价 10 万元左右,比汽油发动机 F3 还要高 3 万多元;比亚迪 E6 电动汽车全球处于领先地位,但成本高达 30 万元,即使享受 6 万元最高补贴后仍比传统能源汽车高出 10 多万元,对普通消费者来说,仍难以接受与同级别普通车型相比相距几倍的价差。再次是企业间缺少合作。在我国绿色产业中,如果企业之间各自发展、较少选择合作方式,不仅无法促进行业中企业间信息交流,也不利于关键技术的攻克,达到双方共赢的策略。同时,企业对选择与哪些企业合作方面上如果缺少准确判断,不能正确选择出适合企业的成长路径,也会增加企业成长的阻力。因此,从企业当前状况出发,正确认识企业所处行业中位置,寻找适合的合作伙伴,将有助于新能源汽车企业的快速成长。

(二) 对策与建议

第一,完善我国绿色产业相关的法律法规体系,制定明确的发展战略和目标。各国的经验表明,由于成本上的劣势,要推动可持续导向创新产品的普及,国家强制性的法律法规体系仍是非常必要的,在政策目标推动下形成绿色产业的相关产业链和规模经济,可持续创新产品更可能逐渐降低成本,并逐步替代传统产品。以新能源汽车为例,可以在推动绿色产业化发展过程中,对于已经成熟的技术采用带有强制性的法律手段,或者具有指标意义的指导措施,降低可持续创新产品的导入成本,推动创新产品的普及。

第二,在政府主导下积极推动研究机构与企业共同参与的关键创新技术研发。由于我国绿色产业尚处于发展阶段,技术研发投入较大而市场前景却不完全明朗,国内多数企业特别是在位大型企业在可持续导向创新产品技术研发和产业化发展方面积极性仍待提升,并且由这些高新技术研发需要很高的技术和资金投入,少数企业也难以承担。这就要求国家在绿色产业技术研发和产业化发展的初期起到主导作用,整合国内的科技和资金资源,确定关键技术领域,制定关键技术研发的路线图和时间表,并制定专利共享等激励机制,与企业、研究机构共同推动关键技术的研发。

第三,积极发展绿色产业相关的财政税收等配套政策体系,加强基础设施的建设。在配套政策方面,可以采用综合的税收、财政、政府采购等措施:对环保企业的信贷支持和税收减免;对绿色产品的消费实行,减免消费税;大力推动政府采购;对绿色产业相关的基础设施建设提供直接投入、税收减免和信贷支持。

第四,在自主研发的基础上大力发展国际技术和产业化合作。我国在绿色产业发展中可以积极借鉴发达国家的经验,通过开展跨国技术和产业化合作,提高我国的技术水平。如同跨国公司在华建立合作研发机构,共享研究成果;充分利用国际研发成果,引导跨国公司参与中国绿色产业化发展;借鉴发达国家经验和成果等。

第五,加强消费者宣传和教育,扩大绿色产业用户基础。由于中国绿色环保产业起步较晚,消费者对此认识不足,用户基础较为薄弱,为此可以联合企业、研究机构、教育单位和新闻传媒机构,进行绿色环保基础知识的普及。

第三节 节能灯企业可持续创业路径比较

一、研究设计

依据 Cohen 和 Winn 的研究,本研究将通过联系可持续创业和行业生命周期,进一步探索关于"企业'可持续创业'主动性和这些主动性对于行业可持续转型的影响"。其中,产品和工艺的创新都可以与可持续创业联系起来。在一些行业中,行业所处的生命周期对可持续创业有重要影响,图9-2反映了二者之间的联系。由图可以看出,在行业可持续性转型的早期阶段,通常是小企业或新加入者会有突破性可持续创新。被小企业早期的市场成功吸引,大企业也在自己企业的可持续创业方面实施了跟进举措。得益于广阔的市场,这些举措将行业的可持续转型带入了更高的水平。由于它们在可持续创业方面的竞争和合作,大企业和小企业的共同发展比单独一类企业更可能实现行业的可持续性转型。

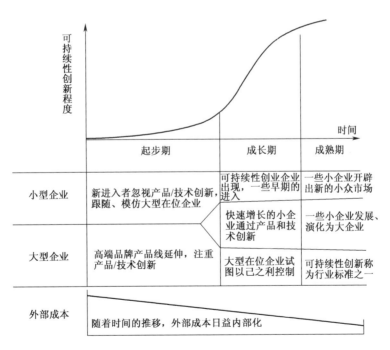

图9-2 可持续创业与行业生命周期的关系

在本研究中,有两种不同类型的组织从事可持续创业,一类是那些新成立的以及拥有相对较小市场份额的小企业,另一类指的是那些较大份额的在位企业,可持续价值旨在提供的不只是经济价值,也有社会和环境价值。为此,选取欧普和欧司朗代表这两类企业。

二、案例简介

(一) 欧司朗

欧司朗是一家拥有超过 100 年品牌历史,总部位于德国慕尼黑的企业。1919 年 7 月 1 日,德国煤气灯公司、德国通用电器与西门子和哈尔斯克(Siemens & Halske AG)通过整合各自的白炽灯业务,合并成为欧司朗照明有限公司。1978 年,西门子最终完成了通用电气在欧司朗中的全部股份的收购,成为了欧司朗的唯一股东,欧司朗成为了西门子旗下的全资子公司。

欧司朗在传统照明领域成就斐然。多年前,欧司朗全面实施了以高科技、智能化照明为目标的战略转型,从企业经营理念到企业管理体系进行了全方位的变革。随着这些变革的深入进行,欧司朗更进一步明确了其品牌理念和在中国的发展战略。从欧司朗 2017 年财报看,其营收超过了 40 亿欧元,较去年增长超过 8%,营业利润达到 16.8%,特别项目调整后的息税折旧及摊销前利润增长超过 6%,达 6.95 亿欧元。良好的财务表现充分证明,欧司朗向高科技企业的转型是成功的。

虽然实施了重大战略转型,但欧司朗始终致力于探索光的无限可能,一切转型路径仍围绕着"光"展开,并将以智慧出行、智慧城市和智能设备三大领域为发展重点,打造中国业务三大战略增长点。2018 年 3 月,欧司朗中国区总裁兼首席执行官顾纳先生全方位地解读了欧司朗"探索光"的全新品牌理念,他表示:从成立伊始,欧司朗始终致力于对创新照明的孜孜以求,从未停止探索光的无限潜能。数字经济时代下,智能照明已经成为大势所趋。欧司朗正以先锋之姿加速向高科技企业转型,将自身的深厚技术经验积累与变革时代的新兴科技相融合,进一步挖掘光的无限潜力。

当今,应用于汽车市场的照明和电子系统变得高度整合。对此,欧司朗也加紧与车企的紧密合作,以传感器为例,目前能够探测对向交通并相应部分调暗头灯,这样使用远光的时候将不会对其他道路使用者造成眩目。此外,欧司朗的红外传感灯也应用于众多驾驶员辅助系统中。从 1995 年扎根中国市场以来,欧司朗光电半导体、特种照明及照明系统解决方案等所有业务部门均已在中国开展业务。其中,欧司朗光电半导体的无锡工厂是欧司朗在中国的重要战略投资项目之一,也是中国市场本地化战略的重要组成部分,无锡工厂二期扩建完成后,进一步巩固了欧司朗光电半导体在全球 LED 市场的领先地位。

（二）欧　普

欧普照明有限公司成立于 1996 年,经过多年的发展,成为一家集家居照明、电工电器、厨卫吊顶和商业照明的研发、生产、销售一体的综合型照明企业,现有员工 6000 人。20 多年来,欧普照明专注于光的研究,不断地进行智能化研发,实现从单灯控制到全屋智慧家居,在产品制造上实现自动化规模生产;而且,还针对不同人群提供定制化照明解决方案,根据儿童、成人、老年人生理、心理及照明使用场景不同,设计符合其需求的灯光,让消费者的家居生活更轻松随心,"引领国内照明行业点亮世界",给人类的明天营造更好的生活品质。2018 年 3 月,欧普照明亮相法兰克福国际照明展国际馆,成为该展会上唯一一个同国际顶尖照明企业比肩的中国品牌,展示欧普照明作为已经成功"走出去"的中国民族企业对于世界的影响力。欧普照明在建立起国内超过 10 万家终端销售网点的同时,还先后在迪拜、南非、荷兰、巴西、印度等地设立子公司,组建当地团队,推广欧普照明品牌,建设经销渠道,将国内先进的研发、设计、制造实力赋能全球用"中国智造""影响世界,改变世界"。

三、案例比较

（一）行业起步期

21 世纪之前,中国照明行业处于起步时期,是一片分散而零乱的格局,小企业多、大企业少,行业集中化程度很低,行业规模效益小,难以降低成本和提高质量。更为重要的是,当时企业的技术难以提高,抗风险能力极低。

1990 年,欧司朗正式进入中国照明行业,成立欧司朗(中国)照明有限公司,并分别在广州、佛山与昆山开设了研发生产基地。同年,欧司朗推出了新型电子镇流器,为更稳定的照明提供了条件。这款电子镇流器除了能让荧光灯的功率降低 25%、寿命延长 50% 之外,还能有效的减少灯管的频闪与杂音。在 1995 年,世界上第一只整合了电子镇流器与节能灯管的节能灯在欧司朗诞生,改写了节能灯商业化的进程,使节能灯在家庭中的普及成为了可能。

1996 年,欧普照明有限公司成立,员工仅 18 人,产品仅一种。欧普只是简单模仿例如欧司朗这种大企业的产品技术,只注重外观设计而轻视内在技术含量与应用功能,导致性能指标较低。欧普在这期间深陷低价竞争的泥潭,导致利润微薄,产品研发投入也很少。

表面上每年新品不断推出,但当时真正意义上技术革新的新产品却不多。在最初的几年内,国际照明巨子们对欧普照明实行技术封锁,照明产业的发言权掌握在像欧司朗这类大型跨国照明企业手中,而这也成为制约中国本土照明企业的瓶颈。1999 年,欧普照明曾经接受欧司朗的入股,目的就是为了从后者那得到更多的先进技术,但是三年过去后,欧普照明只是模仿、追随,欠缺自主研发,反而是欧司朗利用欧普照明巨大的生产能力和完善的渠道网络,打开了品牌和市场。

(二)行业成长期

1999~2009 年是中国照明产业快速成长的黄金十年,行业进入成长期。产业规模得到最大化扩张,截至 2009 年,照明行业企业有一万多家,年销售额达到 2300 亿元人民币,其中出口达到 162 亿美元,产品销售到世界 170 多个国家。节能灯、白炽灯等光源产品产量和出口世界第一,灯具产品的出口达到世界灯具贸易额的 1/3。

基于之前的教训,欧普照明已经认识到单纯依靠外部引进并不是一条可行之路,关键是要靠自己,不在技术上寻求突破,未来的照明市场必然将被国际照明巨头们所牢牢占据。同时,企业自身的技术研发也是企业能否在竞争中最终取胜的关键,拥有了先进技术,就成功了一半。合作也许能够带来双赢,而只有真正自主研发,才能在市场上拥有持续的竞争优势。

从 2001 年开始,欧普加大了对产品研发的投入,添置大量检测设备,加强对各种原材料检测、制程检测、成品检测等环节的技术队伍培养,进一步完善质量管理体系,公司管理从粗放的经验管理转化为制度化、程序化、专业化的现代化管理。2002 年,欧普照明研发了一条新的生产线,生产增强技能型产品 5000 小时灯泡(一般的灯泡只能持续 1000~1200 小时),定价 50 元。在之后的几个月,欧普的这款灯泡高居市场占有率第一。同年,为了领先于本土的竞争者,也为了建立自己全球性品牌的统一规格,欧司朗决定研发生产10000 小时的灯泡,定价 90 元。依靠新的研发技术带来的价格优势,欧司朗一度又赢回了市场龙头老大的低位。

(三)行业成熟期

从 2009 年开始,照明行业已步入成熟阶段,并且开始了一定程度的可持续转型。在中国照明产业规模扩大的同时,国内照明企业的规模也同步扩大。21 世纪初期,中国的照明企业产值达到亿元的企业寥寥无几,而目前产值达到亿元以上的生产企业不胜枚举,十几亿产值以上的企业也有数十家。随着绿色照明产业的发展以及 LED 照明技术的兴起,照明行业的技术壁垒开始提高,行业开始向集中化方向发展,一些缺乏核心技术实力的小企业开始遇到生存难题,而另一些已经积累了足够实力的照明企业则开始利用这个机会大规模布局照明产业,力图在新一轮行业竞争中拔得头筹。面对着新一轮的行业洗牌,各大照明巨头早已是摩拳擦掌,大手笔描绘着自己的战略蓝图。

2010年,欧司朗开始在LED市场上动作频频。2011年7月4日,欧司朗在其佛山工厂为两栋新厂房举行落成典礼。新厂房将显著提高欧司朗LED照明产品的生产和研发能力,以满足亚太特别是中国市场持续增长的需求,新厂房投入约4亿人民币。除了大力发展传统照明和节能灯照明外,欧司朗的最大技术特长就是LED固态照明。欧司朗的LED光源产品已经发展为汽车、信号、建筑等多个系列。2017年底发布的蔚来ES8智能电动车就是由欧司朗为其提供整体LED汽车照明解决方案。据欧司朗中国区总裁顾纳先生介绍,近年来发展势头强劲的新能源汽车将持续推动LED汽车照明的增长。

同时,欧普照明公司也决定大力投资研发LED灯具和LED芯片,以助力进一步增强核心竞争能力。公司已在全国成立了35家灯具运营中心,力争实现灯具和光源两者同步进行、全面推进。在2009年度中山市第一批科技计划项目中,欧普被定为"中山市新光源及智能光控技术工程技术研究开发中心",2010年,欧普获得"上海高新技术企业"称号。自2014年欧普照明率先进行LED行业转型以来,欧普公司的净收入逐年增高,2016年公司实现营收54.8亿元,同比增长23%,实现净利润5.06亿元,同比增长16%;而2017年中期公司收入和净利润分别增长34.7%和41.3%,公司正在加速成长。

随着LED灯泡成本和价格持续下降,以及国家政策的推动,LED照明行业正在加速替代传统照明行业,目前已经是产值数千亿的超级市场,行业仍保持高速增长率。这对一些拥有一定实力的照明企业是一个难得的扩张机会。由于技术门槛的原因,大量小型灯具厂走向没落,这是照明行业发展到一定阶段的必然结果。企业如果能抓住这个行业转型的机会,必然能在未来的照明市场分得一杯羹,中国照明行业转型后的格局日益清晰地呈现在我们眼前。

四、分析结论

本研究以行业转型的动态视角分析得出,初始阶段是以大企业的可持续创业活动为主;在第二阶段,一些开拓性的小企业,会模仿大企业的一些可持续创业举措,并尝试将这些可持续性举措作为重点。而且,两种类型企业中任何一方的单独发展都不足以导致整个市场的可持续性转型。小企业往往会受困于高质量但低市场占有率的境地,而大企业则倾向于降低产品质量,以应对成本压力。对于小企业,他们已经发现了新的途径来扩大他们的可持续创新规模。在大企业的阵营里,许多大企业已经开始接受挑战,将可持续发展注入他们的主营业务中。一般而言,小企业的成功在某种程度上可以看作是一种潜在竞争威胁,但这些成功经验却成了大企业提升可持续性创新水平的参照。因此,行业的可持续转型并不是大企业或小企业单独可实现的,它们的相互影响是必不可少的。同样,实现行业的可持续转型,需要突破性和渐进性创新的完美组合,如果决策者了解大企业和小企业的相互影响作用,而不是单一地集中在两种路径中的一个,就可以促进转型实现。综上所述,在起步期时,大企业更注重可持续创业,但小企业会跟随、模仿大企业的可持续创业举措,这反过来又会影响大企业,大企业随之提高可持续性创新的水平。以此往复,双方共同促进了行业的可持续转型。

但是,目前仍然存在一些问题。企业层面的有:不断增长的工业化原料的消耗,污染、废弃物的产生;利益相关者的增加以及他们之间联系紧密性的增强;一些陈旧并大量消耗能源和原料的技术等。政府层面的问题包括对小企业的创新支持力度仍需加强等。

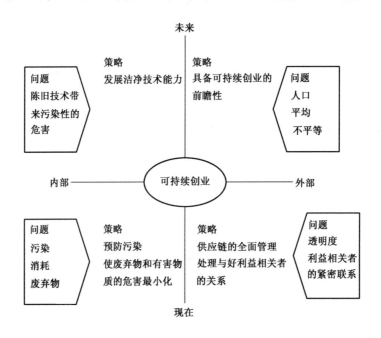

图 9-3　问题与对策

为此,可以依据图9-3所示框架,采取相应突破措施。

首先,企业层面,企业需要有前瞻性,以谋求社会的全面进步为己任。右上象限强调的是企业需要有可持续创业的先见之明,并具备谋求社会全面进步的思想。如何满足在金字塔底层的人们的需要,对企业来说也是一种创造新价值的机会。例如宝洁公司就专门针对印度乡村地区低收入者推出了廉价的肥皂、洗发水等产品,使得宝洁公司开拓了新的市场,带来了更多的利润。对于任何企业来说,占中国总人口大多数的农村人口都是一个相当大的潜在市场,怎样去开发这么庞大的市场是企业急待解决的问题。同时企业不仅需要设计出适合这些地区使用的产品,还应该尽可能推动这些地区的发展。正如上文提到的可持续创业是一个涉及经济、社会、文化、技术及自然环境的综合概念,企业要有长远的计划和目标,这样才能使企业在行业内拥有持续的竞争力。

其次,企业还需要研究开发洁净技术,坚持自主创新。左上象限所提出的新型洁净技术的使用,要求企业坚持自主创新,提高产品质量,实现产品差异化发展,或者获取新的洁净技术来进行生产。随着照明市场竞争愈演愈烈,企业应组织技术攻关和技术创新,克服过分依赖模仿其他企业技术。同时,照明企业应注意打造产品差异化,要在产品更新换代、提高产品高科技附加值、创立自主品牌等方面投入更多,更深远的考虑整个照明行业的可持续发展及转型,以及注重核心技术的掌握,尤其是在光源领域的研究要加强。随着新技术的研发成功,企业将获得更大的回报。

第三,企业需要预防污染,使危害最小化。左下象限是关于污染的防御,着重于生产过程中减少废弃物质的产生以及有害物质的释放,同时还要做到能源消耗的最小化。并且,企业不仅要注重自身的污染防御,还要延伸到其供应商,使其在制造之前的废弃物达到最小化甚至消除。绿色照明已经成为照明行业发展的趋势,政府也制定了一些政策引导绿色照明的发展。

最后,企业全面的供应链管理也是必不可少。右下象限所表述的产品管理在当今社会不仅局限于企业本身的生产阶段,而是对整个供应链的管理,是企业持久运作的核心。其延伸至产品的整个生命周期,即从产品的原材料开始,到产品的生产过程、产品的使用直至废弃后的处置。而这个周期就覆盖了所有的利益相关者,包括股东、雇员、供应商、客户、社会团体、政府、非政府组织、媒体等。因此如何与这些利益相关者进行有效的沟通是十分关键的,其中重点需要企业做到管理透明化以及建立良好的公共关系。

总的来讲,企业不能一味地追求经济利益上的发展,还要顾及整个社会的发展,以及生态环境的发展。为了达到这三者的平衡,企业在经济利益上难免会有所损失,但只有进行可持续创业,企业才能够持久地发展下去。同时,从政府层面来看,首先应该加大对小企业创新支持力度。自2000年以来,国内照明行业的快速发展对大型照明企业的利好比较显著,但对小企业而言,情势依旧严峻。因为照明技术大部分掌握在大型手中,小企业自主研发难度较大。因此,政府可以适度加大对小企业创新支持力度,加快企业科研成果转化,促使小企业不断提高产品质量、降低生产成本,增强小企业在市场上的竞争力,并以此推动大企业创新。以此往复,加强行业创新意识。另外,利用大企业和小企业之间的合作来制定创新政策避免社会资源的浪费和重复建设,推进大企业与小企业之间的合作。其中大企业拥有资金优势、技术优势,小企业拥有制造优势,可以在照明行业转型时期实现大企业和小企业资源整合、优势互补。

第十章

可持续发展视域下
企业绿色管理体系

第一节　问题的提出

一、研究背景

根据世界银行的统计,1980~2000年的20年间,中国经济增长对世界GDP的贡献率为14%,但也因此带来了资源消耗和高能源消耗等问题。2007年环境绿皮书指出,中国湖泊水域约有75%的受到重大污染,城市水污染率超过90%,全国300多个区域遭遇缺水问题;中国作为世界第二大温室气体排放国,环境污染与破坏造成的损失每年约占GDP的10%左右;中国耕地面积以平均每年约160万公顷的速度减少,土壤退化、水土流失严重。按照统计报告,2004年中国国内生产总值约占世界4%,但不可再生能源的消耗约占全球的12%,粗放式的经济增长模式已使中国面临严峻的资源和能源危机。同时,中国办理工商注册登记的中小型企业超过1000万家,占全部注册企业的99%。中小企业已成为经济的一支主要力量。但是,由于中小企业曾实行粗放型的经济增长模式,高投入、高能耗、高污染使我国成为世界第一能源消耗大国,环境污染问题也日益突出。当前,我国已经开始大力推进生态文明建设和绿色发展,实现可持续发展。为了使我国中小企业由"高投入、高能耗、高污染"的粗放经济增长模式转向"低能耗、低污染、高产出"的集约型经济增长模式,企业管理理念必须要改变,实行以经济效益、社会效益和环境效益为一体的绿色管理十分必要。

二、研究意义和目的

在理论层面,绿色管理的研究主要集中于宏观视角,关于企业的具体实施途径的研究存在欠缺。本研究通过对国内早期企业绿色管理实施途径开展分析,为该领域的案例研究增添内容。在实践层面,随着人们生态意识的提高和管理水平的成熟,绿色管理必将成为企业管理的一部分,是每一个计划在市场取得优势竞争地位的企业必将考虑采取的管理手段之一。通过对企业绿色管理实施途径的研究,可为企业在发展过程中实施绿色管理策略提供参考和建议,让绿色管理真正成为企业总体经营战略的组成部分和企业竞争优势的来源。

本节研究目的主要包括两点:第一,引发人们对于绿色管理与企业经营关系的认知。由于企业的能力与资源存在客观差异,不同的企业实施绿色管理以及同一企业在不同的发展阶段实施绿色管理的动机不尽相同。绿色管理应当是企业的诚意之作,不应当成为为了应对利益相关者压力匆匆上阵的噱头。因此,揭示绿色管理与企业经营之间的正确关系,将有利于企业更好地进行战略制定和经营决策,从而建立可持续发展的经营体系。第二,增加企业对于绿色管理可采用的实施途径的认知。在引发人们对绿色管理与企业经营关系认知的前提下,本研究尝试归纳总结不同行业和背景的企业对于绿色管理的实施方式,以期帮助具体企业针对自身具体情况,展开可行性高、可持续性强的绿色管理,使得绿色管理更加符合企业利益和社会可持续发展。

三、研究思路

本研究主要通过文献和案例分析,梳理以往学者对绿色管理与企业经营的相关理论文献,探查绿色管理与经营之间的关系,结合企业社会责任报告,从三重底线角度对案例进行分析,力求准确地总结绿色管理中企业具体实施途径及其对企业的影响,提炼其中的问题所在(图10-1)。

研究思路主要体现在,选取有代表性的企业社会责任报告进行梳理和归纳总结,根据三重底线理论的内容建立了分析框架。在此基础上选择了万科企业股份有限公司、国家电网公司和可口可乐(中国)有限公司作为案例企业,对企业的社会责任报告进行剖析,最终总结出企业绿色管理实施途径的特点,指出企业实施途径上的经验和不足,从而为企业的绿色管理实施途径提供对策和建议。

进一步而言,绿色管理是企业管理的大势所趋,本研究选取多次入选"绿色百强公司"

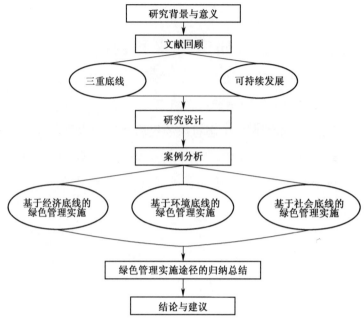

图 10-1　研究框架图

的先进企业的社会责任报告作为研究对象,同时对于企业性质进行分类,尽量避免把同类企业一体分析而忽略不同性质企业实施上的差别。通过对先进绿色管理企业的实施途径进行全面分析,为其他企业的绿色管理实施提供借鉴。方法上,在分析过程中采用了三重底线理论的研究框架进行案例的分析,借鉴国内外普遍性经验,也更容易剖析企业在绿色管理途径中的本质。在此基础上,通过分析企业绿色管理实施途径之间相似和差异,更准确地总结绿色管理实施途径的特点,发现存在的不足并提出建议。

第二节　理论基础

一、绿色管理内涵

(一) 绿色管理的定义

绿色管理(green management)是指企业以消除和减少产品对生态环境的影响为前提,追求生态环境的根本性改善,通过企业全体成员和全社会的共同参与、对生产的全过程管理,逐步降低自然环境的承载负荷,同时满足消费者的需要而展开的一系列管理活动的总称。它涉及企业生产管理的全过程,包涵了绿色管理思想、绿色产品开发、绿色生产过程、绿色技术保证体系和绿色回收等内容。常见具体表现有:

(1)树立绿色管理理念。指企业通过培训和学习指导,一方面帮助员工掌握绿色管理和可持续发展的相关理论,另一方面鼓励员工积极在实践中运用该理念,使企业的绿色管理能够切实有效地执行。

(2)推行清洁生产。清洁生产,是指通过技术管理手段,通过对生产过程采取整体预防的环境策略,既满足消费者的绿色消费需要,又能实现节能减污目标,使社会经济效益最大化的一种生产方法。

(3)实行绿色营销,引导绿色消费。绿色营销的核心在于根据绿色消费的需求进行市场细分,通过“4P”营销策略中与环保理念的整合,保证消费者、企业、环境三者的获得最佳的利益平衡。

(4)绿色循环再利用。绿色循环就是将生产过程中或消费之后所形成的废弃物加以回收,通过对资源的有效再利用,降低环境影响。对企业而言,这一步的关键在于识别废弃物的种类,如可直接作为原料的废弃物、可再生废弃物以及完全无用的废弃物。对于不同废弃物的分类处理,实现绿色循环,可以使企业的资源成本损耗降低,并有效提升环境效益。

需要说明的是,在一些文献研究中,企业绿色管理与企业社会责任(CSR)两者的概念出现类似或等同的现象,其实两者的概念有必要进行区分。企业绿色管理是基于企业CSR进行的以绿色为导向的企业管理,其中虽蕴涵企业的社会责任,但重心仍在企业自身更具可持续性的经营发展,CSR是其中一种发展模式,而非企业最终目的。企业绿色管理实施方式的前提,始终是企业可以保证自身的持续经营。

(二) 绿色管理的类型及特点

绿色管理的分类最早由 Carroll(1979)以及 Wartik、Cochrane(1985)提出,具体为四种类型:反应型、防御型、适应型和主动型。随着越来越多的企业加入绿色管理的实践,绿色管理的分类又被进一步细分。Aragon(1998)将之分为预防性方法和纠正性方法(即末端治理)。Winn、Roome(1993)为体现企业对环境问题的主动程度,提出了跟随者、服从环境法规者和优秀者三种绿色管理的类型。

绿色管理中的主流分类一般采用的是 Sharma(2000)、Hart(1995)以及 Taylor(2002)等人提出的分类方法,即从企业态度角度分为主动型和服从型。前者不仅尽量服从法规,更从自身出发,积极开发环境问题的解决方法,如与客户沟通绿色理念赢取支持或主动主动参与社会绿色公益活动。而后者仅仅是刻板地遵守相关法律法规。从企业具体行为实施阶段角度分为污染预防型、产品监控型、末端治理型、可持续发展型。Hart(1995)指出，尽管阶段不同，但不同战略阶段是相互联系的，环境战略各阶段的转换也需要资源的支持，才能使企业的绿色管理达到较高的发展阶段。

二、"三重底线"原则

"三重底线"术语由英国学者 John Elkington 于 1995 年提出，他进行了这样的假设：企业除了要对股东负责外，还要对社区负有责任。1997 年，他逐渐完善了这一思想：企业应借用一套可量化的指标来评价和显示其"可持续性"，也就是"三重底线"。三重底线，指经济底线、环境底线和社会底线，意即企业必须履行最基本的经济责任、环境责任和社会责任(图 10-2)。

图 10-2　John Elkington 三重底线模型

随着近年来"三重底线"理论的研究深入，各学者观点可归纳为：其一，三重底线表面反映的是三重底线，而且实质内涵反映的是三重回报。该观点认为，除经济资本外，其他两种形式的资本贡献也应得到投资回报，一个公司的可持续性来自于三个资本的回报。其二，三重底线不仅反映公司的外在成果，同时也反映公司的内部治理情况。具有三重底线意识的企业可以大大加强其投资者的信心，从而更容易吸引投资者的资本。其三，随着企业的规模扩大和国际化，三重底线是对每个企业的必然要求。消费者对于绿色产品的需求日益提升，各大跨国采购商对于产品和环保的要求也越来越高，具有三重底线意识的企业会比不具有三重底线意识的企业更加具有竞争力。

三、可持续发展理念

1987 年在布伦特兰《我们共同的未来》报告中，权威地对可持续性概念进行了详细阐述并被国际社会广泛接受——"既能满足当代人的需求又不危及后代人满足需求的发展空间"。Edward B. Barbier、Anil Markandya在其著作《经济、自然资源：不足和发展》中，侧重于经济方面的可持续发展，将其定义为"在保持自然资源的质量及其所提供服务的前提下，使经济发展的净利益增加到最大限度"。Pierce认为，可持续发展是今天的使用不应减少未来的实际收入，开发时可保持当代人的福利增加，也不会减少造福子孙后代。可以看出，可持续发展的本质是在发展过程中保持人类生存和发展的可持续性，虽然起源于环境问题，但作为引导人类走向21世纪的发展理论，它不再单指环境保护，而是将环境问题和发展问题有效地结合，演变为社会经济发展的综合策略。

关于企业可持续发展的内涵，根据目前具代表性的学术界观点，对其各方面的定义可归总为四个方面：第一，经济效益。在在资源有限和环境许可的范围内，企业必须有效率地追求经济的不断发展。第二，资源效益。包括资源的节约、资源的合理消费、资源的最大程度利用等。第三，环境效益。即号召企业在完成经济任务和自身竞争力提高的同时，能为保护环境承担更多的责任。第四，社会效益。一个企业的可持续发展与其对社会的影响力密不可分。

尽管当代不少学者对可持续发展的各个方面已做出详细的分析和探究，但若要全面地了解可持续发展，仍应将其放在经济、环境、社会的复合系统中讨论，在保证经济和社会发展的同时，既能满足当代人的需求，又不会对子孙后代的需求构成危害，最终实现经济、环境、社会的稳定发展。

第三节　案例分析

一、研究设计

（一）样本选取和数据来源

本部分参考2010~2012年中国绿色公司百强报告中综合评分排名前30家的上市公司社会责任报告样本，结合企业规模、行业与性质等因素，最终分别从民企、国企和外企中选取综合评分位于前列和社会责任报告撰写规范且具有代表性的公司，将其社会责任报告作为案例进行重点剖析，这些企业分别是：万科企业股份有限公司、国家电网公司和可口可乐（中国）有限公司。

本研究以企业社会责任报告作为数据获取工具，主要考虑因素在于：首先，本研究涉及企业本身对绿色管理理念的调查,而公开的年鉴等数据中难以反映这一内容。其次,我国目前对绿色管理标准和指标的制定还不规范,通过年度报表等媒介获取的数据在界定上存在难度,且难以横向比较。最后,本研究旨在通过对企业绿色管理实施途径的分析,系统揭示绿色管理与自身经营的契合关系,从而帮助企业采取最佳的绿色管理实施途径,而企业社会责任报告可以较为详细地披露一个公司的实施途径细节和经营战略方向。因此,本研究通过企业社会责任报告采取案例分析法进行研究。

(二)样本属性

对于企业实施绿色管理的途径可以从经济底线、环境底线、社会底线三方面进行考察,因此本研究的描述和分析也将从这三个部分展开。图 10-3 显示了本研究的案例分析思路和框架。

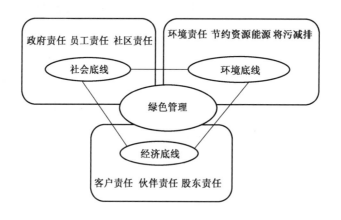

图 10-3　企业绿色管理实施方式分析框架

二、案例解析

(一)民企案例:万科企业股份有限公司

万科企业股份有限公司自 2007 年来,每年发布一次企业社会责任报告,在 2010~2012 年期间连续 3 年入选"中国绿色公司百强"并保持前列,2011 年综合评分位列民企排名第一。万科成立于 1984 年,1988 年进入房地产行业,1991 年成为深圳证券交易所第二家上市公司。经过多年的发展,成为国内最大的住宅开发企业,业务覆盖 53 个大中城市。2011 年公司实现销售金额 1215 亿元,2012 年销售金额超过 1400 亿元,在同行业中销量居世界第一。2019 年 7 月,《财富》世界 500 强榜单公布,万科企业股份有限公司位列第 254

位。2019年8月22日,"2019中国民营企业服务业100强"发布,万科企业股份有限公司排名第八。2019年9月1日,2019中国服务业企业500强榜单在济南发布,万科企业股份有限公司排名第37位。

1. 基于经济底线的实施途径

万科自2010年销售额突破1000亿元后,销售额在全国房地产行业一直保持首位。在经济层面,万科的绿色管理途径主要体现于其不断进行产品的研发创新以提供适销对路的产品,提高产品销售绩效,保障自身经营方面的可持续发展。在绿色产品创新方面,万科始终致力于研究提高中低阶层消费者群体的生活品质和居住体验,"为普通人盖好房子"是万科一直以来所坚持的主流产品定位。其旗下典型产品有:①装修房。装修房是指在房中预设相应接口为客户居住期间的延伸需求提供服务,并由指定物业提供全程后续服务,此举可大大满足客户对居住全生命周期的需求。节约二次装修时间,降低二次装修费用,降低垃圾排放以及延长房屋寿命是其特点所在。②幸福系产品。幸福系产品核心在于深刻了解客户起居习惯,探索和解决家庭生活矛盾,并结合当地习俗,因地制宜地研发最适合需求的产品。

2. 基于环境底线的实施途径

在环境方面,万科的绿色管理途径在于两个方面:住宅的产业化和绿色建筑的创新研发。①住宅产业化。即实现住宅生产、供应等的标准化。产业化的住宅建造方式可以大大实现施工和产品质量的提高,并且在促进生产效率提升、减少建筑成本和人工成本方面有重大作用。②绿色建筑。万科通过加强维护结构保温、隔热性能、提升空调效率、地源热泵空调采暖、高效照明、太阳能热水系统应用等技术,实现50年使用期内减少二氧化碳排放约95万吨的绿色三星项目。

3. 基于社会底线的实施途径

在社会层面,万科的绿色管理途径主要通过两方面实现:一方面,通过与上下游产业链上的企业协商,共同保障员工权益;另一方面,通过社区开展公益活动或慈善事业。其具体措施如下:

(1)工地劳工权益保护。具体体现在两个方面:①收入保障。总包商有拖欠、克扣工人劳动报酬行为的,万科在工程款中扣除相应款项并直接支付给劳务工。万科工地上超过70%的劳务工能够当月领取工资。②安全保障。万科坚持要求在自身与相关单位的标准施工合同中,含有保障工人工资支付及相关违约责任的条款。每年万科都对条款进行重新评审,对其合格性进行检验。同时,万科要求施工单位为工人提供安全及健康培训,每三个月根据工程实际情况修改培训计划并编订新培训课程。为保障工地劳工职业健康权益,万科要求施工单位必须为其员工办理各项社会保险,确保劳工健康不受危害。

（2）产业链影响。主要指通过对上下游产业的扶持和帮助,改善其员工的工作环境和生活品质。增加了生产车间、养护区、办公区、工人宿舍等功能分区,工作环境大大改善。

（3）保障房。在不影响股东利益的情况下,万科积极为无力承担商品房价格的城市中低收入者家庭提供保障性住房,承担社会责任。

（4）幸福社区。2012年,万科为全力打造社区居民认可的幸福模型,进行了一系列创新,其中的典型标志有:武汉首个社区收发室——"幸福驿站"、良渚文化村3653户业主共同参与发布《村民公约》等。同时,万科积极推动社区内各种自发团体建设,提高社区居民的业余生活质量,至今已有111个项目成立了379个自发组织团体,大大方便的居民生活。

（5）慈善活动。举办"不再流浪"新疆流浪儿童救助项目,成立3C专项基金,资助贫困先天心脏病患儿完成手术等。

综上,对于民企中绿色管理实施的代表企业万科来说,在通过提供产品和服务为社会创造财富的基础上,其绿色管理的实施始终围绕房地产和社区服务,亦即其企业业务方向。万科在绿色管理的实施过程中,较为关注的对象有两类人群:消费者和企业员工(包括上下游企业),且对这两大主体的利益有着细致入微的研究观察和无微不至的切实保障。

（二）国企案例：国家电网公司

国家电网公司自2005年来,每年发布一次企业社会责任报告,是中国最早发布社会责任报告的企业之一。在多年的"中国绿色公司百强"评比当中,国家电网综合评分在国企中位列前茅。国家电网公司成立于2002年12月29日,是经国务院同意进行国家授权投资的机构和国家控股公司的试点单位,以建设和运营电网为核心业务,承担着保障更安全、更经济、更清洁、可持续的电力供应的基本使命,经营区域覆盖全国26个省(自治区、直辖市),覆盖国土面积的88%,供电人口超过11亿人,公司用工总量超过186万人。公司在菲律宾、巴西、葡萄牙、澳大利亚等国家和地区开展业务。2012年,公司名列《财富》世界企业500强第7位,是全球最大的公用事业企业。

1. 基于经济底线的实施途径

在经济层面,国家电网作为国有控股企业,其绿色管理的重心在于不断提高产品质量以满足人们的体验和需求。国家电网的绿色管理途径主要体现于三个方面:①推动国家能源优化配置(图10-4),高质量地满足经济发展对电力的需求。具体措施包括对于大面积停电的预防和应急策略的更加完善、产业布局优化等。②大力投资新能源开发。十余年来,国家电网投资累计超过2万亿元,以其成熟的特高压输电技术全力支撑我国风电和

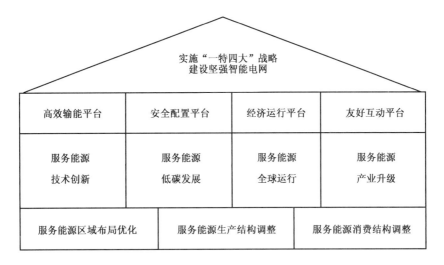

图 10-4　国家电网推动能源配置框架图

光伏发电的发展并全力破解新能源发展难题。2012 年,国家电网推动产业和社会实现二氧化碳减排约 6 亿吨。在促进全面节能、弘扬生态文明等方面起到了模范带头作用。③负责任地开展国际化运营。国家电网坚持为运营所在地创造经济、社会、环境综合价值,尊重国际惯例和当地文化传统等。

2. 基于环境底线的实施途径

在环境层面,国家电网的绿色管理表现为主动承担更多的环保责任和鼓励无害环境技术的发展和推广。具体途径:①推动我国风电并网容量达到 6083 万千瓦,规模跃居世界第一,用 5 年时间超过了美国和欧洲 15 年的风电发展技术。②累计建成标准化充换电站 353 座、交流充电桩 14703 个,服务环保型电动汽车发展,中国成为全球充换电设备最多的国家。③组建 27 家省级节能服务公司,组建能效服务活动小组 510 个,组建第三方能效评测机构 6 家。

3. 基于社会底线的实施途径

在社会层面,国家电网对自身提出对员工负责、对伙伴负责、对社区负责三大要求,其绿色管理途径主要表现为尊重和维护人权与保障劳工的权益。具体途径:

①全力支持电力装备技术升级,保障用户用电安全,加强无电地区电力建设,至今已解决 11.53 万户 49.37 万无电人口的通电问题。推进城乡供电一体化,累计综合治理 1784.9 万户低电压问题。②在营业场所为残障人士提供无障碍服务,保障残障人士权益。③保证运营透明度和接受社会监督。国家电网自觉接受政府监管和社会监督并全面推动利益相关方参与。④最大程度深化员工培训,普遍开展员工志愿服务活动等。⑤注重员工待遇和福利,为员工缴纳各项社会保险,社会保险覆盖率 100%。⑥通过职工代表大会、厂务公开等形式,推进职工民主管理规范化,员工全年提出 28 万余条合理化建议。⑦杜

绝民族、性别、年龄、疾病、宗教信仰等方面的歧视，杜绝强迫劳动和使用童工，以岗定薪，按劳分配，实行男女同工同酬。

综上，国家电网公司作为一家国有控股的企业，具有资金雄厚、业务范围广、产品受众人群较多等特点。由于在资金成本方面的顾忌较少，国家电网在绿色管理的实施过程中，无论是对环境的保护还是对于人性的关怀，都体现出两大特点：内容更宏观，计划更长远。总的来说，国家电网的绿色管理相关制度比较完善，而且其绿色管理具有非常浓厚的公益性和正外部性。

（三）外企案例：可口可乐（中国）有限公司

根据可口可乐《2014~2016 可持续发展报告》：可口可乐在中国已建有 43 家工厂，聘用员工超过 45000 人，其中 99% 为中国本地员工。可口可乐在中国为员工创造安全包容的工作环境，并推动业务所在地经济、社区、环境的可持续发展，截至 2016 年年底，捐资总额超过 4.5 亿元人民币。可口可乐亦是唯一一家全方位赞助在中国举办的奥运会、特奥会、残奥会、世博会、大运会及青奥会的企业。2014~2016 年，可口可乐公司先后荣获的奖项有：德勤中国、联合国开发计划署"水务联合管理奖"；中国饮料工业协会"中国饮料行业实践社会责任优秀企业"；《第一财经》"中国企业社会责任榜——行业实践奖"；全国妇联、中国妇女发展基金会"中国妇女慈善奖典范奖""十大关爱女性企业"；《经济观察报》"中国低碳典范奖"；团中央、中国企业社会责任教育联盟"CSR 中国典范奖"；中国新闻社、《中国新闻周刊》"年度责任企业奖"等。

1. 基于经济底线的实施途径

首先需要说明，在本研究所搜集的公开的外企社会责任报告中，未发现经济绩效方面的全面数据，可能与隐私保护等政策有关。鉴于此，以下直接进入其具体表现部分。在经济层面，可口可乐绿色管理的重心集中在研发产品、责任营销和打造负责任的供应链上。具体途径如下：

（1）研发高品质、创新、丰富的产品。可口可乐通过深入分析当地市场需求，努力开发符合不同消费者在口味、功能、包装等方面的多样化的需求，以丰富的产品线来满足消费者的需求。在中国市场，可口可乐当年共有 15 个主要品牌的近 60 种产品选择，包括常规、低热量、零热量的汽水和果汁饮料、茶饮料等。

（2）产品信息透明。可口可乐坚持产品信息透明化，使消费者能够根据自身需求，合理选择产品。可口可乐严格遵循各项食品营养标示法规以及可口可乐公司相关政策，列出产品中能量、蛋白质、脂肪、碳水化合物和其他营养成分的含量。

（3）责任营销。可口可乐负责任地进行产品营销，尊重消费者对所需产品或父母为儿童所选择产品的责任,如为消费者提供丰富的选择并告知他们关于各种饮料与积极健康生活的相互关系。为了帮助员工身体力行地推广"饮料及食品营养安全",可口可乐公司总部高管曾亲自录制了一套名为"饮料益处都知道"的视频教程,从能量摄取、甜味剂、汽水、食品安全、咖啡因、补水等方面讲述饮料对于健康的益处。可口可乐制定有"针对儿童的广告与营销政策",禁止直接向不满 12 岁的儿童发布广告,不播放儿童在父母或监护人不在场的情况下饮用可口可乐产品的广告。

(4)打造负责任的供应链。可口可乐重视对供应链的合规管理,通过制定和实施《供应商指导原则》等文件、进行第三方供应商审核等措施,积极打造负责任的工作场所及供应链。对审核中发现的问题,按严重程度不同,要求按期整改并进行二次评估。通过审核和整改,有效加强了对供应商的管理。

2. **基于环境底线的实施途径**

在环境层面,可口可乐的体现于四个方面:成立可持续发展部、水资源管理、能效管理和可持续包装。具体途径:

(1)成立可持续发展部,提升可持续发展管理。可口可乐中国于 2011 年年底建立了可持续发展部,形成了由可持续发展部门协调统筹,并结合业务部门和装瓶合作伙伴相关部门共同参与执行的可持续发展管理体系。

(2)水资源管理。可口可乐一直把水资源保护作为公司最重要的使命。2004 年起,可口可乐公司制定了全球三大水资源战略:降低水耗、循环用水、回馈自然。自 2007 年起,可口可乐公司与水利部、商务部、联合国开发计划署(UNDP)及世界自然基金会(WWF)建立"黄金三角组合"合作模式,持续推动了近 20 个水资源保护项目,涵盖长江、黄河、海河等中国关键流域。截至 2016 年年底,中国系统累计向大自然和社区回馈约 252 亿升水。2016 年 8 月 29 日,可口可乐公司及其全球装瓶合作伙伴已实现全球 100% 水回馈的目标,比 2020 远景规划整整提前 5 年,成为全球第一家实现 100% 水回馈目标的世界500 强企业。

(3)能效管理与应对气候变化。可口可乐通过推广环保制冷技术及新能源利用、打造绿色工作场所等,推动自身运营环节节能减排,并以多样行动提升公众环保意识。2016 年生产每升产品的能耗比上一年降低 5.7%,比 2006 年降低 44.1%。

(4)可持续包装。可口可乐设计和采用更创新的、更环境友好的包装技术和包装材料,加强对包装的回收与再利用,倡导全社会对资源进行有效利用和循环利用。其中包括三方面具体内容:包装轻量化、包装回收、资源再利用与创新。

3. **基于社会底线的实施途径**

在社会层面,可口可乐的绿色管理途径主要表现为重视利益相关方诉求和社会公益

两方面。具体途径:

(1)高度重视利益相关方的关注与诉求,并建立常态化沟通机制,及时就利益相关方关注问题进行沟通,力求与各利益相关方一起创造可持续的共享价值。

(2)社会公益。主要包含以下五个方面:①开展环保教育,倡导企业参与环保,呼吁消费者回收旧瓶;②发展可持续农业,推动农村饮用水安全的政策制定;③助建健康社区,通过讲座等形式倡导健康积极生活方式;④促进社会经济稳定发展,通过投资建厂、拓展市场,可口可乐累计在中国投资超过50亿美元,创造就业机会约50万个,零售终端约880万家;⑤助建良好的工作环境,主要包括员工培训和制度保障员工职业健康及安全。

表10-1　可口可乐公司对利益相关方的期望

利益相关方	期望
客户	获得认可,合作共赢
政府	带动行业可持续发展
员工	保护劳动权益福利和职业发展,认同价值观
供应商	合作共赢
同业企业	公平竞争,带动行业发展
合作伙伴	合作共赢
公众	合理利用资源创造社会价值
消费者	认可其高品质饮料产品和独特的品牌文化

综上,可口可乐公司作为一家外资企业,对于本土的相关制度和风土人情了解相对不足,因此在绿色管理实施方面更加强调对于本土的适应性。它的实施途径有三个特点:强调消费者需求、强调利益相关方的协同运作、强调绿色管理的全过程性。可口可乐通过调研对消费者的需求进行全方位了解,在产品占有一定市场的基础上,了解并满足各利益相关者的诉求,通过成立专门的可持续部门专门统筹各部门对于绿色管理的运作,以实现绿色管理的全过程一体化。

三、案例比较

(一)经济层面

三家企业的共同点在于,均紧紧围绕自己本行进行绿色管理的实施。相对来说,万科公司和可口可乐公司更多考虑了成本和经营问题,承担社会责任的范围相对较窄,更加针对于消费者某个群体,实施绿色管理的载体也大多局限于自身的产品。国家电网相对更有空间去尝试新型的创新,承担责任的范围也更广,从个人的利益保障到区域、国家甚至世界的持续发展投入较多资金承担更多的社会责任。

(二)环境层面

万科公司仍然以自身的产品为中心进行绿色管理,企业的所作所为更大程度是由降低成本的因素所致。国家电网的行为体现公益性,其在推动整体社会发展方面的力度和作用非常突出。可口可乐公司的行为和万科公司类似,始终围绕产品实施绿色管理,但差异于万科公司和国家电网的地方在于,它从整个产业链入手,成立专门的部门来研究可持续策略,同时也从整体入手,系统地、有条不紊地开展一系列绿色管理行为。

(三)社会层面

万科公司的重心在于两个方面,第一,大力保障员工的各项权益,工资安全两不误,衣食住行面面俱到,甚至将这种保障推广到上下游企业的员工;第二,企业有各类公益慈善活动,如城市文脉保护、幸福老社区等,万科公司始终围绕自身产品领域做文章,公益之余也显现了其鲜明的房地产品牌特色。国家电网在这方面的措施丰富,涉及方方面面,包括残障人士的帮助也纳入了公益范畴。电网虽然也设有员工培训,但与万科安全性质的培训不太一样,它更多强调的是对员工自身素质培训,培养员工的志愿情怀等。社会方面有很多监督性质的内容,可以看出作为国企电网在这方面承担的责任。可口可乐公司的报告显示其高度重视各方利益相关者的需求和一系列的公益活动,措施较为循规蹈矩,创新性有待提高,实践力度还有提升空间。

(四)综合比较

在绿色管理的实施中,三种类型的企业都显现了其鲜明的特色:在经济层面,国家电网在绿色管理的创新研发、国际经营等方面,发挥积极作用。在环境层面,万科的经济性、国家电网的公益性、可口可乐的远瞻性,三家企业都表现出明显的特点。在社会层面,万科对于员工的切身利益保障全面;国电各项制度的保障具有人性化管理特点;可口可乐公司侧重对于各利益相关方的关注。综合来看,民企万科公司强调利益和成本控制,较为关注员工和供应链上下游;国企国家电网的公益性质更突出,更注重宏观发展;外企可口可乐公司则侧重系统化可持续,注重产业链间的联系以及整体和源头的优化。

第四节　讨论与小结

经历了几十年的发展,企业的绿色管理实施途径呈现出多种多样的形式。上文通过对于企业绿色管理的文献研究,从三重底线的角度出发,分别从经济底线、环境底线、社会底线三个维度对三家不同性质的绿色管理先进企业进行案例分析,将其绿色管理实施途径进行剖析和归纳,总结企业在绿色管理实施途径中的特点。以下对于企业绿色管理实施途径中存在的问题进行讨论并提出相应的建议。

一、讨论与建议

(一)企业绿色管理实施途径特点

通过对三个案例的分析,先进企业绿色管理的实施途径普遍具有如下特点:

1. 围绕企业业务特色展开

无论是万科公司的绿色建筑、装修房,国家电网公司对于电力能源方面的改善和研究创新,还是可口可乐公司对于水资源的严格管理和控制,这些绿色管理的实施途径,看似形式多样,但无一不是建立在自身的业务基础之上。绿色管理并不是企业商业活动之外的附加活动,优秀的企业往往把绿色管理当成自身企业经营的一部分。一方面,在实施的同时可以更好地提升自己的核心业务,为经营业绩提供帮助;另一方面,这些行为也可以令企业形象深入人心,达到为企业形象添光增色的宣传效果。

2. 切实融入企业文化

绿色管理固然有企业宣传、吸引投资者的作用,但若想将绿色管理真正融入企业的文化,真正让一个企业由上至下、由管理层至员工每个成员都树立牢固的绿色管理思想、让绿色管理思想长久地存在于一家企业并持续地进行,依靠的绝不是对外宣传的表面工作,而是企业内部切实地贯彻这种思想。在这方面,国家电网最大程度深化员工培训,普遍开展员工志愿服务活动,可口可乐公司积极开展环保教育,倡导企业共同参与环保等做法都非常值得借鉴。而除去培训外,另一种切实有效的做法是保护一个公司最基本的单元即员工的利益。员工是一个公司最基本的组成,切实保护员工的利益让员工从心里认同本公司的绿色文化,是一个公司贯彻绿色管理的重中之重。在这方面,万科公司为了保护工地劳工的权益,制定"收入保障"和"安全保障"两大保障体系,同时保护对象延伸至产业链上下游企业。国家电网对于员工的福利、社会保险、男女同工同酬等方面的保障做得淋漓尽致。而可口可乐对于员工的工作环境和职业健康和安全的重视程度,同样令许多普通企业望尘莫及。由此可见,优秀企业不仅注重绿色管理本身的行为,更加关注提升企业自身绿色管理的文化氛围。

3. 高度的创新能力协同

通过案例分析可以发现,绿色管理程度越高的企业,其创新能力也越强。2012年万科公司通过加强维护结构保温、隔热性能、提升空调效率、地源热泵空调采暖、高效照明、太阳能热水系统应用等技术,认证的绿色三星项目实现50年使用期内减少二氧化碳排放约95万吨。万科首次提出的住宅产业化概念,可以极大程度提高施工及产品质量、提高生产效率、减少人工。国家电网推动我国风电并网容量达到6083万千瓦,规模跃居世界第一,用5年时间超过了美国和欧洲15年的风电发展技术。可口可乐公司致力于提升运营中的能源利用率,采用和推广创新性的环保技术和设备,通过无氟冷柜技术进行碳排放管理和提升冷藏设备的能效,2011年能源利用率为0.44兆焦/升产品,比2004年提升32.3%。这些事例无不说明,对于优秀的绿色管理企业来说,绿色管理不仅是一种行为,更是一种创新的思路,创新含量高的绿色管理往往可以实现事半功倍的效果。

4. 对弱势群体的关注

通过案例分析可以发现,三家绿色管理的先进企业都对弱势群体有着极大程度的关注。万科公司积极为城市中低收入者家庭提供保障性住房,同时开展了多个帮助病儿、流浪儿的项目。国家电网全力支持,推进城乡供电一体化,解决众多无电人口的通电问题;在营业场所为残障人士提供无障碍服务,保障残障人士权益。可口可乐公司积极推动农村饮用水安全的政策制定。由此可见,对于优秀的绿色管理企业来说,绿色管理的实施对象必然也是经过调查和研究,方能真正把刀用在刀刃上,使企业的援助到达最需要的人们身上。

(二)企业绿色管理实施途径中的问题

企业在逐步推进绿色管理的过程中,仍存在以下一些问题值得思考。

1. 公益性与经济性的平衡

企业实施绿色管理与企业承担社会责任的最大区别,在于前者是建立在企业需要维持正常的经营和运作的大前提之上的,因此纵然企业和管理者都拥有推行绿色管理的愿望,也需要面临在企业的公益性与经济性之间寻找平衡的问题。在资金和成本有限的情况下,采取占用企业成本过大的绿色管理途径,可能导致公司业务链中断,出现业绩倒退的现象,是"弃大而就小,去本而求末,以安而易危"。然而若一个企业过于注重强调短期的回报,而忽略实施途径中的公益性,又会导致消费者和投资者的信心下降,间接影响公司的业绩表现。因此,不同的公司应根据自身的具体情况来平衡这种关系,更多能力做更多大事。

2. 绿色管理的全方位体系

现代管理领域已将绿色管理作为对企业进行业绩评估时的一项重要视角,然而如何成功地将绿色管理融入企业经营,是值得关注的问题。真正的绿色管理,应该是企业通过绿色设计、绿色供应、绿色生产、绿色运输、绿色营销等活动,为实现经济效益、社会效益、生态效益的协调统一而进行的全方位的绿色管理。在本研究的案例分析中,虽然三家企业都是优秀绿色管理企业中的翘楚,但每家公司仍需不断从整个产业链入手,协同各利益相关方,并成立专门的部门来研究可持续发展战略,更加系统、有条不紊地开展一系列绿色管理行为。而由于市场上一些中小型企业的管理制度和管理活动的规范性不如大企业,其绿色管理的实施全面性依然面临挑战。

(三)对企业绿色管理实施途径的建议

通过上一节的案例对比分析可以发现,不同性质的企业在绿色管理的实施过程中各有优势,但也存在其局限性。在此,基于文献资料对于不同性质企业特点的梳理,通过对社会责任报告中典型企业的实施途径特点进行归纳总结,针对不同性质企业的绿色管理实施途径,提出相应建议。

1. 民营企业

民企在绿色管理实施途径中具有显著特点,重点关注的两类群体是消费者和员工。首先,对于消费者人群的关注,这本身便由企业的业务导向所致,无论是产品的创新、产品的销售还是其他环节,优秀民企在绿色管理实施途径中,着重从成本减少方面入手并紧紧围绕着与消费者双赢的局面展开:在为消费者谋福利的同时,自身也能获得成本降低、销量增长或品牌宣传等竞争优势。而至于企业员工利益的关注,也是在为企业自身的利益做铺垫。民企在绿色管理的实施中的这些特点,有助于其绿色管理具有极强的可持续性。不过,也须避免承担的社会责任范围相对较窄,如果受众人群的类型不多,落脚点也大多只能局限于自身的产品。

对于民营企业的绿色管理实施途径建议如下:

(1)绿色管理实施途径的核心在于经济性。企业是以盈利为目的的经营组织,作为自负盈亏、面临市场激烈竞争的民族企业,更加要在绿色管理的各个层面,时刻围绕企业的自身利益,保证企业自身与受众人群的双赢,才能让自身的绿色管理走得更远,才能真正科学实现可持续性强的绿色管理。

（2）适当扩大实施途径所覆盖的社会责任范围。由于产品贴近基层人群，民企对于社会层面的推动作用和行为容易带来影响。虽然这样会增加企业的预算，但企业品牌影响力的增加，可以为企业带来无形的隐形收益，这一部分收益可以通过与企业的广告宣传预算进行调节来实现平衡，或者企业也可向政府申请用于绿色管理创新的专项资金等，通过这些方式来实现公益性质更强的绿色管理途径。

（3）实施途径体系化。尽管民企在绿色管理的实施途径中，存在产业链方面的内容，表明其关注到了绿色管理实施的协作理念，但其关注重点仍然集中在经济利益层面，而并没有充分将视野扩大到整个绿色管理体系的建设。但随着绿色管理的发展，从整个产业链入手，协同各利益相关方，并成立专门的部门来研究可持续策略，系统地开展一系列绿色管理行为，将是大势所趋，也是民企努力的方向。

2. 国有企业

国企在绿色管理实施途径中具有显著特点如公益性强和覆盖范围广等。正如上文分析，国企关注的群体中，一部分是与自身利益紧密相连的群体如客户、消费者、员工等，同时也有着相对详细周全的保障计划制度和丰富的实现形式，如职工代表大会和社会监督等。另外还存在很大一部分核心内容，是针对国家自身的发展和对于弱势群体的无条件扶持，换言之，国企绿色管理的实施途径中，所实现的宏观意义比重更大，诸如推动社会发展、缩小贫富差距等。国企在绿色管理的实施中的这些特点，使其绿色管理具有很强的公益性和一定程度上的无偿性。不过这种方式下，企业实施绿色管理所承担的成本较高，而且由于覆盖范围过大，将这些绿色管理的途径系统化并形成一套科学完整的绿色管理实施体系更具挑战性。

对于国有企业的绿色管理实施途径建议如下：

（1）绿色管理的实施途径保持其公益性强的特点。能够为社会提供更多公益性的服务，这是国企的绿色管理实施途径中的最大特色。这种绿色管理一方面目标性强、实施效果较好；另一方面从长远来看，可为国企本身带来无形的宣传效果，留下外部活动良好可靠、内部治理井井有条的企业印象，这种具备极强社会责任感的企业形象，作为国有企业特色应当继续保持下去，同时无形之中，这种影响力也成为其市场竞争一大优势。

（2）系统化实施途径。在绿色管理的实施中，国企具有覆盖范围广的特点，但需避免对于产业链的关注度不够，如果缺少专业系统的可持续发展部门，许多具体实施途径在实施内容和实施对象上容易出现过于分散的现象，这些都说明，国企亟须这些绿色管理的途径系统化，形成一套科学、完整的绿色管理实施体系。

（3）精细化实施途径。尽管在绿色管理方面，国企具备优势，但很多时候发挥公益性与降低成本之间依然要进行适当平衡。相比起民企和外企的实施途径，国企承担社会责任的成分比重较大,而对于实施途径的经济性考虑也不能忽略。因此,建议国企在通过绿色管理发挥宏观推动社会进步作用的同时,在具体实施过程中也能更关注对于成本的精确考量与计算,使得整个绿色管理的实施更效率、更经济。同时,实施途径中的细节优化,以对员工的保障为例,虽然在制度方面比较完善,但是在具体实施方面,对于员工的真正诉求和关注,仍须贴切与人性化并多加改善。

3. 外资企业

外企在绿色管理实施途径中具有的显著特点如整体性和系统性强等。正如上文分析,外企在绿色管理的实施中,从整个产业链入手,对于客户、员工、供应商、同业企业、消费者等利益相关方的诉求作出积极关注和响应,在绿色管理实施上时刻寻求协作,同时成立专门的可持续发展部门来研究绿色管理实施策略。同时,外企在绿色管理的实施过程中,对于各种结果的量化指标比较多,不过,企业实施绿色管理的途径创新性有待提高,实践力度还有提升空间。

对于外资企业的绿色管理实施途径建议如下:

(1)绿色管理的实施途径在保持其系统性的程度上进一步优化。外企由于性质的特殊性,对于本土的了解也相对不足,因此通过量化结果指标、成立研究部门等严谨的流程来指导整个绿色管理过程,是其管理方式上的必然要求。衡量一个企业的绿色管理成功与否的标志,绝不能是表面成果,其核心在于企业是否将绿色管理贯穿到了整个企业发展过程和体系之中。而在这一方面,外企已经在实践中积累了不少的经验,应继续以这一理念作为指导,在各方面对绿色管理的内容进一步深化。

(2)实施途径更具创新性。尽管在绿色管理方面,外企有相对明确的经营理念、完善的企业文化、健全的管理制度,但是在实施途径中循规蹈矩的措施不少,而创新性的措施仍待丰富。凸显国家特色或彰显地域民情,更加深化对于本土的了解,才能够有针对性地采取更加有特色的措施,而不是仅限社区、工作环境、环保宣传等几个点做文章。为此,在原有体系的基础上,可以在可持续发展部门中强化创新部门,以增强对这一方面的建设,同时应该深刻研究基于中国可持续发展情境具有特色的途径,结合自身情况作出积极尝试。

二、小　结

本研究在三重底线的视角下对企业绿色管理实施途径进行研究,通过文献研究和案例分析的方式,通过对企业绿色管理水平和社会责任报告编制规范等方面的筛选,选取万科企业股份有限公司、国家电网公司和可口可乐(中国)有限公司三家企业的社会责任报告进行剖析，挖掘与分析案例企业在绿色管理方面的实施途径。

综上小结：优秀绿色管理企业实施途径中的特点是，在高度创新能力的基础上，始终围绕企业业务特色，将绿色管理贯彻企业文化和员工理念之中，同时保持对于弱势群体的关注和扶持。然而，对于大部分企业来说，企业绿色管理实施途径中仍存在公益性与经济性的平衡以及绿色管理的全方位性不足的问题。在绿色管理实施途径中，民族企业的经济性、国有企业的公益性和外资企业的系统性是它们最大的特点，它们企业属性的不同，导致了它们在绿色管理实施途径上产生不同的关注点和不同的局限性，本研究针对他们在绿色管理实施途径上的优势和不足，分别给出了相应的建议。

同时，本节研究的不足之处在于：第一，相关文献还比较缺乏。由于现有的通过企业社会责任报告研究企业绿色管理途径的相关研究文献依然不多，所以本研究尚属探索性的研究。本研究通过三家企业发布的社会责任报告，梳理绿色管理实施途径和具体事例及其特点，希望能够为更多企业开展绿色管理提供参考。第二，本研究在搜集样本数据时，三家企业的社会责任报告大部分内容是文字叙述和图片描述，在整理和归纳过程中，可能存在偏差，对本研究普适性可能存在一定的影响。

展望未来，伴随现代化进程的加速和公民社会的不断成长，企业绿色管理也成为重要的趋势。在所有尝试绿色管理的企业当中，不是所有实现了绩效增长的企业使用的途径就是完美的，也不是所有绩效暂不明显的公司使用的途径就不正确。后续研究仍应对成功绿色管理企业的整个体系和完整发展过程进行细致分析，能够在影响因素的角度对企业绿色管理的合理实施进行更加深入的研究，从而揭示企业的绿色管理怎样与企业经营有机结合以及相互影响和作用，真正让绿色管理成为一个企业竞争优势的来源。这些都需要更多案例、更广调研的基础上的创新探索，从而丰富绿色管理的更深层理论内涵。

第十一章

社会创业环境优化

第一节 创业环境与企业创业的关系

一、问题的提出

自 20 世纪 90 年代开始,在各国臻于完善创业环境的背景下,越来越多的既有企业通过选择以创新和变革为主要特征的公司创业战略来增强企业竞争优势、提高组织绩效水平。这种"环境促创业"的现象也已引起战略管理学术界的高度关注,但是对"创业环境→公司创业战略→组织绩效"这一关系链条的实证研究还非常有限,尤其对于正在进行创新型国家建设的中国,如何完善创业环境、如何促进企业创业、如何提高组织绩效,仍是各级政府和管理学界亟待解决的重要课题。全球创业观察项目(globe entrepreneurship monitor,简称 GEM)调查显示,中国的创业环境的综合评分仍然处于一般水平,没有达到良好状况。因此,有必要对中国背景下的创业环境、公司创业战略与组织绩效三者之间的作用关系进行深入规范的分析。为此,本节基于我国 30 个省、自治区、直辖市大中型企业科技活动的数据,实证检验了我国建设创新型国家的背景下,公司创业战略在中国创业环境与既有企业组织绩效之间所发挥的中介效应,通过解释"创业环境→公司创业战略→组织绩效"这一链条的内在作用关系,以期为我国企业和相关部门提供相关理论支撑和政策建议。

二、理论研究与假设

作为本研究的两个核心概念之一,创业环境是个体或组织进行创业活动过程中必须面对和能够利用的各种因素的总和,本质上是一种制度环境,而制度环境由规范的制度(normative institution)、认知的制度(cognitive institution)和规制的制度(regulatory institution)三个维度组成。其中,规范的制度反映社会对创业活动的尊敬程度,与文化、社会规范有关;认知的制度与人们的知识、技能和信息获取有关;规制的制度则包括法律、制度、规定和政府政策等促进和限制行为的方面。而公司创业战略是一种以既有企业内部发展为主要特征的增长战略,体现为既有公司为了获得永续增长和持久竞争能力,对创业行为和过程所采取的一系列承诺和举措。目前,多数研究都运用 Miller 的多维度分析方法把公司创业战略的维度确定为创新、超前行动和风险承担。其中,创新被公认为创业的核心内容之一;超前行动表明了公司创业战略的制定和执行通常采取领先竞争对手的态势和行动,是应对环境变化的积极行动;风险承担则反映出公司创业战略在大胆决策、捕捉市场机会的同时承担了可能失败的风险。

对于"到底是哪些因素导致了创业活动存在差异"的问题,不少学者认为,创业环境是影响战略、结构和过程等任何有组织的努力行为的最重要因素,这当然也包括对公司创业战略的影响,正如 Covin 和 Slevin 所言,环境对于解释任何创业现象都是一个合理的出发点。现有研究表明,社会环境具有非常强的影响力,足以推动或阻碍一个地区的创业活动;当今企业面临着越来越不确定的环境,为了使企业的竞争能力与变革相适应,组织应当做出快速反应,识别并捕捉市场变化中的新机会,而对机会的关注正是公司创业战略的核心;成功的创业型企业能够和所处的环境和谐共处,从而实现交易利益最大化;发达国家和发展中国家创业活动的差异主要是由创业主体所处的不同创业环境引起的。据此假设:

假设 1(H1):创业环境水平越高,公司创业战略水平越高。

作为战略管理研究的前沿课题,公司创业战略对组织绩效的重要作用已成为学者们的研究重点。从理论角度分析,公司创业战略的实施有利于提升组织绩效,因为创新是企业竞争优势的主要来源,创新型企业通常能够基于市场预测快速作出反应以发现和利用潜在机会,而且,公司创业战略本质就是创造和利用竞争优势,并把先行者优势转化为优异的组织绩效。相关研究表明,公司创业战略能够提高企业的绩效水平,能帮助企业发展新的产生现金流的事业,是获取竞争优势与较佳财务绩效的重要因素。一些实证研究也发现,公司创业战略与企业的成长性和获利性财务绩效呈正相关关系。据此假设:

假设 2(H2):公司创业战略水平越高,组织绩效水平越高。

由于公司创业战略发生在具体的环境之中,而创业主体所处环境对其创业行为具有很强的影响力,基于战略选择理论视角,不同的环境要求创业主体采取不同的机会认知和决策行为。依时而变、顺势而为是创业成功的基本。一系列研究发现,外部环境特征与公司创业战略和高绩效的正相关关系存在联系;创业所处环境的不同水平会带来不同的公司创业战略程度以及 ROA 和收入增长速度;为了在高度不确定性和变化性环境中保持持续竞争优势,企业必须加大各方面的创新力度。总之,不同的环境特点决定创业机会的性质,因此要求企业通过相应的公司创业战略来开发创业机会并提高组织绩效。据此假设:

假设3(H3):公司创业战略对创业环境与组织绩效关系有中介作用。

三、研究方法

(一) 样本选择

具有适当规模的既有企业最有潜力占据创业主体的领导地位,尤其是创新程度高、投资风险大或市场竞争风险大的新事业,通常只有一定规模的企业才有能力开创。从现实意义看,大中型工业企业是我国技术创新骨干力量,而科技活动也是能够客观反映企业创业水平的极具代表性的指标。为此,本研究选取了中国大中型工业企业为样本范围,关注了这类企业科技活动开展情况,数据资料来源为国家发改委和国家统计局联合发布的《工业企业2007科技活动统计资料》。

(二) 变量测度

1. 创业环境(ENE)

本研究以前文所述的创业环境三个维度作为框架,选取了三个指标测度:①规范制度(NOR)。指标为企业科技活动经费筹集额中金融机构贷款额,据此可以从金融资金来源角度反映出社会对创业活动的支持程度。②认知制度(COG)。指标为企业科技活动人员中科学家和工程师人数,据此能够代表人们的知识、技能和获取水平。③规制制度(REG)。指标为企业科技活动中享受各级政府对技术开发的减免税额,此指标可以反映出政府政策在促进和限制创业行为方面的程度。

2. 公司创业战略(CES)

本研究选取了三个指标来反映公司创业战略创新、超前行动、风险承担三个维度的水平:①创新维度(INN)。指标为企业研发经费内部支出额,而研发是国际上衡量创新最常用的指标。②超前行动维度(PRO)。指标为企业技术引进经费支出,该指标是指用于购买国外技术的费用支出,能够反映出企业引入新技术的超前眼光和先入行动。③风险承担维度(RIS)。指标为企业新产品开发经费支出,也是企业在未知领域从事具有冒险性新业务的代表活动。

3. 组织绩效(OP)

本研究从"创利"和"创值"两个角度分别测度了组织绩效,以全面反映公司创业战略对组织绩效的影响。"创利"是参照传统财务绩效考量模式,利用企业利润指标运用比率分析揭示企业创造会计利润的能力;"创值"则采用了价值创新的战略逻辑,即企业要把自己当作一个刚刚进入行业的新手来思考问题,去发现可以带来价值创新的因素。其中,①创利绩效(OPR):指标为利润总额,这是研究普遍采用的传统绩效衡量指标;②创值绩效(OPI):指标为新产品销售收入,体现出企业通过创造新的产品市场获得增长的业绩水平。

4. 控制变量(C)

为了保证统计模型的准确性并排除实证结果的其他解释,本研究考察了以下两个控制变量:①有科技活动的企业数(STE);②科技活动人员数(STS)。

(三) 统计模型

假设 1 和假设 2 的多元回归分析模型分别如式(11-1)和(11-2)所示:

$$CES = F(C, ENE) = F[(STE, STS), (NOR, COG, REG)] \quad (11\text{-}1)$$

$$OP = F(C, CES) = F[(STE, STS), (INN, PRO, RIS)] \quad (11\text{-}2)$$

关于假设 3 中介效应分析,可以用图 11-1 和下述三个方程来说明变量之间的关系。

$$OP = cENE + e_1 \quad (11\text{-}3)$$

$$CES = aENE + e_2 \quad (11\text{-}4)$$

$$OP = c'ENE + bCES + e_3 \quad (11\text{-}5)$$

其中,c 是 OP 对 ENE 的总效应,a、b 是经过中介变量 CES 的中介效应,c' 是直接效应。第一步先用方程(11-3)检验 c 是否显著,只有 c 显著才有可能存在中介效应。

当 c 显著时,再考察系数 a 和 b[模型(11-4)和(11-5)所示]:当 a 和 b 都显著时,则中介变量的中介效应存在;当 a、b 都不显著时,则不存在中介效应;当 a、b 只有一个显著时,则中介效应有待再考查。本研究三个假设的模型都是多个方程的集合。

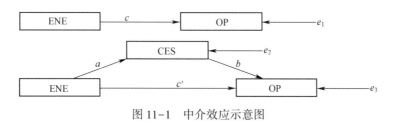

图 11-1　中介效应示意图

四、数据分析与讨论

在此基础上,本研究根据上述模型分别对三个假设进行验证(多元回归与中介效应分析结果见表 11-1,研究假设通过情况见表 11-2)。在两个控制变量中,有科技活动的企业

表 11-1　多元回归与中介效应分析结果

(1.1)

	INN	PRO	RIS
STE	0.077 (0.819)	-0.051* (-0.185)	0.283** (3.746)
STS	-0.999** (-2.786)	-1.459 (-1.401)	-0.776** (-2.690)
NOR	0.324** (4.494)	0.577** (2.758)	0.392** (6.757)
COG	1.642** (4.823)	1.740* (1.759)	1.178** (4.301)
REG	-0.009 (-0.190)	-0.007 (-0.053)	-0.013 (-0.333)
R^2	0.952	0.592	0.969
$A-R^2$	0.942	0.507	0.962
DW	1.932	2.022	1.9762
F	94.483**	6.974**	148.646**

(2.1)

	OPR	OPI
STE	0.074 (0.248)	0.404** (2.943)
STS	0.346 (1.030)	-0.406** (-2.639)
INN	1.495* (1.908)	1.451* (4.042)
PRO	0.016 (0.081)	0.377** (4.183)
RIS	-1.074 (-1.386)	-0.807** (-2.273)
R^2	0.752	0.948
$A-R^2$	0.701	0.937
DW	1.955	2.622
F	14.571**	87.369**

(3.1)

	OPR	OPI
NOR	0.611**	0.752**
COG	0.837**	0.816**
REG	0.228	0.280

(3.2)

	INN	PRO	RIS
NOR	0.822**	0.710**	0.878**
COG	0.945**	0.662**	0.920**
REG	0.293	0.204	0.256

(3.3)

模型	变量	OPR	OPI
	NOR	-0.240 (-1.343)	-0.027 (-0.212)
	INN	1.035** (5.800)	0.947** (7.397)
	$A-R^2$	0.700	0.846
	F	34.891**	80.438**
	NOR	0.296 (1.487)	0.228** (2.047)
	PRO	0.444** (2.233)	0.737** (6.623)
	$A-R^2$	0.432	0.822
	F	12.027**	67.958**
	NOR	-0.351 (-1.469)	-0.167 (-0.968)
	RIS	1.095** (4.586)	1.046** (6.050)
	$A-R^2$	0.622	0.802
	F	24.830**	59.612**
	COG	0.421 (1.362)	-0.538* (-2.736)
	INN	0.440 (1.424)	1.433** (7.287)
	$A-R^2$	0.701	0.879
	F	34.981**	106.275**
	COG	0.719** (5.277)	0.392** (4.716)
	PRO	0.178 (1.304)	0.639** (7.681)
	$A-R^2$	0.698	0.887
	F	34.434**	115.094**
	COG	0.735** (2.743)	-0.075 (-0.353)
	RIS	0.111 (0.416)	0.969** (4.525)
	$A-R^2$	0.681	0.796
	F	31.884**	57.486**
	REG	-0.019 (-0.175)	0.010 (0.127)
	INN	0.844** (7.689)	0.922** (12.083)
	$A-R^2$	0.681	0.845
	F	31.914**	80.339**
	REG	0.099 (0.669)	0.101 (1.203)
	PRO	0.634** (4.300)	0.879** (10.486)
	$A-R^2$	0.396	0.805
	F	10.486**	60.792**
	REG	0.028 (0.232)	0.053 (0.618)
	RIS	0.780** (6.359)	0.886** (10.252)
	$A-R^2$	0.592	0.798
	F	22.062**	58.159**

注：括号中数字为 t 检验值。* 和 * * 分别代表 10% 和 5% 显著水平下通过 t 检验。

数和科技活动人员数对公司创业战略的不同维度影响是不同的,并且都会对企业创值绩效产生作用,但却不会明显影响企业创利绩效的水平。以下围绕本研究三个基本假设进行逐项分析和讨论。

(一)假设1分析结果讨论

研究模型(11-1)回归结果显示,虽然创业环境与公司创业战略之间总体上存在正相关关系,但是,在创业环境的不同维度上,二者之间的关系还是有具体差异的:一方面,"NOR→CES"和"COG→CES"得到验证(且系数都为正值),即创业环境中规范制度环境和认知制度环境会对当地企业的公司创业战略产生积极显著的促进作用。从规范制度看,鼓励创造和创新精神、鼓励创业主体承担相应风险等社会文化环境有利于创业,正如我国在创新型国家的建设过程中,就注重在全社会营造创业文化和社会规范,以促进企业的创业水平;从认知制度环境看,人们的知识和技能水平是公司创业战略得以开展的必要条件,也是企业将潜在商业机会变为现实的基础,受到良好教育和高技能的创业成员是企业公司创业战略取得成功的必要保证。另一方面,"REG→CES"未得到验证,即代表创业环境中规制制度环境的变量并不影响企业公司创业战略的实施,换言之,法律、制度、规定和政府政策等促进和限制行为并不会有效促进企业创业。从GEM参与国家和地区情况来看,绝大多数国家和地区受访专家和创业者认为政府针对新办企业和成长型企业创业的政策是低效的,没有一个参与的国家和地区对于政府项目的有效性给予肯定的回答。可见,政府政策还没有对企业公司创业战略起到有效作用,政策有效性方面还需要继续改进和提高。

(二)假设2分析结果讨论

通过表11-1和表11-2可以看出,公司创业战略对组织创利绩效的影响不显著("CES→PPR"未得到验证),但与组织创值绩效之间却存在显著的正相关关系("CES→PPI"得到验证)。之所以出现这一情况的原因在于,虽然公司创业战略被作为企业获取竞争优势与较佳财务绩效的重要因素,但是,该战略关注的不是以竞争对手为目标去争夺有限市场份额,而是能为企业带来价值的知识要素为基础的价值创新,并以此实现企业现有产品市场的成长和新需求的创造。从这点看,公司创业战略的诉求不是短期财务利润的最大化,而是对新价值和财富的创造,这实际上是企业传统的"互杀""零和"战略升华为与新经济发展内在要求相适应的可持续发展战略的必然结果。一些理论和实证研究结果也发现,公司创业战略总体上与组织绩效确实存在一定的相关性,公司创业战略可以作为组织绩效的预测指标,但是,实证研究却也产生了一些模棱两可甚至是自相矛盾的结论,而问题就在于,对绩效的考量要运用多层面而非单一维度的指标体系。因此,企业在实施公司创业战略的过程中要意识到这是对组织绩效产生长期影响而非短期结果的价值创新战略,要从"获利性"和"成长性"两个角度来考虑公司创业战略的决策与实施,如果仅仅以单一的利润指标作为凭据,则很可能会作出错误的推论。

(三)假设3分析结果讨论

按表11-1和表11-2所示,三个维度的公司创业战略会在规范制度环境与组织绩效(包括创利和创值绩效)之间、认知制度环境与组织创值绩效之间发挥中介效应;而对规制制度环境与组织绩效(包括创利和创值绩效)关系、认知制度环境与组织创利绩效关系不具有中介作用。究其原因在于公司创业战略虽然是环境与绩效之间具有中介效应的变量,但涉及不同的具体环境问题,其作用情况还是有差异的。本研究发现,样本地区对创业活动的尊敬程度以及人们的知识、技能和信息获取水平都会通过公司创业战略影响企业绩效的提升,其中后者则只对企业创值水平发挥作用,反映出认知环境并不能直接转化为企业的创利水平,而是着眼企业长远发展的角度对企业价值创新水平具有促进作用。同时,公司创业战略却不会在政府政策等促进创业的优惠举措与企业绩效之间发挥作用,这也反映出政府在促进创业方面,不能一味地依靠行政力量的干预和介入("输血"),而是要提高创业主体自身的"造血"功能,这样才能真正实现提升企业绩效和地区发展的目的。从这个角度看,目前各地包括法律、制度、规定和政府政策等促进和限制创业的举措还是低效的,应该进一步加强与企业这一创业主体的联动效应。

表11-2　研究假设通过情况

总假设	得到验证的具体假设	未得到验证的具体假设
H1:ENE→CES	NOR→CES(INN,PRO,RIS) COG→CES(INN,PRO,RIS)	REG→CES(INN, PRO, RIS)
H2: CES→OP	CES(INN,PRO,RIS)→OPR	CES(INN, PRO, RIS)→OPI
H3: ENE→CES→OP	NOR→CES(INN,PRO,RIS)→OP(OPR,OPI) COG→CES(INN,PRO,RIS)→OPI	COG→CES(INN,PRO,RIS)→OPR REG→CES(INN,PRO,RIS)→OP(OPR,OPI)

研究结果表明,创业环境与公司创业战略、公司创业战略与组织绩效之间都存在正相关关系,而且公司创业战略对创业环境与组织绩效关系有中介作用。但是,具体到创业环境微观层面,三者之间的关系表征又各有差异。研究认为,政府在营造环境促进创业方面,不能一味地依靠行政力量的干预和介入("输血"),而是要提高创业主体自身的"造血"功能。为此,需要优先考虑的不是从规模数量上提高规制环境水平(如加强政府扶持力度、采取政策倾斜举措等),而是要通过架起连接政府与企业之间的信息沟通桥梁,提高

政策设置和实施的针对性和实效性。另外,企业在实施公司创业战略的过程中还要意识到这是对组织绩效产生长期影响而非短期结果的价值创新战略,要从"创利"和"创值"两个角度来考虑公司创业战略的决策与实施。因此,剖析"创业环境→公司创业战略→组织绩效"这一链条的作用机理能够为促进中国企业创业发展、提升相关部门服务水平提供理论支撑和政策建议。

第二节　组织内外部环境对企业社会创业的影响

一、组织内部环境的影响分析

在企业现实经营活动中,企业的经营活动不可能完全脱离外部环境和内部条件的影响,因此,为了增强本研究的实用性和现实性,本节引入了企业内部的组织变量作为调节变量,从而探讨不同的组织环境会给企业社会创业导向与绩效关系带来何种影响,以及在不同组织环境下社会创业导向各维度与绩效之间是否存在关系,如果存在关系,那么是线性关系还是非线性关系。借鉴 Mort(2006)提出的企业社会使命和企业可持续性强度作为组织变量,可以将组织环境划分成"高可持续性-高社会使命""低可持续性-低社会使命""低可持续性-高社会使命"和"高可持续性-高社会使命"四类。

在"高可持续性-低社会使命"的组织环境下,社会创业的社会引领属性与财务绩效具有"U"型关系,因为企业的社会使命感很低,它们并不关注解决社会问题和参与社区建设,当企业意识到增强使命感的重要性之后,企业有意识的调整自己的目标设置,开始参与社区的建设以及社会问题的解决,提高自身的社会敏感性,那么由此带来的管理费用的增加和政策调整所带来的机会成本会在初期降低企业的财务绩效水平。但是当企业的社会引领活动开展到一定程度之后,企业的社会意识逐渐增强,主营业务发展更加符合社会大环境,企业的发展实现平稳过渡,财务绩效随着社会程度的增强开始逐渐回升。与财务绩效正好相反,社会引领与成长绩效存在倒"U"型关系,因为企业增强社会意识,调整战略的初期,企业使行为实践与主流价值观和政策更加一致,能够强化自身的未来发展能力,改善企业形象和社会影响力,与企业进行社会创业之前形成鲜明对比,因此在短时间内市场和公众对企业的偏好或支持迅速增加。但是随着社会创业的开展,企业给市场带来的冲击感在不断减弱,社会创业成为企业正常经营的一部分,因此对企业未来成长的影响力逐渐减少。在这种组织环境下,企业不应盲目追求社会创业所带来的社会效应,而应该控制好自身政策调整的节奏。

在"高可持续性-高社会使命"组织环境下,企业社会创业与财务绩效和成长绩效都具有显著的正相关关系。因为企业的经营行为和发展战略与社会主流和国家政策高度吻合,并且企业非常重视对所在社区的建设和增加社会效益,拥有良好的企业形象和社会美誉度,这些无形资源能够增加消费者购买商品时的偏好感和品牌忠诚度,确保企业销售收入的稳步增长。除此之外,企业具有敏锐的社会问题感知能力,并且由于企业经营状况良好,具有很高的风险承受能力和行动能力,因而勇于先与他人解决社会问题,企业可以从中发现社会问题解决中所蕴藏的商业价值和商业机会,为企业发展打开新的途径,使企业具备良好的成长潜力。

在"低可持续性-高社会使命"组织环境下,企业社会创业与财务绩效也不具有显著相关关系,但是与成长绩效呈正相关关系。因为企业倾向于规避风险,尽管企业具有很高的社会问题敏感性,但是却不敢主动把握机会先与他人解决问题和开发商业机会,企业无法获得高额回报。而与此同时在自身社会使命的引导下,企业仍然会致力于通过经营行为创造或至少增加社会福利,由此所带来的顾客满意度提高和销售收入增长并不能给财务表现带来巨大影响。但是,企业拥有的高社会问题敏感性和强烈的社会意识也是企业的财富,因为机会总是眷顾有准备的人,当企业随着经营状况的好转而具有更高的可持续性感知时,企业所识别到的社会问题能给企业带来新的商业机会,并且企业由于政策和行为符合社会价值观与国家政策以及良好的企业形象,在对新机会的开发利用时企业能够获得更多的支持,为企业增添发展的活力。

在"低可持续性-低社会使命"组织环境下,企业社会创业与财务绩效呈正向线性关系,因为企业社会使命较低,往往忽略自身对环境和社会应当承担的责任,甚至拒绝履行社会责任和参与社区建设,在社会和公众对企业社会贡献情况做出抗议的时候,就触发了企业进行变革的动力,企业调整政策的社会利益倾向,增强社会问题敏感性,重视各个层面利益相关者的价值实现,强化自身的经营能力并树立良好的社会形象,为企业绩效的增长带来积极影响。但是由于企业的风险承担能力较弱,企业在进行社会问题挖掘时会受到自身条件的诸多束缚,因而仅仅靠增强社会引领能力不能够给企业成长带来显著的促进作用。

二、组织外部环境的影响分析

虽然目前学者对组织外部环境变量对创业导向与绩效关系的影响还没有统一定论,但是外部环境对二者之间具有调节效应这一观点已经得到了学者们的一致认同。组织所处的外部环境能够调节企业社会创业导向对企业绩效的影响程度,即增加或减少一单位社会创业导向各维度的变化对企业绩效所能够带来的贡献量。

　　企业所处行业的竞争激烈程度会影响行业进入的难度,以及企业在资源市场和商品市场甚至金融市场获取资源的难度,越是竞争激烈的行业,企业所采取的一系列活动都具有更高的可能被复制和效仿,从而使某一企业的活动迅速被竞争者行为淹没。因此,竞争激烈程度对于社会创业导向任一维度对财务绩效的作用都不具有显著影响。企业在这类环境中,无法通过增强社会引领能力和协同能力获得短期财务表现提高,因为这些活动本身需要一个长期的收益过程,并且激烈的竞争态势也不允许单一企业长期保持这种优势。虽然企业的社会创业行为能有利于财务绩效,但其影响程度并不会因为竞争形势而发生变化。

　　与此相反的是,竞争环境会增强资源拓展活动对成长绩效的影响程度,因为企业在面临资源市场和商品市场的双重竞争压力下,通过挖掘竞争对手所忽略的边缘资源或者深入开发现有原料的潜在价值,一方面可以带来生产成本的减少,另一方面也减轻了在资源市场所负担的竞争压力,同时,利用废弃资源和提高资源利用率也符合社会发展趋势和政府号召,在直接利于自身生产的同时也能够获得社会公众甚至政府的青睐,从而给企业未来在三方市场的资源获取和份额拓展带来更大的好处,增强资源拓展维度对成长绩效的影响程度。

　　政府支持通常包括资金支持、政策支持和信息支持,但是这些支持会降低企业互惠协同活动对财务绩效的影响程度,因为政府往往只关注企业行为的社会利益而忽略其经济利益,政府的支持甚至会限制企业的经营自主性,使得企业在自由选择合作伙伴和拓宽合作方式的过程中受到约束,并且政府的各项支持可能会降低企业自主寻求多样化合作的主动性,给企业营造一种无须构建与其他利益相关者合作机制的假象,从而减少企业与多方利益相关者的合作实力,降低企业利益相关者影响力,并进而反作用于财务绩效,使得企业构建多重共赢机制所带来的协同效应对财务绩效的正向影响下降。

　　但是,政府给企业提供的各种支持能有效增大资源拓展维度的效用,政府补贴或奖金不仅能够直接增加企业的营业外收入,还能够实质性地降低企业研发成本投入,使企业获得额外的成长动力;政府简化审批程序或其他行政管理手续,能够降低企业新近研发成果的等待机会成本,减少研发成果因等待而错失最佳市场机会的风险,使其能较快地进入市场从而实现市场占有率的提高,增大企业研发创新对成长绩效的正向影响。因此,企业所处的行业竞争态势以及政府对于企业经营的支持力度都能够调节社会创业导向对绩效的作用程度,并且因外部环境的不同对不同维度有着不一样的调节方向。

第三节 微观环境优化

一、制衡与创新：高管团队管理挑战

（一）结构与制衡：公司治理下高管团队安排

作为处理企业各种合约的制度安排,公司治理结构是由内部和外部两种治理结构组成,其强调的重点就在于相互制衡。具体而言,公司治理结构是公司内不同参与者的权利和责任的分配,以及为处理公司事务所制定的一套规则和程序。在公司治理体系下,基于法律与契约规范的要求,企业决策机构(如高管团队)必须要平衡股东以及各种利益相关者的权益,以创造公司的长期利益。

图11-2是一个公司治理概念模型,从中可以识别出公司治理所具有的结构与制衡的属性特点,其中,尤为关键的是高管团队在公司治理结构下的重要地位。从高管团队的视角分析,公司治理结构是指有关公司高管团队的功能、结构、股东的权利等方面的制度安排,这些安排决定公司的目标,谁在什么状态下实施控制,如何控制,风险和收益如何在不同企业成员之间分配这样一些问题。换言之,高管团队主要着眼于在企业所有权与企业经营权分离的现代公司组织体系下,通过法律的制衡设计,有效监督企业的组织活动,以

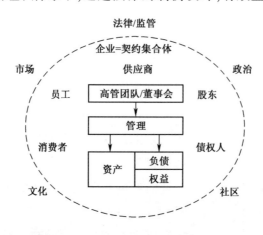

图11-2 公司治理中的高管团队

资料来源:根据 Gillan S L. Recent developments in corporate governance:An overview[J]. Journal of Corporate Finance, Vol. 12 Issue 3:381-402 整理。

及健全企业组织运作,防止非法行为的经营弊端。同时,高管团队还要以公司经济价值达到最大化为目标,例如追求股东、债权人、员工间报酬的极大化等。

但是,高管团队能否实现公司治理目标是有条件的,这需要考察高管团队的人性假设问题。主流观点认为,公司治理的核心就是降低代理成本,受雇于企业从事经营管理的高管团队是懒惰的,或是有"机会主义"倾向,因此,不可能像业主那样尽心尽力,而追求他们自己的利益最大化。这种假设在公司治理文献中占有主导地位。在企业实践中,我们也发现一些公司治理结构以风险最小化、确保稳定、平衡各方利益、健全制度等为目标,通过内外部的控制和约束机制监督高管团队的行为,以确保高管团队对公司和股东负责。

然而,这种主流代理理论对高管团队懒惰与机会主义的假设既不适合也不符合某些实证的研究结果。因为作为经营者的高管团队不仅是纯粹的"经济人",他们还有着对自身信仰以及内在工作满足的追求,这些内在追求促使他们努力担负起委托者所赋予的经营好公司的重任,尽管他们所经营的公司并非在法律意义上归属于他们,但是,他们能成为公司资产的"好管家"。譬如,如今的企业管理过程中存在一个很有意思的现象,在公司治理制衡结构求稳、求定的同时,那些求新、求变的高管人员却受到企业的青睐,并有利于进一步提升企业绩效和促进企业的持续发展。因此,公司治理结构下的高管团队不只是静态的制度安排,应该也具有创新和变革等动态属性。

(二)创新:公司创业催生高管团队转型

富有创业精神的企业能够有效地把一个稍纵即逝的机会转变为持续价值创新的平台,可以在新兴的产品或市场中获取先行者快速行动的优势,并通过不断调整自身能力迎合各种突如其来的竞争,实现组织转变和革新,从而提升企业长期发展的实力。自20世纪80年代末开始,全球许多著名大公司纷纷开始公司创业,其共同特点就是采取革命性行动来培育企业的创业精神,恢复小企业般的活力和柔性,增强企业的创新能力。可以说,创业不再是新建小企业的"专利",不同成长阶段的企业也需要通过公司创业进行"创造性的破坏"和新资源的组合,以此应对动态复杂环境并推动管理变革。

公司创业的根本挑战在于高管团队领导新旧之间的冲突以及克服这些冲突对管理所产生的不利影响,换言之,高管团队传统的领导模式需要向公司创业所需要的具有创业精神的领导模式转变。为了保证创业活动的成功,高管团队必须要能将机会、团队和资源三者做出最适当的搭配,并且还要能随着事业发展而做出动态的平衡(图11-3)。公司创业活动流程由机会所驱动,在取得必要的资源与组成团队之后,企业的创业计划和战略才得以顺利实施。良好的创业管理必须要能及时地进行调整,掌握活动的重心,使创业活动重新获得平衡。由于机会的模糊、市场的不确定性、资本市场的风险以及外在环境的变迁等

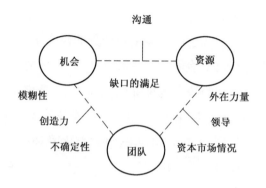

图 11-3　公司创业中的高管团队

资料来源：根据 Timmons J A, Spinelli S. New Venture Creation：Entrepreneurship for the 21st Century[M]. 6th Edition. New York：Irwin McGraw Hill Company, 2004 整理。

因素的影响，创业过程充满了风险和挑战。因此，就必须要依靠高管团队的领导、创造力与沟通能力来挖掘问题，掌握关键要素，弹性调整机会、资源、团队三个维度的搭配组合，使得创业活动在动荡复杂的环境中得以顺利开展并取得时效。

但是，由于大型组织的官僚层级结构往往难以给创新性想法提供良好的组织环境，创新性想法通常会被财务控制体系和其他繁文缛节所束缚，传统的高管团队领导模式使创业难以与核心事业的发展保持一致，从而影响到新事业的生成和发展壮大，造成公司创业通常会以失败告终。因此，在公司创业的组织背景下，高管团队依赖科层式组织对抗动荡复杂环境的效果会遇到极大挑战，组织的扁平化、柔性化、虚拟化，信息技术、流程管理等现代技术与管理手段的运用，以及应对动荡复杂环境的客观要求，都使高管团队在组织运营管理中对其创新和竞争能力进行重新审视、更新和更替，从而确保政策、分配和流程等领域的变革得到整个组织的认可。

由此可见，高管团队不能再把在稳定环境下进行竞争分析的传统方法作为重点，而是跳出了传统的计划、组织和控制的局限，把领导重心放在了追求更加灵活和创新、具有创业属性的行为上，具有了寻求自我实现、风险承担、价值创新和超前行动等创业维度，反映出创业在企业内部领导过程中的核心地位。尤其在高度动荡和变革的环境下，当今企业更需要这种不同于传统方式的创业型高管团队来处理新出现的问题，高管团队所面临的具有挑战性的任务就是调动组织各方面的资源和能力去实现组织条件来促进创业。

二、公司治理与公司创业的契合关系

通过上述对公司治理和公司创业的对比分析可以看出，强调结构制衡的公司治理与注重创业精神的公司创业分别对高管团队提出了不同导向的诉求,由此可能在高管团队层面产生不同的契合关系,不同程度的公司治理和创业会交织在一起,直接影响高管团队的领导过程和方式,从而进一步对企业发展和绩效产生不同的作用效果。不同的契合类型对应不同的高管团队领导方式,决定了不同类型企业高管团队的领导机制。表 11-3 和图 11-4 分析概括了公司治理与创业的四种契合关系及其具体属性表征。

表 11-3　公司治理与公司创业的契合

类　型	特　点	代表性企业
松散型	轻公司治理、轻公司创业	边缘型企业
约束型	重公司治理、轻公司创业	官僚型企业
放任型	轻公司治理、重公司创业	家族型企业
共生型	重公司治理、重公司创业	创业型企业

资料来源:本研究整理。

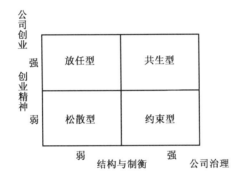

图 11-4　公司治理和公司创业的四种契合关系

(一) 松散型

这类企业公司治理结构往往具有高度分散性,高管团队并不具有对公司的完全控制权。同时,企业并不富有创业精神,公司创业的导向非常弱。这种情况普遍存在于一些边缘型新企业即大量小规模的业主所有制企业中,企业几乎没有希望达到较大规模或者获取较高利润。在这类新兴企业当中,高管团队的战略制定更多地取决于个人的志向与先前的经验,对长期战略做出的都是先天的或者多少有些武断的选择,然后再根据新的问题和机遇进行相应调整。对于这类企业的高管团队而言,成功的标志只是让企业有利润的存在,经营政策和管理制度等并不存在,而是被传统的运作方式代替。

高管团队往往花费更多的时间在生产和销售上,认为最好的运作方法可以从经验中积累,而外界的资源或机会并不会有多大帮助。他们偏爱经营的稳定,而不是风险和不确定性,对企业的快速成长兴趣很低或者就没有兴趣。因此,这种个人在战略制定的能力上会受到创造性的局限。处于这类企业的高管人员普遍缺乏创造性想法,通常还伴随着有限的商业或行业经验,妨碍了富有创业精神的战略决策和实施行为。与此同时,企业的治理结构常常形同虚设或者不存在,高管团队不是基于客观分析与研究以及制度安排下进行战略制定,背离了公司治理要对企业进行战略性指导和有效监督的原则,难以确保企业高管团队对公司长久发展或员工等负起责任。

(二) 约束型

这类企业注重公司治理的结构与制衡作用,轻视变革、创新、速度、冒险等公司创业行为。公司治理和公司创业的这种契合关系,目标是适应以及满足企业所选择的市场需求,与组织内部个人的目标没有关系。这类企业呈现官僚型特征,企业结构具有细分岗位的理性的层级结构,政策和制度不仅自成体系而且"法律化"。通过这些规则,高管团队很容易知道什么样的行为是"合法的",容易知道自己在目前职位上什么是被期望的行为,什么又可能"犯错"。高管团队虽然能够免除其他人员滥用权力的影响,但是他们也被限制在自己的权力范围之内。他们的报酬根据对组织目标的贡献而定,成功的评判标准是依据他们是否拥有完成特定任务的能力而设定的。

因此,在这种企业关系下,官僚型的企业特征不是创新,企业不会轻易采取不确定性的行动,而会尽量以谨慎的决策避免不确定性。企业成功的基础是采取计划的行动,来适应目标市场的需求。当然,公司治理的这些制度规则是从企业的运作中或具体管理实践中得来,也得到组织的正式确认,但也有些治理安排却是那些专门制定政策的人主观做出的,可能是过时的或是偏颇的。约束型契合关系容易导致企业高管团队行为短期化,不利于公司的长远发展。虽然官僚型大企业高管团队具有规范化的管理技能,能够控制复杂的组织,但是却容易受官僚作风的影响,对把握新的、长远机会缺乏动力,而且内部沟通缓慢,以致对外部的机会和威胁反应迟缓。这些都反映出对公司治理的偏颇带来的负面影响,导致创业精神不足,从而使企业发展失去活力和持久竞争的优势。

(三) 放任型

这类企业不重视也没有形成一定的治理结构,造成在实践过程中,权力高度集中,公众利益相关者过于分散,核心高管或内部人控制企业,对高管团队工作的程序性聘选和考核作用不强,其他人难以掌握控制权和战略决策权,比较典型的例子就是家族型企业。在家族型管理的企业里,公司治理弱化,企业的核心高管大权独揽,常常集控制权、执行权和监督权于一身,企业资本的来源与积累均建立在几个人的基础之上。这种方式在促进创业精神上具有一定的优势。首先,产权界定较为清晰,高管团队往往有绝对的热情和足够的动力努力经营,不断创新。其次,内部关比较有凝聚力,高管团队往往具有心理上相互认知、彼此自发协调的文化,成员间不单纯是靠权力线来沟通,内部不僵硬官僚。再次,团队领导核心明确,具备权威性,便于迅速将高管成员组织起来,快速将其创新思想与创新活动体现为整个企业的创新行为。

但是,由于这类企业缺乏公司治理的结构和制衡安排,高管团队处理人与人之间的关系往往按照与核心领导的亲疏远近而差别对待,容易不同程度地存在着"任人唯亲""子承父业"等现象,限制了企业内人才作用的发挥。而且,一旦具有高度创业热情的核心领导满足于已有的成功,企业衰退就不可避免。因此,在这种轻制度、重感情的环境下,极易产生以"人治"代替"法治",以人情代替能力的现象,这将严重地阻碍高管团队健康成长和企业的永续成长。

(四) 共生型

公司治理和公司创业固然是有差别的,但将二者视为互不沟通甚至是相互冲突和抵消的企业行为是一种错误的认识,也是现行公司治理制度和公司创业活动存在的问题之一。一些学者已经指出,公司创业与其支持体系——公司治理之间的研究存在欠缺,事实上,代理理论认可并支持某种公司治理结构安排会对公司创业产生促进作用。对此,Zahra、Klein 和 Taylor 等学者在近年来的理论和实证研究表明,公司治理和公司创业之间不是相互冲突的,而是可以互相利用、共同促进的。

公司治理和公司创业之间这种双赢共生的关系在一些企业的具体实践中也得到了验证,这类企业的典型代表就是创业型企业。创业型企业是那些具有强烈的成长欲望、富于创新和冒险精神并能够变革的企业。它们在数量上可能只占很少的比例,但其提供的就业机会却占相当大的比重,并创造出巨大的财富,改变着人们的工作、生活和休闲方式。创业型企业的成长并非来自目前市场上顾客需求的增加,而是由于企业开拓新市场和企业高层经营者更具有创业精神所致。而且,大企业也可以是创业型企业,许多大企业的高管团队成为富有创业精神的卓越领袖。

通过对公司治理与公司创业的四种契合关系的分析可以看出,当二者实现共生状态时,会使企业处于一种既井然有序又富有创业精神的状态,保证了公司治理的结构制衡安排和公司创业强调的创新变革都能够发挥积极作用,实现良性互动和双赢。因此,作为公司治理结构中的核心主体,同时又是公司创业活动中的主导力量,高管团队应当依据企业所处环境的变化,基于动荡复杂的创业背景,对自身的领导模式进行创业型转变。换言之,高管团队不能因循守旧,不应该再以传统官僚层级管理方式程序化地领导企业,而是要具备持续发现和运用竞争机会的能力,进而在创业活动中发挥重要作用。

三、治理与创业共生的组织环境

（一）以治理促创业

在创业型企业当中,公司治理和公司创业的共生使得高管团队职能更像是沟通中心和创造力源头。高管团队发挥着较强的个人影响力,不再是受规则和政策左右的被动行动者,而是可以在组织中直接接触、影响大多数人。企业因此也形成了与之相适应的组织结构。企业中可能有比较少的管理层次,治理结构趋于扁平化,致力于创新以获得竞争优势。公司治理的过程可能意味着对企业所有的创新努力制定一套系统化的审查制度,或者是对公司创新成果与目标等相比较的评估工作。同时,公司创业则成为企业行为、政策和实践的综合反映,而并非是纯个性的表现。企业必须采用一套政策,以创业型企业的标准和要求进行管理。

公司创业与公司治理相互促进面临诸多现实问题,需要一个实现过程。通过对创新活动的效用分析表明,当前中国企业公司治理和公司创业的契合关系存在问题,如企业选任机制、激励机制和决策机制的不健全,理性的经营者难以通过创新活动实现自身效用的最大化,处于一种(不激励、不创新)的非效率均衡状态,从而不利于创新和创业活动的实现。如何使经营者在与企业的博弈中选择最佳行为、推动创新活动,进而培育具有时代特色的公司创业精神? 就需要从企业微观制度完善入手,通过企业剩余索取权和控制权的合理配置,对经营者的创新活动形成有效的激励,这就是一个公司治理制度建设的过程。

公司治理和公司创业的共生可以从以下几方面考虑:一是完善经营者选任机制,使控制权授予方式制度化、契约化,实现有效的控制权激励 不同的经营者选任机制决定了不同的经营控制权授予方式。二是完善企业经营者的激励机制,实现"激励相容",鼓励创新活动。创新是以企业家冒险精神、承担风险的偏好和能力为前提的,高风险需要高回报,这不仅是企业家人力资本价值的体现,也是为鼓励创新所应付出的必要成本。这就需要有效的激励机制设计,通过赋予企业经营者适当的剩余索取权,使经营者能够通过创新活动实现自身效用的最大化。三是建立和健全企业科学决策机制,降低创新决策风险。科学的决策机制是保证创新活动有序展开另一重要条件。创新并非无原则的冒险,而是审时度势、科学分析基础上的风险性经营,它需要有效的决策机制提供决策咨询、论证和控制,否则"创新"只能成为一种盲目的"赌博",与创新精神的本质也相违背。

目前,中国激励机制存在的问题突出表现为整体的激励不足,如报酬水平普遍较低,不能体现创业者人力资本的价值;薪酬结构单一,缺乏长期激励和风险收入;业绩指标选择不合理,经营业绩与报酬相关性差。这意味着较低的激励报酬性水平和较低的业绩—报酬敏感度,经营者不能够从创新活动中获得足够的收益,因而缺乏创新动力。同时,我国企业在决策方面存在明显欠缺,企业决策缺乏民主氛围,最高经营者意志决定一切;缺乏有效的决策支持体系,决策信息收集和分析技术落后,难以有效回避决策风险。这些表明决策机制的完善程度指标处于较低的水平,决策成本较高,总体上降低了创新的期望效用水平,成为不利于经营者创新的又一障碍。

公司治理的终极目标正是科学决策,通过科学决策机制的建立最小化经营者创新活动的"决策风险",降低创新成本,推动公司创业非常必要。李维安、王辉(2003)提出公司治理促进创业精神的培育可以采取以下主要措施:建立公司治理信息系统,为公司治理机制的有效运行和创新决策活动提供有力的信息保障;规范决策程序,建立起民主决策、充分参与的决策制度,重视公司利益相关者在科学决策中的作用,将决策过程中的人为因素减至最小;优化决策资源配置,充分利用公司内外部决策资源,借鉴吸收各方面的意见,科学选择决策方案,减少决策失误等。

(二) 资源整合

应该说,创业精神的培育需要方方面面的努力,历史文化传统的反思、市场经济环境的改善、法律法规体系的加强等缺一不可。但是,从企业微观运行制度入手,把握住企业家个人理性的追求,因势利导,通过公司治理机制的建立和完善诱导企业家的创新行为无疑更为基础和直接。从这个意义上说,公司治理制度的建立和健全为中国企业家创新精神的培育提供了最为深厚的微观制度基础。

如上所述,公司治理的终极目标正是科学决策,而高管团队在进行公司创业决策的时候,必须要考虑资源与机会的匹配,这也是战略管理理论中战略规划的本质要求。如果把战略过程简洁地表示为"目标→连续的信息→各种有关未来的比较方案的预测和模拟→评价→选择→持续的监督",那么资源配置过程即资源与机遇的匹配过程就是组织的核心任务。而这种匹配过程就表现为资源整合,即通过对企业内部和外部的资源加以调整,使之以新的排列顺序达到协调统一。

可以说,高管团队与公司创业为企业资源整合乃至核心竞争力的构建搭起了一个过渡的桥梁,指明了资源整合的途径和思路。熊彼特认为,企业家的功能就是实现新组合,这种新组合的对象就是资源,企业家实施新组合的途径包括产品(或服务)创新、工艺创新、市场创新、原材料创新和组织创新,新组合的目的就是赚取实现产品(或服务)的市场价值并创造超额利润。因此,资源是企业家必须时刻放在最重要地位并反复估量权衡的对象。而在当前动荡复杂的转型背景下,高管团队不再是传统官僚层级体制下进行一般职能管理的主体,包括职业经理人在内的高层管理者也应该具有创业管理的属性。因此,高管团队同企业家一样应该通过资源整合对企业资源进行新的组合,以使公司创业活动创造价值。

拥有必要的资源是高管团队迅速抓住并利用机会的重要支撑,但同时,资源并非越多越好,成功的公司创业往往更着眼于最优化使用资源并且控制资源,而不是贪图完全拥有资源。高管团队需要有效识别各种资源,并且积极借助企业内外部的力量对资源进行组织和整合,提高企业的核心竞争力,促进创业企业成长。如果仅仅是资源的摆设,只会造成大量的资源浪费,最终导致企业被市场淘汰。

资源基础论是资源整合的出发点。资源基础论认为,企业不是一组产品—市场位置,而是资源的集合体,是一种有意识地利用各种资源获利的组织过程。资源是企业能力的来源,企业能力是企业核心竞争力的来源,核心竞争力是竞争优势的基础。具体而言,资源是企业在向社会提供产品或服务的过程中所拥有或所支配的能够实现公司战略目标的各种要素组合。由于每个企业的资源组合不同,使得不存在完全一模一样的企业。而且,仅仅立足于单个因素的竞争优势常常具有暂时性,持续的竞争优势通常需要多种的资源优势。因此,企业要想成为具有极强竞争力的市场主体,要想形成企业的竞争优势,必须从企业的资源出发,就要在各种资源之间实现优化配置,这就需要对资源进行整合,最终形成企业的竞争优势。

必须注意的是,这种资源效用最大化,并非是简单的各项资源各安其位、各司其职,而是能够通过重新整合规划,创造企业独特的核心竞争力,实现企业在市场上的竞争优势。通过资源整合实现企业的竞争优势,才能认为企业资源整合合理到位。而且,适应于每一个企业资源整合的最佳模式是不存在的。资源整合对不同企业来说具有不同的内容,每一个企业只有根据自身内外资源和市场状况现实进行整合才能使企业的资源配置最优化。

在市场竞争日趋激烈的今天,为了能在竞争中获取优势,企业在战略决策和实施过程中,并不需要在每一项职能上从原料来源到售后服务都明显地占据优势。因为任何一个企业的资源都是有限的,如果我们在所有职能上都平均用力,追求事事领先,只会导致平庸战略,结果很有可能是什么都不突出,什么竞争优势也不具备,反而容易被在关键性职能上有突出表现的竞争对手所击败。很多企业的主管人员在制定切实可行的战略时,往往都以公司战略的各个因素如资源、机构或业务为焦点,而缺少将各个因素整合起来的洞察力。同时,一些战略往往流于空泛,没能量身打造出可满足企业特定需要的组织结构和体系。因此,资源整合可以使资源配置最优,帮助企业提升竞争力。由此可见,基于资源整合的视角,考虑高管团队、公司创业和企业绩效各要素的关系,有利于从深层次上解释企业获取竞争优势的机制,对企业持续成长和健康发展具有实际意义。

第四节　宏观环境优化

一、宏观创业环境与组织创业

对于影响公司创业活动差异因素的问题,许多学者进行了深入探讨,研究认为,环境是影响战略、结构和过程等任何有组织的努力行为的最重要因素,当然也包括对公司创业的影响。因为公司创业是一个过程,这个过程发生在不同的环境中,通过创新引起经济组织的变化,而创业又是由个人通过发现或响应经济机会来为个人和社会创造价值的。Covin、Slevin1996 则认为,环境对于解释任何创业现象都是一个合理的出发点,社会政治环境具有非常强的影响力,足以推动或阻碍一个国家的创业活动。成功的创业企业与它们的环境和谐共处,从而能够实现交易利益最大化,这一点可以很好地解释环境的重要性。尽管影响创业活跃程度的指标还有很多(如创业者个人特质等),但一个普遍的认识为创业活动的差异主要是由创业者所处的不同创业环境引起的。

所谓创业环境是指创业者在进行创业活动和实现其创业理想的过程中必须面对和能够利用的各种因素的总和,一般包括创业文化、创业服务环境、政策环境、融资环境等环境要素。Sapienza 等明确指出了影响创业者行为的潜在环境因素,如家庭和支持系统,财务资源,员工,顾客,供应商,地方社区,政府机构和文化、政治及经济环境。Fred 也明确地描述了在传统经济中影响企业家发展的环境因素,包括政治和经济环境、转型冲突、不健全的法律环境、政策的不稳定性、非正式的约束、不发达和不规范的金融环境、文化环境等等,并且指出环境是给定的并将持续一定时期,创业者应从社会认知的角度去处理环境因素,从而化威胁为机会。GEM 报告则认为,影响创业活动的创业环境因素主要是金融支持、政府政策、政府项目支持、教育与培训、研发转化效率、商业和专业基础设施、进入壁垒、有形基础设施、文化和社会规范等九个方面。这是近年来对广义的创业活动环境因素的一种归纳和表述。王飞绒和池仁勇(2005)认为,创业环境应该是包括以下六个子系统的社会经济技术大系统:创业者培育系统、企业孵化系统、企业培育系统、风险管理系统、成功报酬系统和创业网络系统,基本上涵盖了创业所需的各个方面。

国务院发展研究中心多年前的系列调研认为:创新导向阶段环境要素的主要特点及其与创新的内在关系是:①适度的、相对不利的生产要素环境。从各国创新历程看,在资源、能源、人工、自然环境等初级生产要素相对富裕、宽松的地区或发展时期,企业创新不活跃。而适度的、相对不利的生产要素环境,如资源和能源相对不足、人工成本上升、环境压力加大等,往往能逼迫企业走上创新道路。②健康的市场环境。这是大规模创新活动产生的基础。创新对市场环境要求主要有四条,首先,有真正的市场主体。企业能基于内外部环境变化自主选择发展道路。其次,充分规范的竞争环境。越是竞争充分的行业和地区创新越活跃,垄断和竞争无序会扼杀创新。再次,公平的发展机会。在"暴利"和"寻租"盛行时代企业很难安心创新;在优待外资、排挤内资的不公平环境下,很难调动本国企业的创新积极性。最后,完善的法律环境。其中最重要的是财产和知识产权保护制度。③挑剔的需求条件。市场需求是企业创新的原动力。成熟、挑剔且不断升级的客户需求会牵引企业走上持续创新的道路,低层次的需求条件则只能养活创新意识差、技术水平低的企业。④良好的产业环境。在产业基础好,产业规模较大、产业组织合理,有上下游层层加压、相互提升的产业集群,有发达的科研院所、服务商等各类相关支持性机构聚集的产业环境下,企业既有创新动力,也有条件,因此创新活跃;相反,在恶劣的产业环境下,企业不愿创新。⑤正确的政府角色。创新风险过大会吓跑企业,政府干预过多也会扼杀企业创新激情。

中国正处在由要素和投资驱动经济增长向创新导向阶段转型时期。目前离创新导向型环境还有相当距离。一方面,要素环境的转型在不同程度地向企业传递创新的压力和引力;另一方面,环境转型还远未完成,国家有关政策也未调整到位,从而决定了大量企业必然缺少创新的动力和激情。因此,要从根本上解决中国企业创新动力不足问题,必须建立创新导向型国家环境。同时,环境转型的长期性也决定了一个国家大规模创新局面的形成也将是一个长期过程。忽视要素环境对创新的根本性影响、急于求成、表面文章等做法都是与创新规律相违背的。

总体看,自中央提出增强自主创新能力、建设创新型国家战略以来,创新工作有成效,但现状与中央要求还有很大距离。在中国进行创新型国家建设的大背景下,创新动力不足是制约企业自主创新的核心问题。具体而言,企业自主创新面临两大问题。一是条件不足,如创新基础差、能力弱、缺乏创新型企业家和技术人才、政策支持不到位等。二是动力不足,企业缺乏创新热情,对传统经济增长方式和原有企业发展模式的依赖仍很强,创新动力不足已成制约企业自主创新的核心问题。

内在动力是外部条件发生作用的前提。缺乏创新主体的内在动力,外部支持性政策的作用很难有效发挥,有的甚至会被扭曲,一方面可能会成为企业借机向政府要钱、要政策以及寻租获利的机会,另一方面则可能成为一些政府部门借机强化对企业干预、扩展部门权力的工具。"多个部门抓创新,但却不知谁负责"是反映较多的一个问题。在企业动力不足的情况下,试图只通过政策扶持或增加投入来实现自主创新,是不可能的。没有企业的自主、自觉行动,政策再帮忙,反而会增强企业创新的惰性。

而高管团队公司创业动力不足的一个重要原因在于创新导向型环境支持的不足。企业愿不愿意创新,既取决于自身能力和企业家意识,又与国家环境密切相关。从创新规律看,一个国家的发展环境对企业创新动力的形成和创新的程度有决定性影响。在生产要素导向阶段(即经济发展主要依赖自然资源、忽视环保、廉价劳动力等基本生产要素)和投资导向阶段(即靠大规模投资支撑经济发展),企业可以轻易获取廉价生产要素或大量生产订单,创新意识普遍不强,这两个阶段是创新不活跃期,此阶段发展环境的特点决定了很难产生大规模的创新活动。只有当国家经济转向或处于创新导向阶段时,大规模的企业创新才会出现,这个阶段是创新活跃期。能从根本上激发大量企业进行创新的重大环境要素主要包括生产要素条件、市场环境、需求水平、产业环境、政府角色,这些要素既影响企业创新,也是决定产业发展和国家竞争优势的重要因素,也说明创新与经济发展不能割裂。

二、创业环境现状

建设创新型国家、增强自主创新能力已成为国家战略。国家为推进企业自主创新出台了很多政策,也陆续投了不少钱,但不少企业仍缺乏创新积极性。企业并不缺钱,但为什么企业总是喜欢把钱用于扩大规模、搞多元化,而不愿投向研发?如何才能调动企业自主创新的积极性?这是值得深思、有基础意义的问题。企业家队伍的成长,是在现实的社会环境中进行的。如果没有良好的环境和制度条件,无论个人的意愿多么强,都难以健康成长。企业家群体对于成长环境与制度条件有什么样的期望,这是研究和政策领域长期关注的问题。国务院发展研究中心调查显示,促进企业家队伍成长的政策环境、体制环境等外在条件有了非常明显的改善,但是,在法规建设与市场化进程方面,还有不少瓶颈需要突破。

创业活动既是驱动经济增长的关键引擎,也是践行绿色发展理念的重要途径。制度作为推动和塑造创业活动的一类重要因素,相关研究也已成为一个有前景的研究流派。鉴于创业活动在国家经济转型发展中的突出作用,从多层次上理解创业活动的前置因素和效用发挥,寻求对制度因素在创业活动中的作用的深入理解,具有重要意义。中国作为发展中国家和转型经济体的代表,其创业活动正在经受实现经济增长转型与自然环境破坏最小化的双重考验。传统理念中,工业发展与生态环境经常被认为存在矛盾关系。但是,在绿色发展理念和趋势的推广和渗透之下,企业需要转变传统理念。

对此,本部分讨论将绿色发展这一概念引入制度环境、创业活动与经济增长关系的研究中,选择利用中国情境下的数据资料,探索绿色发展制度环境、创业活动与经济增长的关系。为了对这一作用机制有更深入的理解,研究在关注创业活动对经济增长的作用的同时,注意制度因素的影响。制度环境对创业活动的影响可能表现为直接作用,也可能表现为间接作用。鉴于高影响力的创业活动在新兴经济体的内部困境和政府应对措施中占据着重要地位,新兴经济体成为探索该问题的理想情境,本部分讨论试图对经济发展与生态环境建设的关系谜题有所贡献,并为系统推进绿色发展制度建设和生态文明体制改革工作,提供启发和建议。

通过对 1998~2016 年的统计数据进行分析,包括从国家统计局《中国统计年鉴》获取创业活动、经济增长和部分制度环境数据、从环境保护部《全国环境统计公报》获取制度环境中与绿色发展相关的数据等,本研究得到如下主要发现:

机会型创业与生存型创业受到规制环境中不同种类政策的影响。具体而言,机会型创业主要受技术促进与环保支持政策的影响,生存型创业主要受资金支持、人才发展与环保监管政策的影响。对于技术促进政策与机会型创业,国家通过知识产权保护等制度建设,鼓励技术创新而非复制或山寨活动,这将有助于机会型创业,而非生存压力驱使的生存型创业。对于资金支持政策与生存型创业,国家对于创新创业活动的直接资金支持,可能会吸引更多失业或职业满意度较低人群加入创业行列,促进生存型创业活动。对于人才发展政策与生存型创业,国家人才队伍的壮大有助于一些新兴产业的出现和崛起,进而为社会创造更多机会和就业岗位,进而反向作用于生存型创业。对于环保支持政策与机会型创业,以及环保监管政策与生存型创业,国家对绿色理念的倡导,一方面,将助推公众对潜力巨大的绿色市场的偏好和探索;另一方面,也将对很多传统行业形成压力;由于目前绿色市场还处于新兴和上升时期,其市场体量尚远小于传统经济市场,因此可能会使作用效果整体上呈现出负向关系。

绿色发展规制和认知环境是创业活动的前奏,而绿色发展规范环境更多作用于创业活动的后端。当前制度环境与创业研究文献中,有观点认为制度环境可以显著影响创业活动,同时也有研究提出相反观点,认为制度环境的作用并不显著。本研究进一步辨析了既有观点,区分了绿色发展制度环境不同维度的不同作用,进而贡献于先前研究。具体而言,对于规制和认知维度,虽都可在创业活动的前端发挥作用,但规制维度可产生直接影响而认知维度主要作为中介因素发挥作用。对于规范维度,其不同于规制和认知维度,将更多作用于创业活动的后端,即创业活动与经济发展的关系,并在该关系中发挥调节作用。此外,相对于生存型创业,机会型创业对经济发展的作用将会更加显著,而规范环境将会在此关系中发挥调节作用。具体表现为,绿色发展意识的贯彻和提升,将有助于相关市场潜力的开发和释放,进而有助于机会型创业的经济作用的发挥。

法规政策若想达到预期效果,需同时完善认知环境和规范环境。分析结果表明,绿色发展规制环境各类举措能够对创业活动产生影响,并且规制、认知和规范三维度对创业的作用不同。因此,政府在建设绿色发展制度环境时,为充分发挥规制环境的效用,还必须同时加强绿色发展认知和规范环境的建设。一方面,在意识到不同类型政策举措具有不同效果的前提下,注意不同措施之间的相互作用,特别是在融入绿色发展理念之后;另一方面,在意识到不同制度环境维度各自作用的前提下,注意制度环境维度之间的系统性和协同效果,力求整体层面效果最优。

三、环境建设途径

为了解决高管团队公司创业动力不足的环境诱因,需要认识中国现阶段要素环境的主要特点及其对企业创新动力的影响具体表现。有研究指出,一些国有企业还不是完整意义上的市场主体,企业高管人员为迎合政府偏好和迫于短期业绩压力,一些人不会选择投入大、周期长、风险高且往往是"前人栽树后人乘凉"的创新道路。一些行业竞争过度和一些行业由于垄断而竞争不足,限制了竞争刺激和逼迫企业创新的作用。法制环境不完善,如财产保护不到位,投资者特别是民营企业对技术创新这样的长期投资还有一定担忧;知识产权保护不到位,使创新产品、技术、专利等得不到有效保护,企业不敢创新。同时,需求对创新的牵引和拉动乏力。国内低层次需求过大、缺少作为主流的挑剔型客户群、消费升级慢、政府需求侧管理政策不到位、全社会鼓励创新的消费文化缺失等,严重制约了需求对创新的牵引和拉动作用。

虽然中国产业环境总体有所改善,但刺激和拉动创新的效应仍待增强。目前在全国很多地区已形成若干大小不等的产业集群,但一些问题依然存在,如产业集群内低水平重复严重和低端企业过多、有系统集成和产业链领导能力的大型企业过少、生产性服务业发展缓慢等,产业还需充分形成上下游相互提升、竞争压力层层下传的集群创新机制。同时,一些产业集中度低、产业低端恶性竞争严重、个别产业政策存在偏失等也在一定程度上抑制了企业创新的激情。

可见,要解决高管团队公司创业动力不足问题,不是出几项政策、加大些投入、宣传动员就能解决的。它是一项系统工程,其中关键是建立能吸引企业持续创新的国家环境。这种环境的形成过程也是大规模创新出现的过程。应按照自主创新和经济转型相结合、各类环境要素政策相协调的原则,下决心理顺和调整要素政策。同时也应当看到,相对不利的要素环境是双刃剑,必然有一些习惯了过"宽松"日子的企业会因此过早陷入困境,经济发展速度也可能放慢,社会就业压力会阶段性加大等。这对政策制定、推出时机、相关配套等都提出更高要求,政策制定者必须对可能产生的各种影响要有充分估计。对此,首先要完善催生创新、保护创新的市场环境,市场环境得不到改善,就不可能出现大规模的创新活动,要进一步放开市场准入,提高竞争水平,打造充分、有序的竞争环境,强化竞争对创新的压力和推动力,加大财产权和知识产权保护力度,保护企业创新热情,让企业敢于创新。其次要深化企业改革,让国有企业成为真正的市场主体。让各类企业有内在创新动力,改革现有国有企业的业绩考核制度和国有企业经营者的考核与任用制度,同时,还要调整和制定有关需求政策,形成拉动企业创新的需求牵引机制。

对政府而言,还要调整和制定有关需求政策,如利用法律、行政、标准等手段提高需求标准,推动产品或产业升级;改革政府采购的体制和机制,扩大政府采购对自主创新的支持作用,为国内企业提供重大工程实践机会和创新产品的市场出口;进一步改善产业环境,发展、提升产业集群,形成集群创新机制;要大力培育有技术集成和产业链领导能力的大型企业,支持科技型中小企业,发展生产性服务业;推进产业结构调整,鼓励国内产业并购、重组、联合,进一步规范产业秩序,减少恶性竞争。总之,要正确政府定位,实现政府与企业良性互动,政府是创新环境建设主体,企业是自主创新主体,政府应努力克服创新中的越位和缺位问题,致力于激发企业创新热情、提供有利企业创新的条件、承担企业不能承担的创新风险通过激发和保护企业家精神促进经济社会会永续发展。

在协同推进经济高质量发展和生态环境高水平保护的中国创新创业情境下,社会创业和绿色技术创新的可持续价值创造,不仅是具有共性导向和交叉融通的科学问题,在管理实践和政策制定领域同样具有重要的创新价值。因此,环境建设的优化途径需要契合中国生态文明建设情境,特别是绿色发展与创新发展的协同情境,通过区域情境嵌入,细致比较和刻画环境建设路径,从而提炼出创新绿色技术和推进永续发展的科学对策,有助于为中国企业绿色成长和政策制定提供可操作性指导。

值得肯定的是,当前中国经济、社会和生态各个领域,涌现了众多以绿色技术创新和创业为源起的新企业,还有很多既有企业通过内部绿色创业努力实现"绿色转身"。未来相关研究和实践建议,充分关注不同区域绿色创业生态系统的比较分析,尤其在制度变革和经济转型的动态环境中,政策制定者如何实现包括自身在内的不同利益主体协同演化,挖掘系统的个性化、实例化、分层化和网状化特点,提炼基于社会和技术双元维度的绿色创业成长和永续价值创造路径,并针对区域特点为实现创业的可持续发展价值提供行动路线,从而催生更多创业者投身绿色技术创新创业实践,提高绿色创新创业质量,进一步优化创新创业政策制定的科学性与有效性。

参考文献

蔡莉，葛宝山，朱秀梅．基于资源视角的创业研究框架构建[J]．中国工业经济，2007，11：96-103．

蔡莉，柳青．科技型创业企业集群共享性资源与创新绩效关系的实证研究[J]．管理工程学报，2008，2：19-23．

陈建成，姜雪梅，王会，等．推进绿色发展 全面实现小康[M]．北京：中国林业出版社，2015．

陈建成．以"两山"理论为遵循扎实推进国土绿化[J]．国土绿化，2019，4：22-23．

陈劲，王皓白．社会创业与社会创业者的概念界定与研究视角探讨[J]．外国经济与管理，2007，8：10-15．

陈安国，张继红，周立．论研究型大学的技术转移模式与制度安排[J]．科学学与科学技术管理，2003，9：38-42．

陈晟杰．绿色创业导向对企业绩效的影响基于环保企业的实证研究[D]．上海：上海交通大学，2009．

陈艳莹，游闽．技术的互补性与绿色技术扩散的低效率[J]．科学学研究，2009，4：541-545．

丁敏．社会企业商业模式创新研究[J]．科学·经济·社会，2010，1：94-97．

杜静．新型工业化中产业集群绿色创新的对策选择[J]．科技进步与对策，2010，11：76-79．

范小虎，陈很荣，仰书纲．技术转移及其相关概念的涵义辨析[J]．科技管理研究，2000，6：44-46．

方世建，王琳，郭佳佳．环境退化、市场非均衡与创业[J]．生态经济，2007，10：33-36．

方征．绿色技术创新与企业的可持续发展[J]．广州市经济管理干部学院学报，2002，3：

49-51.

胡忠瑞．企业绿色技术创新的动力机制与模型研究[D]．长沙：中南大学，2006．

高嘉勇，何勇．国外绿色创业研究现状评介[J]．外国经济与管理，2011，2：10-16．

葛晓梅．促进中小企业绿色技术创新的对策研究[J]．科学学与科学技术管理，2005，12：90．

龚津平，李成，唐峰．高校技术转移中的知识产权管理[J]．研究与发展管理，2011，23（2）：126-129．

龚天平．实践的人：中国当代伦理学的逻辑起点[J]．郑州大学学报（哲学社会科学版），2002，2：57-62．

龚玉环，王大洲．关于大学技术转移的一个解读[J]．科学技术与辩证法，2005，4：98-104．

关玲．绿色技术创新：企业的可持续发展之路[J]．高等函授学报（哲学社会科学版），2008，12：38-40．

郭冲展，陈凡．技术异化的价值观审视[J]．科学技术与辩证法，2002，1：1-5．

郭兰成．绿色技术创新在山东生态省建设中的作用分析[D]．沈阳：东北大学，2006．

郭鲁伟，张健．公司创业的模式探讨[J]．科学学与科学技术管理，2002，12：94-96．

韩莉莉．基于技术转移的企业技术能力增长模式研究[D]．大连：大连理工大学，2005．

韩帅．绿色技术与可持续性建筑初探[D]．西安：西安建筑科技大学，2010．

韩伟．社会企业家精神研究进展[J]．现代商业，2009，18：201-204．

何朝晖．中小企业社会责任与成长性关系研究[D]．长沙：中南大学，2009．

何建坤，史宗凯．论研究型大学的技术转移[J]．清华大学教育研究，2002，4：8-12．

衡孝庆，邹成效．绿色技术三问[J]．自然辩证法研究，2011，27（6）：111-115．

胡杨成，郭晓虹．社会创业导向、知识管理能力与NPO绩效的关系[J]．技术经济，2014，10：51-58．

冀明飞．中小企业知识转移活动与企业绩效关系的实证研究[D]．重庆：重庆大学，2010．

姜彦福，张健，张帏．公司创业的跨文化研究[J]．科学学研究，2005，23（3）：357-361．

蒋莉．我国企业应对绿色壁垒策略探讨[J]．科技管理研究，2006，8：100-102．

邝金丽．国有企业自主创新动力机制的构建[J]．管理现代化，2008，3：22-24．

雷朝滋，黄应刚．中外大学技术转移比较[J]．研究与发展管理，2003，15（5）：45-52．

李冰．黑龙江省工业企业绿色管理影响因素的因子分析[J]．统计与决策，2008，14：122-123．

李辰颖．基于企业集团可持续发展的财务战略研究［D］．西安：陕西科技大学，2009.

李翠锦．我国企业绿色技术创新的新制度经济学分析［J］．现代管理科学，2004，12：25-26.

李鸿燕．促进企业绿色技术创新的对策研究［J］．商场现代化，2007，12：233.

李华晶．绿色创业导向研究［M］．北京：中国人民大学出版社，2016.

李华晶．知识过滤、创业活动与经济增长［J］．科学学研究，2010，7：1001-1007.

李华晶，李永慧，倪嘉成，等．知识嵌入下新企业生成的动因与障碍研究［J］．技术经济，2015，7：57-61+128.

李璟琰，焦豪．创业导向与组织绩效间关系实证研究：基于组织学习的中介效应［J］．科研管理，2008，5：35-41+48.

李凯．基于愿景释意行为视角的绿色创业导向与行动模型研究［D］．杭州：浙江大学，2011.

李昆，彭纪生．基于市场诱致作用的绿色技术扩散层面与动力渠道研究［J］．软科学，2010，1：1-7.

李乾文．公司创业活动与绩效关系测度体现评价［J］．外国经济与管理，2005，2：2-9.

李维安，王辉．企业家精神培育：一个公司治理视角［J］．南开经济研究，2003，2：56-59.

李伟阳，肖红军．企业社会责任的探究［J］．经济管理，2008，（21-22）：177-185.

李文波．我国大学与国立科研机构技术转移影响因素分析［J］．科学学与科学技术管理，2003，6：48-50.

李先江．服务业绿色创业导向对绿色服务创新和经营绩效的影响研究［J］．研究与发展管理，2012，24（5）：1-10.

李新春，宋宇，蒋年云．高科技创业的地区差异［J］．中国社会科学，2004，3：17-30.

李永强．商业模式辨析及其理论基础［J］．经济体制改革，2004，3：159-161.

梁潘好．房地产项目绿色管理模式的应用分析［D］．广州：华南理工大学，2009.

林海，严中华，何巧云．社会创业组织双重价值实现的博弈分析［J］．技术经济与管理研究，2011，9：33-36.

林强，姜彦福，张健．创业理论及其架构分析［J］．经济研究，2001，9：85-96.

林嵩，冯婷．公司创业的概念内涵和支持要素［J］．生产力研究，2009，4：49-51.

刘慧，陈光．企业绿色技术创新：一种科学发展观［J］．科学学与科学技术管理，2004，8：82-85.

刘晓斌．中国企业家精神的成长与培养机制研究［D］．上海：复旦大学，2004.

刘晓音．环境规制背景下的企业绿色技术创新探析[J]．技术经济与管理研究，2012，2：43-46．

刘奕岑．国内外高校技术转移模式及其分析[D]．重庆：重庆大学，2006．

刘振，丁飞，肖应钊，等．资源拼凑视角下社会创业机会识别与开发的机制研究[J]．管理学报，2019，7：1006-1015．

刘志阳，庄欣荷．社会创业定量研究：文献述评与研究框架[J]．研究与发展管理，2018，2：123-135．

柳思维，晏国祥．绿色技术创新：可持续发展战略下企业创新新发展[J]．消费经济，2001，6：21-22．

罗珉，曾涛，周思伟．企业商业模式创新：基于租金理论的解释[J]．中国工业经济，2005，7：73-81．

马仲良，谢启辉．社会企业与本土化社会管理[J]．中国社会报，2006，8：16．

孟浩，周立，何建坤．研究型大学技术与创新能力转移的公共选择[J]．科学学研究，2007，5：978-985．

彭峰，李燕萍．技术转移与中国高技术产业环境效率[J]．软科学，2014，8：84-87．

彭伟．产学研合作视角下社会网络、知识创新、企业绩效关系研究[D]．长沙：中南大学，2011．

彭秀丽．社会企业理论演进及其对我国公共服务均等化的启示[J]．吉林大学学报（社会科学版），2009，2：96-100．

钱易，唐孝炎．环境保护与可持续发展[M]．北京：高等教育出版社，2010．

邱琼，张健．创业与经济增长关系研究动态综述[J]．外国经济与管理，2004，1：8-12．

屈晓华．企业社会责任演进与企业良性行为反应的互动研究[J]．管理现代化，2003，5：13-16．

盛南，王重鸣．社会创业导向构思的探索性案例研究[J]．管理世界，2008，8：127．

盛南．社会创业导向及其形成机制研究：组织变革的视角[D]．杭州：浙江大学，2009．

施放，宋竹生．企业环境管理及其绿色可持续发展[J]．华东经济管理，2000，5-6：9-10．

苏多杰．论推进我国绿色技术创新[J]．攀登，2005，1：33-35．

苏竣，姚志峰．孵化器的孵化-三螺旋理论的解释[J]．科技进步与对策，2007，3：1-3．

隋俊，毕克新，杨朝均，等．制造业绿色创新系统创新绩效影响因素——基于跨国公司技术转移视角的研究[J]．科学学研究，2015，3：440-448．

孙海法，刘运国，方琳．案例研究的方法论[J]．科研管理，2004，25（2）：107-112．

孙敬水．全新的企业馆办理理念-绿色管理［J］．科学与科学技术管理，2002，8：100-102.

孙淑艳．我国大学技术转移模式与政策研究［J］．人民论坛，2010，17：164-165.

谭新生，张玉利．试论创业型成长模式-基于企业知识观的考察［J］．科学管理研究，2004，4：93-97.

王飞绒，池仁勇．发达国家与发展中国家创业环境比较研究［J］．外国经济与管理，2005，11：2-9.

王建华．论绿色技术创新中的官产学合作-基于三重螺旋模型的分析［J］．科学·经济·社会，2010，28（4）：41-44.

王晶晶，王颖．国外社会创业研究文献回顾与展望［J］．管理学报，2015，1：148-155.

王青松．基于多元主体的我国企业绿色技术创新研究［D］．西安：西北工业大学，2007.

王伟毅，李乾文．创新视角下的商业模式研究［J］．外国经济与管理，2005，11：32-40.

王忠学．论绿色技术观［D］．沈阳：东北大学，2004.

魏澄荣．环保技术创新的市场制度障碍及其优化［J］．福建论坛经济社会版，2003，12：17-19.

魏锦秀，李岫．绿色人力资源管理：一种新的管理理念［J］．管理科学，2006，35（2）：113-114.

魏诗洋．产学研合作中知识管理对企业创新绩效的影响分析［D］．杭州：浙江大学，2007.

邬爱其，焦豪．国外社会创业研究及其对构建和谐社会的启示［J］．外国经济与管理，2008，1：2-13.

吴洁．产学研合作中高校知识转移的超循环模型及作用研究［J］．研究与发展管理，2007，19（4）：119-123.

吴晓渡，杨发明．绿色技术的创新与扩散［J］．科研管理，1996，17（1）：38-41.

吴兆龙，丁晓．对我国高校技术转移方式的探讨［J］．科技管理研究，2005，1：116-118.

徐淳厚．试论商业企业的社会责任［J］．经济纵横，1987，9：44-47.

徐二明，奚艳燕．国内企业社会责任研究的现状与发展趋势［J］．管理学家，2011，1：48-68.

徐学军，查靓．对我国企业绿色经营的探索性研究［J］．科技管理研究，2009，7：277-279.

许健．我国环境技术产业化的现状与发展对策［J］．环境科学进展，1999，2：14-21.

许经勇．制度创新：我国民营企业的二次创业［J］．财经科学，2000，5：1-6.

许士春, 何正霞, 龙如银. 环境规制对企业绿色技术创新的影响[J]. 科研管理, 2012, 6: 67-74.

薛红志, 张玉利. 公司创业研究述评:国外创业研究新进展[J]. 上海:外国经济与管理, 2005, 11: 41-48.

亚瑟·C·布鲁克斯著. 社会创业:创造社会价值的现代方法[M]. 李华晶译. 北京:机械工业出版社, 2009.

杨德林, 邹毅. 中国研究型大学科技企业衍生模式分析[J]. 科学管理研究, 2003, 21 (4): 45-50.

杨凤禄, 孙钦钦. 非营利组织的商业化探讨[J]. 山东大学学报, 2007, 5: 58-62.

杨家宁. 社会企业研究述评—基于概念的分类[J]. 广东行政学院学报, 2009, 21(3): 78-81.

杨平. 跨越技术贸易壁垒,扩大绿色产品出口[J]. 经济问题探索, 2003, 8: 74-76.

杨雪绒. 知识转移对组织绩效的影响研究:知识满意度的中介检验[J]. 情报杂志, 2011, 3: 119-123.

叶冬梅. 上市公司可持续发展能力评价研究[D]. 北京:北京邮电大学, 2010.

易朝辉, 夏清华. 创业导向与大学衍生企业绩效关系研究——基于学术型创业者资源支持的视角[J]. 科学学研究, 2011, 5: 735-744.

于晓宇,陈颖颖,蔺楠,李雅洁. 冗余资源、创业拼凑和企业绩效[J]. 东南大学学报(哲学社会科学版),2017,4:52-62+147.

余晓敏, 张强, 赖佐夫. 国际比较视野下的中国社会企业[J]. 经济社会体制比较, 2011, 1: 157-165.

曾辉. 创业板上市企业知识转移活动与企业绩效关系研究[D]. 成都:西南财经大学, 2012.

曾琼琼. 试论企业绿色创新[J]. 华人时刊, 2015, 7: 25-26.

张克让. 技术转移的特征、模式及基础要素浅析[J]. 科研管理, 2002, 1: 27-30.

张群. 绿色技术扩散中的社会资本因素研究[J]. 科技管理研究, 2012, 14: 123-125.

张太海. 基于循环经济的绿色企业[J]. 经济管理, 2005, 3: 34-35.

张小蒂, 李风华. 技术创新:政府干预与竞争优势[J]. 世界经济, 2001, 7: 44-49.

张玉静, 高兴武, 陈建成. 社会公众对绿色行政的认知状况调查研究[J]. 中国行政管理, 2013, 1: 23-27.

张玉利. 新经济时代的创业与管理变革[J]. 外国经济与管理, 2005, 1: 2-6, 14.

张玉利, 曲阳, 云乐鑫. 基于中国情境的管理学研究与创业研究主题总结[J]. 外国经济与管理，2014，1：65-72.

张永伟．企业创新动力为何不足[N]．中国经济时报，2006-11-28.

章琰．大学技术转移中的界面及其移动分析[J]．科学学研究，2003，1：25-29．赵斌．
　　比亚迪新能源汽车消费的影响因素研究[D]．长沙：中南大学，2010.

赵弘，谢倩．北京高技术服务业发展环境与比较优势分析[J]．中国科技论坛，2008，4：
　　52-55.

赵丽缦，Zahra S，顾庆良．国际社会创业研究前沿探析：基于情境分析视角[J]．外国经
　　济与管理，2014，5：12-22.

赵萌．社会企业战略：英国政府经验及其对中国的启示[J]．经济社会体制比较，2009，
　　4：135-141.

赵涛，肖延歌．西北地区可再生能源与碳排放关系的实证研究[J]．甘肃科学学报，2019，
　　02：121-126

赵玉民．环境规制约束下的企业发展研究[D]．成都：四川大学，2009.

郑馨．权变视角下的创业导向与组织绩效关系研究[J]．外国经济与管理，2007，29(9)：
　　24-30.

周栖梧．县域绿色技术创新研究[D]．天津：天津大学，2006.

周强，杨仕友．中国西北地区新能源发展总结与展望[J]．中国能源，2018，10：25-32.

Aragon-Correa. Strategicproactivity and firm approach to the natural environment[J]. Academy
　　of Management Journal, 1998, 41(5): 555-568.

Audretsch D B, Acs Z J. Innovation and size at the firm level[J]. Southern Economic Journal,
　　1991, 57(3): 739-744.

Ahlstrom D, Bruton G D. Rapid institutional shifts and the co-evolution of entrepreneurial firms
　　in transition economies[J]. Entrepreneurship Theory and Practice. 2010, 34(3): 531-554.

Alvarez S A, Barney J B. Discovery and creation: alternative theories of entrepreneurial action
　　[J]. Strategic Entrepreneurship Journal, 2007, 1(1-2): 11-26.

Austin J, Stevenson H, Wei-Skillern J. Social and commercial entrepreneurship: same, differ-
　　ent, or both [J]. Entrepreneurship Theory and Practice, 2006, 30(1): 1-22.

Bandura A. Impeding ecological sustainability through selective moral disengagement[J]. Inter-
　　national Journal of Innovation and Sustainable Development, 2007, 2(1): 8-35.

Banerjee S B. Corporate environmentalism: the construct and its measurement[J]. Journal of
　　Business Research, 2002, 55(3): 177-191.

Barendsen L, Gardner H. Is the social entrepreneur a new type of leader[J]. Leader to Leader,

2004, 34:43-50.

Beske P, Koplin J, Seuring S. The use of environmental and social standards by German first-tier suppliers of the Volkswagen AG[J]. Corporate Social Responsibility and Environmental Management, 2008, 15(2): 63-75.

Bird L A, Wüstenhagen R, Aabakken J. A review of international green power markets: recent experience, trends, and market drivers[J]. Renewable and Sustainable Energy Reviews. 2002, 6 (6): 513-536.

Burritt R, Saka C. Environmental management accounting applications and eco-efficiency: case studies from Japan[J]. Journal of Cleaner Production, 2006, 14 (14): 1262-1275.

Bornstein D. How to change the world: social entrepreneurs and the power of new ideas[D]. Oxford: Oxford University Press, 2004.

Bruton G, Ketchen D, Ireland R. Entrepreneurship as a solution to poverty[J]. Journal of Business Venturing, 2013, 28(6): 683-689.

Cai Ning. Diffusion & Adoption of EST in China[J]. Journal of Environmental Sciences, 1997, 9(3):321-328.

Carroll B. Corporate Social Responsibility: Evolution of a definitional construct[J]. Business Society. Business and Society, 1999, 38(3): 268-295.

Chong M. Employee participation in CSR and corporate identity: insights from a disaster-response program in the Asia-Pacific[J]. Corporate Reputation Review, 2009, 12(2): 106-119.

Cohen B, Winn M. Market imperfections, opportunity and sustainable entrepreneurship[J]. Journal of Business Venturing, 2007, 22(1): 29-49.

Cornelius N, Wallace J, Tassabehji R. An analysis of corporate social responsibility, corporate identity and ethics teaching in business schools[J]. Journal of Business Ethics, 2007, 76: 117-135.

Covin J G, Slevin D P. A conceptual model of entrepreneurship as firm behavior[J]. Academy of Management Review, 1996, 21: 135-151.

Craig Deegan, Barry J Cooper, Marita Shelly. An investigation of TBL report assurance statements: UK and European evidence [J]. Managerial Auditing Journal, 2006, 21 (4): 329-371.

Cohen B, Winn M I. Market imperfections, opportunity and sustainable entrepreneurship[J]. Journal of Business Venturing, 2007, 22(1): 29-49.

De Giovanni Pietro. Do internal and external environmental management contribute to the triple bottom line [J]. International Journal of Operations & Production Management, 2012, 32 (3): 265-290.

Dean T, McMullen J. Towards a theory of sustainable entrepreneurship: reducing environmental degradation through entrepreneurial action[J]. Journal of Business Venturing, 2007, 22(1): 50-76.

Derwall J, Guenster N, Bauer R, Koedijk K C G. The eco-efficiency premium puzzle[J]. Financial Analysts Journal, 2005, 61(2): 51-63.

Don Clifton. Representing a sustainable world[J]. Journal of Sustainable Development, 2010, 3(2): 40-57.

Dyllick T, Hockerts K. Beyond the business case for corporate sustainability[J]. Business Strategy and the Environment, 2002, 11 (2): 130-141.

Dean T, McMullen J. Toward a theory of sustainable entrepreneurship: reducing environmental degradation through entrepreneurial action[J]. Journal of Business Venturing, 2007, 22(1): 50-76.

Edward B, Barbier A. New blueprint for a green economy[D]. Laramie: University of Wyoming, USA, Taylor and Francis, 2012: 20-28.

Epstein M J, Roy M J. Sustainability in action: identifying and measuring the key performance drivers[J]. Long Range Planning, 2001, 34(5): 585-604.

Fernando M. Corporate social responsibility in the wake of the Asian tsunami: effect of time on the genuineness of CSR initiatives [J]. European Management Journal, 2010, 28 (1): 68-79.

Gibbs D. Sustainability entrepreneurs, ecopreneurs and the development of a sustainable economy[J]. Greener Management International, 2009, 55: 63-78.

Hart S L. Beyond green: strategies for a sustainable world[J]. Harvard Business Review, 1997, 75(1): 65-77.

Hart S L, Milstein M B. Creating sustainable value[J]. Academy of Management Executive, 2003, 17(2): 56-67.

Hart S L, Milstein M B. Global sustainability and the creative destruction of industries[J]. Sloan Management Review, 1999, 41(1): 23-33.

Hartman C, Stafford E. Green alliances: building new business with environmental groups[J]. Long Range Planning, 1997, 30(2): 184-196.

Heal G. Corporate social responsibility: an economic andfinancial framework[J]. The Geneva Papers on Risk and Insurance—Issues and Practice, 2005, 30(3): 387-409.

Hopfenbeck W. The green management revolution: lessons in environmental excellence[M]. New York: Prentice Hall, 1992.

Houghton S M, Gabel J T, Williams D W. Connecting the two faces of CSR: does employee volunteerism improve compliance[J]. Journal of Business Ethics, 2008, 87(4): 477-494.

Hall J K, Daneke G A, Lenox M J. Sustainable development and entrepreneurship: past contributions and future directions[J]. Journal of Business Venturing, 2010, 25(5): 439-448.

Harris J D, Sapienza H J, Bowie N E. Ethics and entrepreneurship[J]. Journal of Business Venturing, 2009, 24(5): 407-418.

Hockerts K, Wüstenhagen R. Greening Goliaths versus Emerging Davids - theorizing about the role of incumbents and new entrants in sustainable entrepreneurship[J]. Journal of Business Venturing, 2010, 25(5): 481-492.

Isaak R. The making of the ecopreneur[J]. Greener Management International, 2002, 38: 81-91.

John Elkington. Cannibals with forks: the triple bottom line of 21st century business[J]. Journal of Business Ethics, 2000, 23(2): 229-231.

Klassen R D, McLaughlin C P. The impact of environmental management on firm performance [J]. Management Science, 1996, 42(8): 1199-1214.

Lagoarde-Segot T. Corporate social responsibility as a bolster for economic performance: evidence from emerging markets[J]. Global Business and Organizational Excellence. 2011, 31 (1): 38-53.

Lisa Cavallaro. Corporate volunteering survey: the extent and nature of corporate volunteering programs in Australia[J]. Australian Journal on Volunteering, 2006, 11: 65-69.

Lumpkin G T, Dess G G. Linking two dimensions of entrepreneurial orientation to firm performance: the moderating role of environment and industry life cycle[J]. Journal of Business Venturing, 2001, 16(5): 429-451.

Luo X, Bhattacharya C B. The debate over doing good: corporate social performance, strategic marketing levers and firm-idiosyncratic risk[J]. Journal of Marketing, 2009, 73: 198-213.

Mair J, Marti I. Entrepreneurship in and around institutional voids: a case study from Bangladesh[J]. Journal of Business Venturing, 2009, 24, 419-435.

Martin K, Freeman R E. The separation of technology and ethics in business ethics[J]. Journal of Business Ethics, 2004, 53（4）: 353-364.

McWilliams A, Siegel Donald. Additional reflections on the strategic implications of corporate social responsibility[J]. Academy of Management Review, 2002, 27(1): 15-16.

Miller D. Relating Porter´s business strategies to environment and structure: analysis and performance implications[J]. Academy of Management Journal, 1988, 31(2): 280-308.

Miller D, Friesen P H. Innovation in conservative and entrepreneurial firms: two models of strategic momentum[J]. Strategic Management Journal, 1982, 1(2): 1-25.

Morris M H, Schindehutte M, Walton J, Allen J. The ethical context of entrepreneurship: proposing and testing a developmental framework[J]. Journal of Business Ethica, 2002, 40(4): 331-361.

McMullen J S, Shepherd D A. Entrepreneurial action and the role of uncertainty in the theory of the entrepreneur[J]. Academy of Management Review, 2006, 31(1): 132-152.

Meek W R, Pacheco D F, York J G. The impact of social norms on entrepreneurial action: evidence from the environmental entrepreneurship context[J]. Journal of Business Venturing, 2010, 25(5): 493-509.

OECD. Green entrepreneurship, eco-innovation andSMEs[R]. OECD publishing, 2013.

Philip Jennings. Renewable energy education for sustainable development[J]. Renewable Energy, 2000, 22(1): 113-118.

Prahalad C K, Hart S L. The fortune at the bottom of the pyramid[J]. Business and Strategy (1st Quarter), 2002, 26: 2-14.

Pacheco D F, Dean T J, Payne D S. Escaping the green prison: entrepreneurship and the creation of opportunities for sustainable development[J]. Journal of Business Venturing, 2010, 25(5), 464-480.

Palma R, Dobes V. An integrated approach towards sustainable entrepreneurship - experience from the TEST project in transitional economies[J]. Journal of Cleaner Production, 2010, 18 (18): 1807-1821.

Patzelt H, Shepherd D A. Recognizing opportunities for sustainable development. Entrepreneurship Theory and Practice, 2011, 35(4): 631-652.

Rennings K. Redefining innovation—eco-innovation research and the contribution from ecological economics[J]. Ecological Economics, 2000, 32 (2): 319-332.

Ricky Y K Chan. Corporate environmentalism pursuit by foreign firms competing in China[J]. Journal of World Business, 2010, 45(1): 80-92.

Schaltegger S. A framework for ecopreneurship: leading bioneers and environmental managers to ecopreneurship[J]. Greener Management International, Summer, 2002, 38: 45-58.

Shane P B, Spicer B H. Market response to environmental information produced outside thefirm [J]. Accounting Review, 1983, 58(3): 521-538.

Shane S, Venkataraman S. The promise of entrepreneurship as a field of research[J]. Academy of Management Review, 2000, 25: 217-226.

Sharma S. Managerial interpretations and organizational context as predictors of corporate choice of environmental strategy[J]. Academy of Management Journal, 2000, 43(4): 680-698.

Sharma S, Verdenburg H. Proactive corporate environmental strategy and the development of competitively valuable organizational capabilities[J]. Strategic Management Journal, 1998, 19(8): 729-753.

Siebenhüner B, Dedeurwaerdere T, Brousseau E. Introduction and overview to the special issue on biodiversity conservation, access and benefit-sharing and traditional knowledge[J]. Ecological Economics. 2005, 53(4), 439-444.

Simonin B. The importance of collaborative know-how: an empirical test of the learning organization[J]. Academy of Management Journal, 1997, 40(5): 1130-1174.

Srivastava A, Lee H. Predicting order and timing of new product moves: the role of top management in corporate entrepreneurship[J]. Journal of Business Venturing, 2005, 20(4): 459 -481.

Starr J A, MacMillan I C. Resource cooptation via social contracting: resource acquisition strategies for new ventures[J]. Strategic Management Journal, 1990, 11: 79-92.

Stock G N, Greis N P, Fischer W A. Firm size and dynamic technological innovation[J]. Technovation, 2002, 22 (9): 537-549.

Stoneman P, Battisti G. Inter and intra firm effects in the diffusion of new process technology. [J] Research Policy, 2003(32): 1641-1655.

Sarasvathy S D, Venkataraman S. Entrepreneurship as method: open questions for an entrepreneurial future[J]. Entrepreneurship Theory and Practice, 2011, 35(1): 113-135.

Schaltegger S, Wagner M. Sustainable entrepreneurship and sustainability innovation: categories and interactions[J]. Business Strategy and the Environment, 2011, 20(4): 222-237.

Schaper M. Making ecopreneurs: developing sustainable entrepreneurship[D]. Aldershot: Ashgate, 2010.

Scott W R. Institutions and Organizations[D]. Thousand Oaks, CA: Sage, 1995.

Shane S. Prior knowledge and the discovery of entrepreneurial opportunities[J]. Organization Science, 2000, 11(4): 448-469.

Shepherd D A, Patzelt H. The new field of sustainable entrepreneurship: studying entrepreneurial action linking "What is to be sustained" with "What is to be developed" [J]. Entrepreneurship Theory and Practice, 2011, 35(1): 137-163.

Shepherd D A, Patzelt H, Baron R A. "I care about nature, but…": disengaging values in assessing opportunities that cause harm[J]. Academy of Management Journal, 2013, 56(5): 1251-1273.

Spencer J W, Gómez C. The relationship among national institutional structures, economic factors, and domestic entrepreneurial activity: a multicountry study[J]. Journal of Business Research, 2003, 57(10): 1098-1107.

Stenholm P, Acs Z J, Wuebker R. Exploring country-level institutional arrangements on the rate and type of entrepreneurial activity[J]. Journal of Business Venturing, 2013, 28(1): 176-193.

Tilley F, Parrish B. From poles to wholes: facilitating an integrated approach to sustainable entrepreneurship[J]. World Review of Entrepreneurship, Management and Sustainable Development, 2006, 2(4): 281-94.

Tushman M L, Anderson P. Technological discontinuities and organizational environments[J]. Administrative Science Quarterly, 1986, 31: 439-465.

Van deVen A H, Sapienza H J, Villanueva J. Entrepre neurial pursuits of self- and collective interests[J]. Strategic Entrepreneurship Journal. 2007, 1 (3/4): 353-370.

Vasi I B. Newheroes, old theories? Toward a sociological perspective on social entrepreneurship. In: Ziegler, R. (Ed.), An introduction to social entrepreneurship: voices, preconditions, contexts. In Edward Elgar, Cheltenham, U. K., 2009.

Venkataraman S. Stakeholder value equilibration and the entrepreneurial process. The Ruffin Series 3, 2002: 45-58.

Waddock S A, Post J E. Social entrepreneurs and catalytic change[J]. Public Administration Review, 1991, 51(5): 393-401.

Wiklund J, Shepherd D. Knowledge-based resources, entrepreneurial orientation, and the performance of small and medium-sized businesses[J]. Strategic Management Journal, 2003, 24(13): 1307-1314.

Winn S F, Roome N J. R&D management response to the environment: current theory and implications to practice and research[J]. R&D management Review, 1993, 23(2): 148-161.

Wood D J. Corporate social performance revisited[J]. Academy of Management Review, 1991, 16(4): 691-718.

Welter F. Contextualizing entrepreneurship − conceptual challenges and ways forward[J]. Entrepreneurship Theory and Practice, 2011, 35(1): 165-185.

York J G, Venkataraman S. The entrepreneur−environment nexus: uncertainty, innovation, and allocation[J]. Journal of Business Venturing, 2010, 25(5): 449-463.

Zahra S, Gedajlovic E, Neubaum D, Shulman J. A typology of social entrepreneurs: motives, search processes and ethical challenges[J]. Journal of Business Venturing, 2009, 24(6): 519-532.